兰州大学教材建设基金资助

基础物理实验（第二册）

FUNDAMENTAL PHYSICAL EXPERIMENTS（VOLUME TWO）

主　编　李　健
副主编　牛小宁　赵　珏　王心华　崔作龙

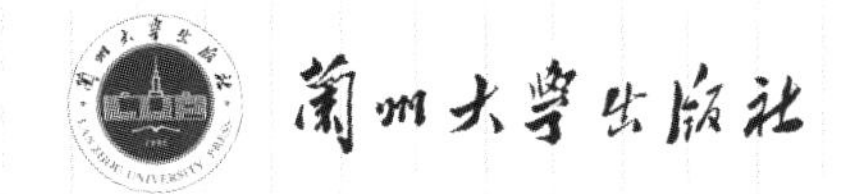

图书在版编目(CIP)数据

基础物理实验.第2册/李健主编. —兰州:兰州大学出版社,2013.1
ISBN 978-7-311-04059-8

Ⅰ.①基… Ⅱ.①李… Ⅲ.①物理学—实验—高等学校—教材 ②物理学—实验—中等专业学校—教材 Ⅳ.①04-33

中国版本图书馆CIP数据核字(2013)第028261号

策划编辑 陈红升
责任编辑 郝可伟 陈红升
封面设计 刘 杰

书　　名 基础物理实验(第二册)
作　　者 李 健 主编
出版发行 兰州大学出版社 (地址:兰州市天水南路222号 730000)
电　　话 0931-8912613(总编办公室) 0931-8617156(营销中心)
　　　　 0931-8914298(读者服务部)
网　　址 http://www.onbook.com.cn
电子信箱 press@lzu.edu.cn
印　　刷 兰州奥林印刷有限责任公司
开　　本 787 mm×1092 mm 1/16
印　　张 13.25
字　　数 300千
版　　次 2013年2月第1版
印　　次 2013年2月第1次印刷
书　　号 ISBN 978-7-311-04059-8
定　　价 28.00元

目 录

第四单元

第四单元

1.用阿贝折射计测定物质的折射率
2.阿贝成像原理和空间滤波
3.非线性电路混沌
4.自组显微镜和望远镜
5.光的衍射
6.交流电桥
7.高温超导材料特性测试
8.密立根油滴实验
9.灵敏电流计
10.空气比热容比的测定
11.直流双臂电桥测量低电阻
12.用闪光法测定不良导体的热导率
13.色度学实验
14.弗兰克-赫兹实验
15.介电常数的测定
16.光通讯
17.金属线胀系数的测定
18.虚拟仪器(一)——LabVIEW 的基本编程
19.光学多道分析器
20.磁天平
21.转动动力学
22.向心加速度的研究
23.磁性圆盘间的弹性碰撞
24.水波的观察与波速的测量
25.旋转水面测量重力加速度
26.磁力及磁势能的研究
27.双棱镜
28.法布里-珀罗干涉仪
29.虚拟仪器(二)——虚拟仪器技术的一般应用

实验 4-1　用阿贝折射计测定物质的折射率

一、实验目的

1.了解阿贝折射计的结构原理。

2.学会用阿贝折射计测量物质的折射率。

二、实验仪器

阿贝折射计（WZS1）、待测固体、蒸馏水、酒精、溴代萘。

三、实验原理

阿贝折射计测量物质折射率的原理是采用折射极限法，这里只作简单介绍。阿贝折射计的核心部件是两块直角三棱镜组成的三棱镜组，如图 4-1-1，$A'B'C'$ 为进光棱镜，$A'C'$ 面是毛面，当光源的光线经进光棱镜照射 $A'C'$ 面时，在毛糙的 $A'C'$ 面上形成漫射光，以不同的角度进入液体层，只要液体的折射率 n 小于折射棱镜的折射率 N，液体层很薄，这些以不同入射角入射到折射棱镜 AC 面上的光线，遵循折射定律，最终以不同的折射角从 AB 面上出射。从图 4-1-1 不难看出，AC 面上的入射角 i 越大，AB 面上的折射角 r' 越小，当 i 为 90° 时 r' 最小，称折射极限角。凡小于 90° 角入射的光线，都以大于折射极限角的折射角从 AB 面出射。因此，若用望远镜对准折射极限方向，将在望远镜叉丝平面上形成半明半暗的视场，其分界线对应于折射极限方向。此时有

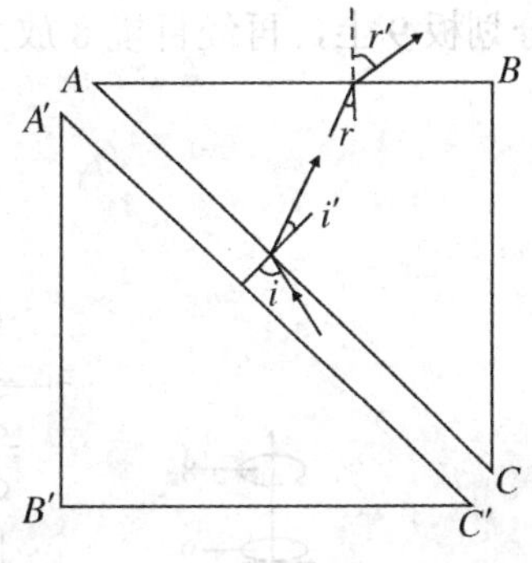

图 4-1-1 阿贝折射计的核心部件

$$n = N\sin i' \tag{4-1-1}$$

$$N\sin r = \sin r' \tag{4-1-2}$$

$$A = i' + r \tag{4-1-3}$$

由以上三式消去 i' 和 r 得

$$n = \sin A\sqrt{N^2 - \sin^2 r'} - \cos A\sin r' \tag{4-1-4}$$

如果测量透明固体的折射率，不用进光棱镜，将待测固体的光学面和折射棱镜的 AC 面紧贴。为了保证两表面理想接触（中间没有空气层），其间需夹一层折射率 n_0 大于固体折射率 n 的液体（粘连液，本实验用溴代萘）。读者可以自行推导，n 与 r' 的关系同样遵循（4-1-4）式。从（4-1-4）式可见，当 A、N 已知时，n 与 r' 呈一一对应关系。阿贝折射

计是以不同的r' 换算成不同的n值来刻度的，可直接读出待测物质的折射率。

以上所述仅考虑单色光源。为了方便，阿贝折射计使用白光源。由于折射棱镜和待测物质的色散，明暗视场分界线将出现彩色，甚至看不出分界线。因此，阿贝折射计中装有消色散的补偿器（阿米西棱镜），旋转补偿器手轮，可使色散为零，各种波长的极限方向都与钠黄光的极限方向一致。这样不仅使明暗视场分界线黑白分明，亦使测量的折射率符合n_D值。

四、仪器结构

1.光学系统

阿贝折射计的光学系统包括望远镜系统和读数系统两部分。如图 4-1-2。

（1）望远镜系统

光线由反射镜 1 进入进光棱镜 2 及折射棱镜 3，被测液体放在 2 与 3 之间，经阿米西棱镜 4 抵消色散，由望远镜 5 将明暗视场成像于分划板 6 上，经目镜 7 放大成像于观察者眼中。

（2）读数系统

光线由反射镜 14 经过毛玻璃 13 照明刻度盘 12，经转向棱镜 11 及物镜 10 将刻度成像于分划板 9 上，再经目镜 8 放大成像于观察者眼中。

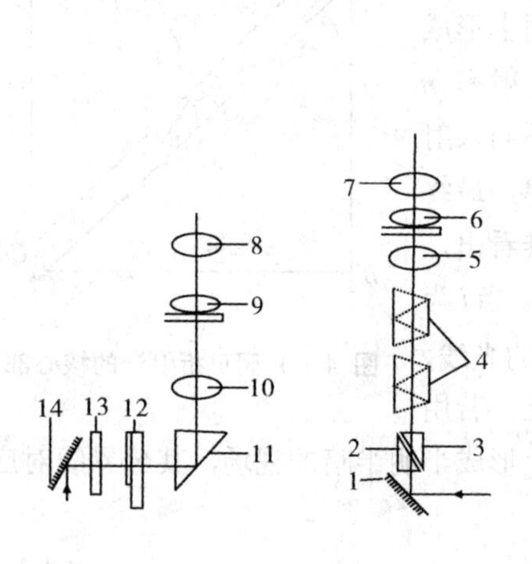

图 4-1-2 阿贝折射计的光学系统

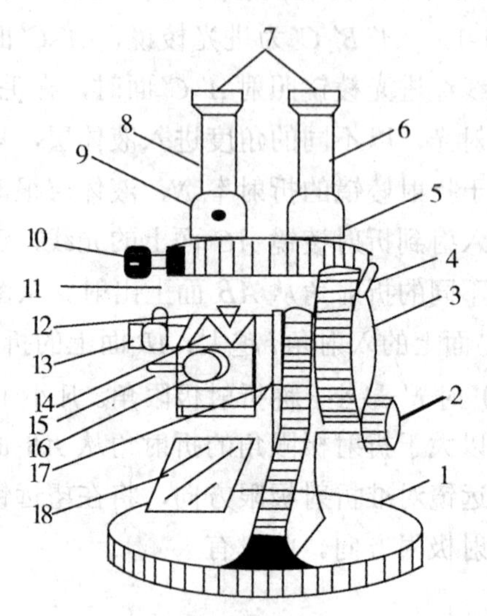

1.底座 2.棱镜转动手轮 3.圆盘组（内有刻度盘） 4.小金属反射镜 5.支架 6.读数镜筒 7.目镜 8.望远镜筒 9.示值调节螺丝 10.消色散手轮 11.色散值刻度圈 12.棱镜锁紧扳手 13.温度计座 14.棱镜组 15.恒温器接头 16.保护罩 17.主轴 18.反射镜

图 4-1-3 阿贝折射计的机械结构

2.机械结构

如图 4-1-3。底座 1 是仪器的支撑座，也是轴承座。连接两镜筒的支架 5 与主轴相连，支架上装有圆盘组 3，此支架能绕主轴 17 旋转，便于工作者选择适当的工作位置。圆盘组 3 内有扇形齿轮板，玻璃刻度盘就固定在齿轮板上，主轴 17 联棱镜组 14 于齿轮板，当旋转手轮 2 时，扇形板带动接棱主轴，而主轴带动棱镜组 14 同时旋转，使明暗分界线位于视场中央，棱镜组 14 内有恒温结构，必要时可加恒温器。

五、实验内容

1.校准读数

仪器附有折射率 n 为 1.46537 的固体标准块，将标准块的抛光面滴上一滴溴代萘，贴在折射棱镜上，调节反射棱镜 4 和 18，使两镜筒视场明亮；调节棱镜手轮 2 直到望远镜中出现模糊的明暗视场分界线；调节消色散手轮 10 使分界线清晰；微调棱镜手轮，使读数镜筒指示出标准块的折射率数值，观察望远镜的十字叉丝的交点是否在明暗分界线上，若有偏差，则用附件方孔调节扳手转动示值调节螺丝 9，使叉丝交点落在明暗分界线上，此后螺丝 9 不能再动。

2.测定液体（溶液）折射率

（1）将棱镜锁紧扳手打开，用棉花酒精清洗棱镜斜面 AC 及 $A'C'$，再用棉花擦干。

（2）将待测溶液滴一滴在进光棱镜斜面上，用棱镜锁紧扳手 12 将进光棱镜与折射棱镜锁紧。调节棱镜手轮 2 和消色散手轮 10，使清晰的明暗分界线通过叉丝交点。

（3）从读数镜筒中读出折射率数值，并记录当时室温。

按下面表 4-1-1 的要求，测量同一温度不同浓度蔗糖溶液的折射率。

表 4-1-1

c/%	折射率 n					
	1	2	3	4	5	平均
5						
10						
15						
20						
x						

3.测量透明固体块的折射率

在待测固体块的光学面滴上一滴溴代萘，并贴在折射棱镜上。与此面垂直的另一光学面朝向光源，操作与测量液体折射率相同。将测量结果记录于表 4-1-2。

表 4-1-2

名称	折射率 n					
	1	2	3	4	5	平均

4.求浓度

在坐标纸上作出 n—c 图，并从图上求出未知浓度蔗糖溶液的浓度。

六、注意事项

1.在滴溶液时，勿使滴管损伤棱镜表面。

2.不许用手触摸固体标准块光学面和棱镜光学面。

3.每测完一种液体后，必须用蒸馏水把棱镜斜面冲洗干净，并用棉花轻轻擦干，以免影响下一种溶液的测量结果。

4.液体的折射率与温度有关，由于室温变化不大，实验时只记录室温作为测量的温度。若需测量在不同温度下的折射率，需接上恒温器，把恒温器的温度调节到需要的温度，待温度稳定 10 分钟后即可测量。

七、思考题

1.如果某种物质的折射率比折射棱镜的折射率大，能否用阿贝折射计测量其折射率？为什么？

2.设被测固体折射率为 n，粘连液的折射率为 n_0，折射棱镜的折射率为 N，欲使测量可行，n、n_0、N 应满足什么关系？

3.进光棱镜的毛面在实验中起什么作用？实验中我们已经知道明暗视场的分界线是微微弯曲的，这对测量结果有无影响？为什么？

4.阿贝折射计可用反射光测量半透明固体的折射率，取下如图 4-1-3 所示的保护罩（16）作为进光面，如图 4-1-4 所示，具体操作与折射光相同。试定性说明明暗视场的成因；并证明测量折射率公式与（4-1-4）式相同。

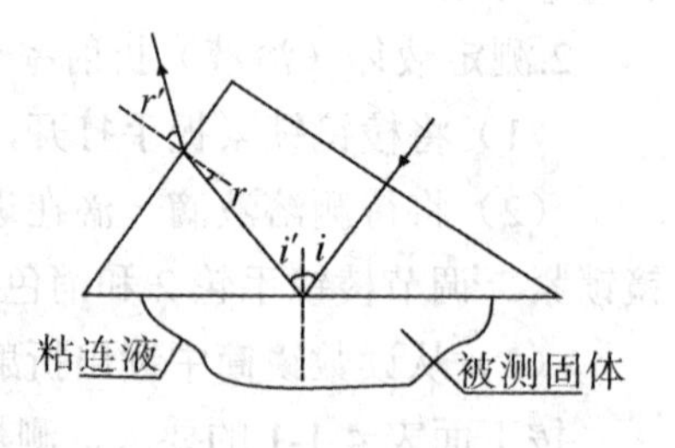

图 4-1-4

八、附录

折射率是生产中常用的工艺控制指标。通过测定液态食品的折射率，可以鉴别食品的组成，确定食品的浓度，判断食品的纯净程度及品质。 蔗糖溶液的折射率随浓度增大而升高。通过测定折射率可以确定糖液的浓度及饮料、糖水罐头等食品的糖度，还可以测定以糖为主要成分的果汁、蜂蜜等食品的可溶性固形物的含量。各种油脂具有一定的脂肪酸构成，每种脂肪酸均有其特定的折射率。含碳原子数目相同时不饱和脂肪酸的折射率比饱和脂肪酸的折射率大得多；不饱和脂肪酸相对分子质量越大，折射率也越大；酸度高的油脂折射率低。因此，测定折射率可以鉴别油脂的组成和品质。正常情况下，某些液态食品的折射率有一定的范围，当这些液态食品因掺杂、浓度改变或品种改变等原因而引起食品的品质发生了变化时，折射率会发生变化。所以测定折射率可以初步判断某些食品是否正常。

实验 4-2 阿贝成像原理和空间滤波

一、实验目的

1.了解阿贝成像原理、傅里叶变换在光学成像系统中的应用。

2.加深对光学空间频谱和空间滤波概念的理解。

二、实验仪器

He-Ne 激光器、薄透镜、可调狭缝、光具座、光学平台、白光源、物样品板、滤波模板、在 24 mm×78 mm 的铜板上有 4 个半径为 6 cm 的样品，如图 4-2-1 所示，样品（1）为一维光栅，光栅常数为 d=0.083 mm；样品（2）为正交光栅，d=0.083 mm；样品（3）为低频滤波样品，透明的“十”； 样品（4）为高频滤波样品，带有小方格透明“光”字。

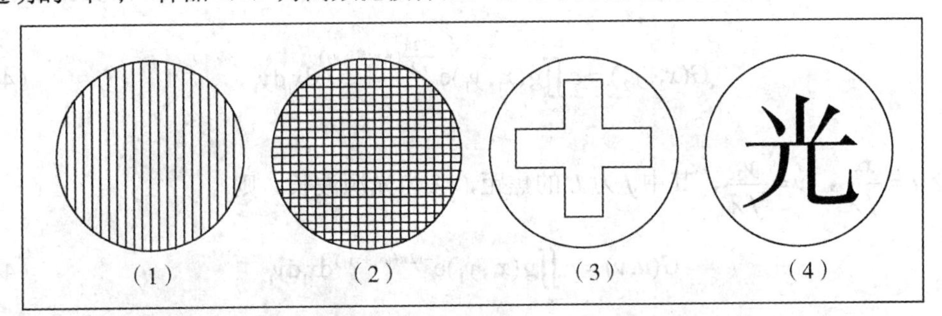

图 4-2-1

如图 4-2-2 所示，在一块铜板上有 5 个滤波器，滤波器（1）通过 0 级及±2 级；滤波器（2）通过±1 和±2 级；滤波器（3）为高频滤波器，小孔直径 $\varphi = 1\,\mathrm{mm}$；滤波器（4）为高频滤波器，小孔直径 $\varphi = 0.4\,\mathrm{mm}$；滤波器（5）为低频滤波器，小球直径 $\varphi = 1.5\,\mathrm{mm}$。

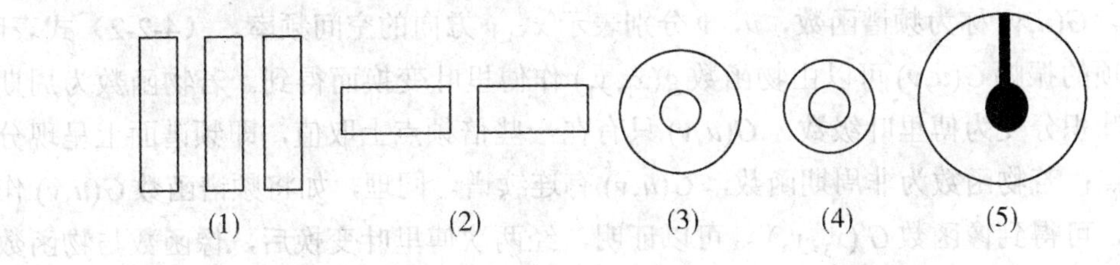

图 4-2-2

三、实验原理

1.阿贝成像原理

如图 4-2-3，放置在 $x_1O_1y_1$ 平面上的正交光栅在平行单色光的照明下，在像面 $x_3O_3y_3$ 上得到正交光栅的实像。从几何光学的观点看，物上任意一点 A 发出的球面波经透镜 L 后会聚于 A' 点，即点点共轭，在像面上得到一个倒立的实像。但从傅里叶光学的观点看，物是一系列不同空间频率信息的集合，将成像过程分两步完成。第一步是平行光经物调制后发生夫琅和费衍射，在透镜 L 的后焦面上形成衍射图样。第二步是这些衍射图样作为新的次波源向前发出球面波，在像面 $x_3O_3y_3$ 上相干叠加形成像。这就是阿贝成像原理。阿贝成像过程实质上是两次傅里叶变换过程。

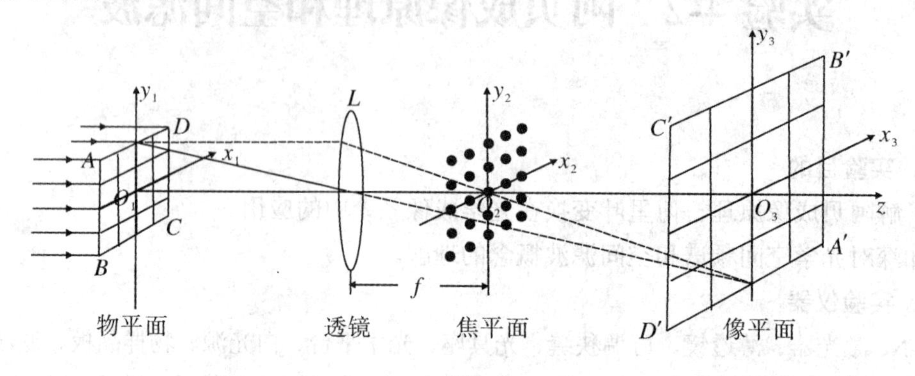

图 4-2-3

会聚透镜最突出和最有用的性质就是它具有二维傅里叶变换的本领。在图 4-2-3 中，若物放在 L 前焦面上，并以 $g(x_1,y_1)$ 为物函数，则在 L 的后焦面上夫琅和费的复振幅为

$$G(x_2,y_2)=c\iint\limits_{\infty}g(x_1,y_1)\mathrm{e}^{\frac{-\mathrm{i}2\pi}{f\lambda}(x_1x_2+y_1y_2)}\mathrm{d}x_1\mathrm{d}y_1 \tag{4-2-1}$$

令 $u=\dfrac{x_2}{f\lambda}$，$v=\dfrac{y_2}{f\lambda}$，其中 f 为 L 的焦距，λ 为光源波长，则

$$G(u,v)=c\iint\limits_{\infty}g(x_1,y_1)\mathrm{e}^{-\mathrm{i}2\pi(ux_1+vy_1)}\mathrm{d}x_1\mathrm{d}y_1 \tag{4-2-2}$$

在忽略常数因子下，$G(u,v)$ 就是 $g(x_1,y_1)$ 的傅里叶变换。而 $g(x_1,y_1)$ 是 $G(u,v)$ 的逆变换

$$g(x_1,y_1)=c\iint\limits_{\infty}G(u,v)\mathrm{e}^{i2\pi(ux_1+vy_1)}\mathrm{d}u\mathrm{d}v \tag{4-2-3}$$

（4-2-3）式表明，一个复杂的衍射波可以分解成许多不同空间频率、不同权重的平面波的叠加。$G(u,v)$ 称为频谱函数，u，v 分别表示 x、y 方向的空间频率。（4-2-2）式表明，每一频谱项的振幅 $G(u,v)$ 可以由物函数 $g(x_1,y_1)$ 作傅里叶变换而得到。若物函数为周期函数，傅里叶积分变为傅里叶级数，$G(u,v)$ 只有在一些倍频点上取值，即频谱面上呈现分立的衍射光点；若物函数为非周期函数，$G(u,v)$ 有连续谱。同理，如将频谱函数 $G(u,v)$ 作傅里叶变换，可得到像函数 $G'(x_3,y_3)$ 。可以证明，经两次傅里叶变换后，像函数与物函数有如下线性关系

$$G'(x_3,y_3)=\Re G(u,v)=\Re[\Re g(x_1,y_1)]=cg(-x_3,-y_3)$$

2.空间滤波原理

以上我们用频谱的语言叙述了阿贝成像原理。第一步将物函数变换为频谱函数，实质是“分频”过程；第二步把频谱函数变换为像函数，这是“复合”过程。那么像与物是否完全相同呢？从上面的讨论可知，只有频谱面接收到物函数的全部信息，且全部信息都复合成像，

像才能与物完全相同。事实上，由于透镜孔径有限，总有一部分高频信息丢失。

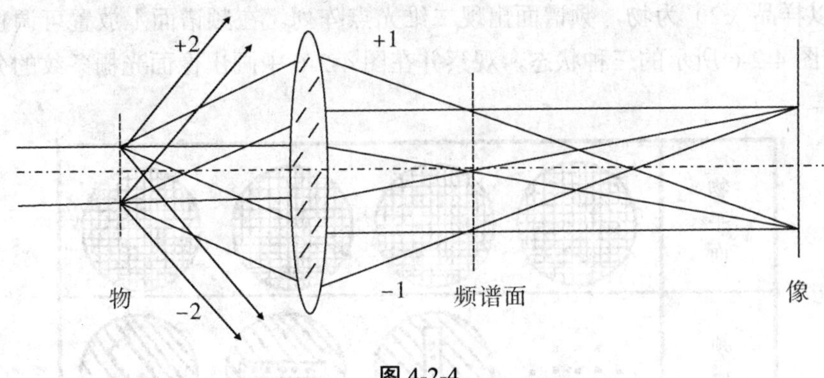

图 4-2-4

如图 4-2-4 所示，透镜只能接收±1级的衍射光波，更高级的衍射光波不能复合成像，像函数的信息少于物函数的信息，像不可能完全准确地反映物的细节，这也是显微镜分辨本领受物镜孔径限制的原因所在。假定频谱面上能接收到物函数的全部信息，如果人为地不让全部信息参与复合成像，那么像质亦受影响。这就启发人们在频谱面上加入各种滤波器，根据实际需要，限制参与成像的某些频率成分，以达到控制像质的目的。这就是光学空间滤波。所谓光学滤波器就是放在频谱面上，用于改变空间频率的各种模板，有振幅滤波器和相位滤波器两大类。振幅滤波器的主要作用是挡住某些空间频率成分，而通过另一些空间频率成分，根据允许通过的频率范围又分为高通滤波器、低通滤波器、带通滤波器、方向滤波器等。相位滤波器是由厚度不同的透明物体制成，它并不挡去任何空间频率成分，而是使某些频率成分产生一相移。

四、实验内容

1.阿贝成像

（1）按图 4-2-5 安排光路，一样品（1）为物，经 L_1、L_2 扩束和准直后的激光束垂直入射，在物后面置一焦距为 25.00 cm 的透镜 L，调节透镜位置，使在数米外的屏上得到清晰的光栅像，调节物的方位，使光栅条纹沿竖直方向。用一纸屏在透镜的后焦面上接收，即可看到等间距的水平排列的光点。这一平面称为频谱面（或傅氏面）。光轴上的光点为 0 级，两侧分别为±1 级、±2 级……测量各光点与中央光点的距离 x，由 $u=\dfrac{x}{f\lambda}$ 算出这些频谱相应的空间频率 u。

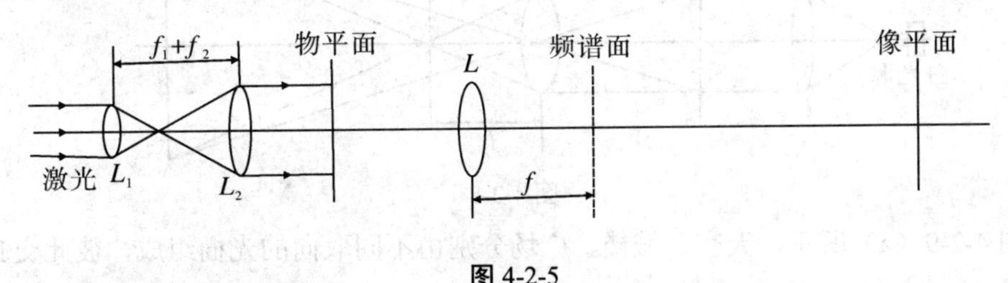

图 4-2-5

（2）在频谱面上放置可变狭缝，通过 0 级和±1 级；只通过 0 级；换上（1）号滤波器，通过 0 级及±2 级；换上（2）号滤波器，挡住 0 级，通过±1 级及±2 级。观察并记录上述四种情况下像面光强的分布，并做理论解释。

（3）以样品（2）为物，频谱面出现二维光点阵列。在频谱面上放置可调狭缝，让狭缝分别处在图 4-2-6 所示的三种状态，观察并在图 4-2-6 中画出像面光栅条纹的分布情况并做理论解释。

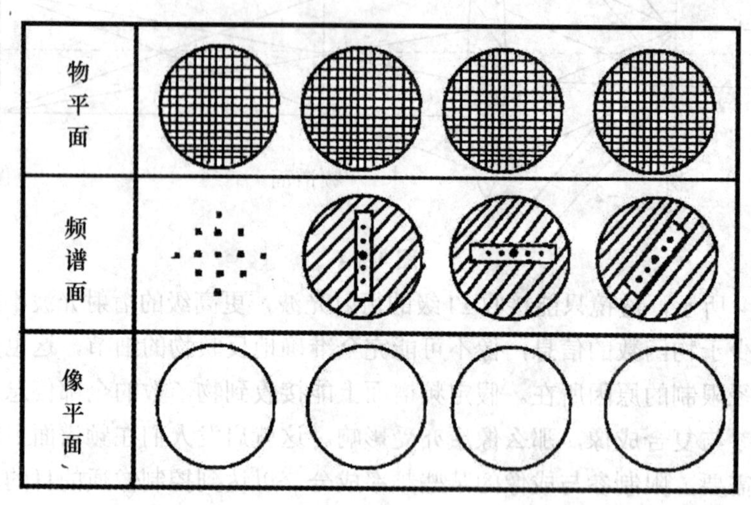

图 4-2-6

2.高频滤波

以样品（4）为物（即带网格的光字），由于网格为周期函数，其频谱是分立的；字样为非周期函数，其频谱是连续的。若在频谱面用（3）号滤波器滤波，则在像面上可观察到网格消失，但字样保留了下来，如用（4）号滤波器滤波，则光字也变模糊。观察现象，试做理论解释。

3.低频滤波

以样品（3）为物，在频谱面上用（5）号滤波器挡去 0 级和低频，像面十字突出了轮廓，如图 4-2-7 所示。

图 4-2-7

4.调制

光路如图 4-2-8，以 θ 调制板作物。所谓 θ 调制板是按不同取向的光栅组成的图像。

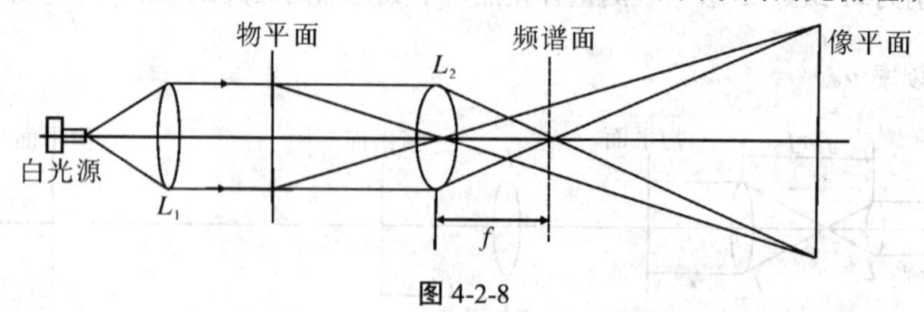

图 4-2-8

如图 4-2-9（a）所示，天空、城楼、广场分别由不同取向的光栅组成，彼此交120°。

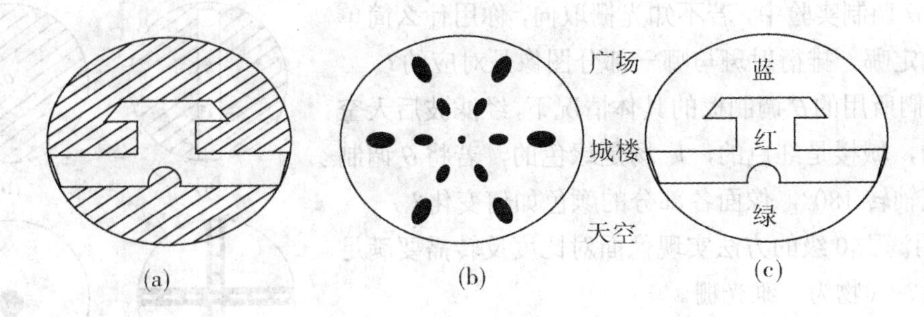

图 4-2-9

在图 4-2-8 中 L_1 为准光透镜，移动透镜 L_2 使像面得到清晰的天安门图像。将一个纸屏放在 L_2 的后焦面上，可得三排取向不同的衍射斑，它们对应于城楼、天空和广场，如图 4-2-9（b）所示。由于白光照射，除 0 级外，其他各衍射光斑均有色散，用一点燃的卫生香在对应于城楼的衍射光斑上烧些孔，只让各衍射斑的红光成分通过，这时像屏上的城楼是红色的。同样道理可得天空是蓝色的，广场是绿色的。如图 4-2-9（c）所示。

若以图 4-2-10 所示的三个刻痕取向不同并部分重叠的光栅为物，可在频谱面上得 18 个基频光斑。经滤波后，在像面上显示出光色合成图像。

在图 4-2-10 中，A、B、C 区域为一维光栅；（A+B）、（A+C）、（B+C）区域为二维光栅，中间三角为三个三维光栅的重叠区域。OA、OB、OC 分别是三个一维光栅的取向，$\angle BOA$=120°，$\angle COA$=90°。先认准 A、B、C 三个光栅对应的衍射斑，让 A 相应频谱的红光通过；让 B 相应频谱的绿光通过；让 C 相应频谱的蓝光通过，则在像面上得到 A 区红色，B 区绿色，C 区蓝色。（A+B）区黄色，（B+C）区青色，（A+C）区品红色。中间三角形应为白色。

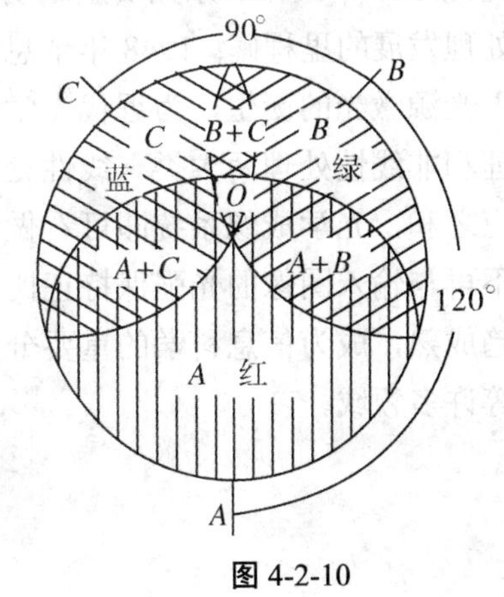

图 4-2-10

五、思考题

1.阿贝成像原理的主要内容是什么？

2.什么是空间滤波？

3.什么叫频谱？周期函数与非周期函数有怎样的频谱分布？

4. 30/mm 的黑白光栅放在透镜的前焦面上，用波长 632.8 nm 的激光照明，要使频谱面上的频谱间距小于 2.0 mm，透镜焦距应为多大？

5.在上题中，为了能接收到 6 倍频的高频成分，透镜的直径 D 至少为多大？

6.为了改善像质，试选用图 4-2-11 中合适的滤波器对下面的三种图像进行滤波：

（1）带网格的人像；

（2）低反差的图像；

（3）带水平条纹的人像。

7.物为带网格背景的“光”字，网格常数为 0.1 mm，物镜焦距为 25.00 cm，He-Ne 激光照明，若想滤去网格，低通滤波器的孔径应为多大？

8.在θ调制实验中，若不知光栅取向，你用什么简单的方法确定哪一排衍射斑与哪一部分图像是对应的？

9.我们所用的θ调制板的具体情况下，经滤波后天空是蓝色的，城楼是红色的，广场是绿色的，若将θ调制板绕竖直轴转180°，像面各部分的颜色如何变化？

10.用滤去0级的方法实现像面对比度反转需要满足什么条件？（物为一维光栅。）

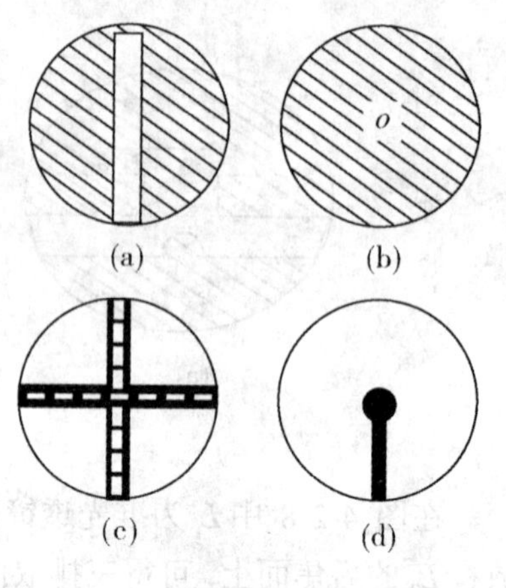

图 4-2-11

六、附录

光学信息处理

光学信息处理即光学图像的产生、传递、探测和处理。与其他形式的信息处理手段相比，光学信息处理具有大容量和高度并行的优点。光学信息处理是近年来发展起来的一门新兴学科。光学信息处理的理论基础是透镜的傅里叶变换效应，其历史可以追溯至阿贝对显微术所做的理论研究。1906年波特的系列实验阐明了阿贝的理论；1935年泽尼克发明相衬显微镜是光学信息处理发展的里程碑；1948年全息术的发明，1955年光学传递函数概念的建立，1960年强相干光源激光的诞生，为近代光学信息处理的发展奠定了基础。光学信息处理可分为线性处理和非线性处理两大类。线性处理是指系统对多个输入之和的响应等于各单独输入时的响应之和，光学成像系统即可看做一个线性处理系统；所谓非线性系统是指输出图像的光强不再与输入图像的光强保持正比关系。近年来光学信息处理技术发展很快，理论体系已日趋成熟，成为信息科学的重要分支，已实际应用到包括遥感、医学图像分析、数字光处理等许多领域。

实验 4-3　非线性电路混沌

一、实验目的

1.学习测量非线性单元电路的伏安特性。

2.学习用示波器观测 *LC* 振荡器产生的波形与经 *RC* 移相后的波形及其相图。

3.通过观察 *LC* 振荡器产生的波形周期分岔及混沌现象，对非线性有一初步的认识。

二、实验仪器

非线性电路混沌实验仪由四位半电压表（量程 0～20 V，分辨率 1 mV）、-15 V～0～+15 V 稳压电源和非线性电路混沌实验线路板三部分组成。观察倍周期分岔和混沌现象用双踪示波器。

三、实验原理

在确定性的非线性动力学系统中，常常存在着一些控制参数。当该参数取不同数值时，系统会处于不同的运动状态。系统运动状态随控制参数的变化而变化的过程称为系统的演化过程。非线性动力学系统从周期运动到混沌运动的演化过程是多种多样的，常见的有从倍周期分岔走向混沌和从准周期运动到混沌等。

混沌现象出现的稳态响应波形，看似无规律可循，类似随机输出。它的响应对起始条件极为敏感。在两组相差极微小的起始条件下，经过较长的时间以后两个响应的波形差别很大。在三阶（或三阶以上）自治电路和二阶（或二阶以上）非自治电路里可以出现混沌。低阶电路的混沌常作为理论研究对象。

系统处于混沌运动时，它看似无序，但仍有一些规律和特征，其基本判据有：

（1）频谱分析表明，系统从周期运动具有的离散谱进入了连续频谱。

（2）李雅普诺夫（Lyapunov）指数至少有一个大于零，产生轨道排斥，系统出现局部不稳定。

（3）存在奇异吸引子（strange attractor）。系统具有整体上的稳定性，一切在奇异吸引子之外的相轨道都趋向于奇异吸引子，一旦进入吸引子，它就再也无法出来，也只有在进入吸引子后，系统才能稳定；同时又具有局部上的极不稳定性，各相轨道相互排斥，产生指数式分离；在几何上还具有无穷嵌套的自相似结构。

1.非线性电路与非线性动力学

非线性电路中，参数（电阻、电感、振幅、频率等）改变到分岔值时响应会突变，出现跳跃现象。铁磁谐振电路中就会发生电流跳跃现象。电路的响应与电路的各种参数有关。电阻、电感、正弦电源的振幅和频率都是参数。当某个参数有微小变化时，响应一般也有微小变化。

实验电路如图 4-3-1 所示，图 4-3-1 中只有一个非线性元件 R，它是一个有源非线性负阻器件。电感器 L 和电容 C_2 组成一个损耗可以忽略的谐振回路；可变电阻 R_V 和电容 C_1 串联将振荡器产生的正弦信号移相输出。本实验中所用的非线性元件 R 是一个三段分段线性元件。图 4-3-2 所示的是该电阻的伏安特性曲线，曲线显示出加在此非线性元件上电压与通过它的电流极性是相反的。由于加在此元件上的电压增加时，通过它的电流却减小，因而将此元件称为非线性负阻元件。

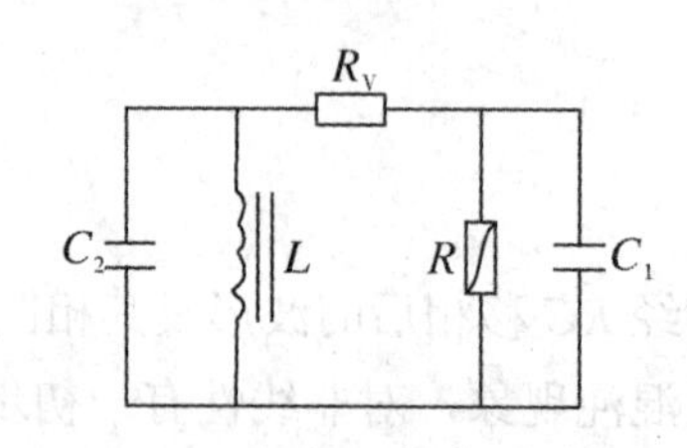

图 4-3-1 非线性电路原理图

图 4-3-2 非线性元件伏安特性

图 4-3-1 电路的非线性动力学方程为：

$$C_1\frac{\mathrm{d}U_{C1}}{\mathrm{d}t}=G\cdot（U_{C2}-U_{C1}）-g\cdot U_{C1}$$

$$C_2\frac{\mathrm{d}U_{C2}}{\mathrm{d}t}=G\cdot（U_{C1}-U_{C21}）+i_L \quad (4\text{-}3\text{-}1)$$

$$L\frac{\mathrm{d}i_L}{\mathrm{d}t}=-U_{C2}$$

式中，导纳 $G=1/R_V$，U_{C1} 和 U_{C2} 分别为表示加在电容器 C_1 和 C_2 上的电压，i_L 表示流过电感器 L 的电流，G 表示非线性电阻的导纳。

2.有源非线性负阻元件的实现

有源非线性负阻元件实现的方法有多种，这里使用的是一种较简单的电路，采用两个运算放大器（一个双运放 TL082）（如图 4-3-3）和六个配置电阻来实现，其伏安特性曲线如图 4-3-4 所示。实验所要研究的是该非线性元件对整个电路的影响，而非线性负阻元件的作用是使振动周期产生分岔和混沌等一系列非线性现象。

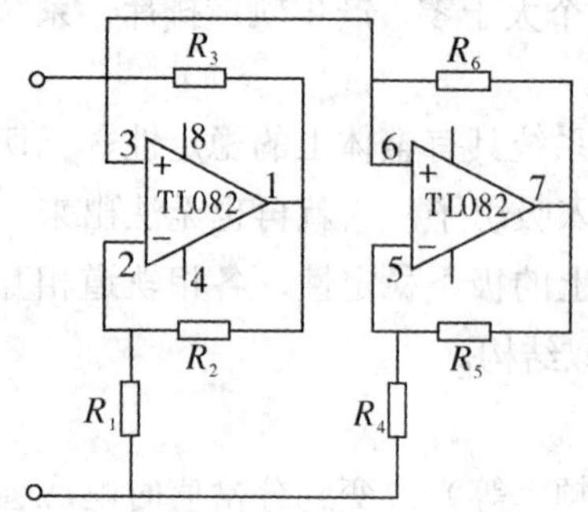

图 4-3-3 有源非线性器件

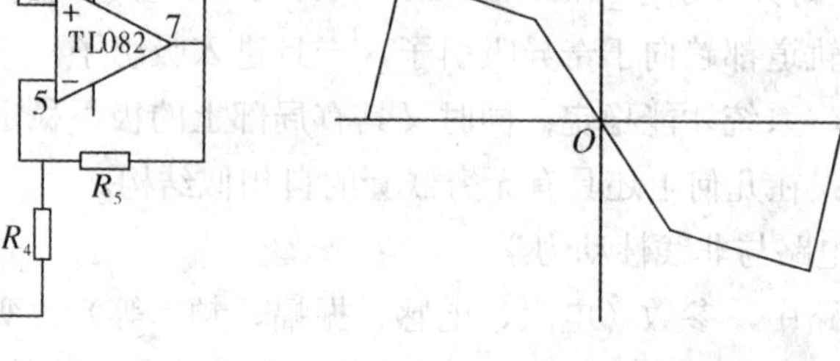

图 4-3-4 双运放非线性元件的伏安特性

实际非线性混沌实验电路如图 4-3-5 所示。

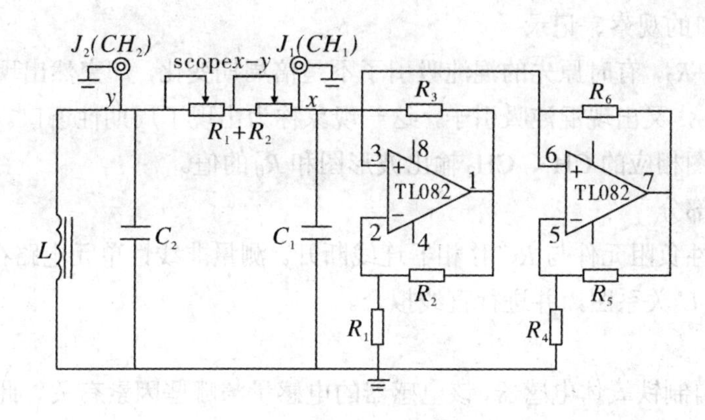

图 4-3-5 非线性电路混沌实验电路图

3.名词解释

这些定义是描述性的，并非标准定义，但有助于初学者对这些词汇的理解。这些词义多数是按相空间作出的。

（1）分岔：在一个系统中，当一个参数值从某一临界值以下变到该临界值以上时，系统长期行为的一个突然变化。

（2）混沌：①完全混沌，表征一个动力系统的特征，在该系统中大多数轨道显示敏感依赖性。②有限混沌，表征一个动力系统的特征，在该系统中某些特殊轨道是非周期的，但大多数轨道是周期或准周期的。

四、实验内容

（一）必做部分

测量一个铁氧体电感器的电感量，观测倍周期分岔和混沌现象。

1.按图 4-3-5 所示电路接线，其中电感器 L 由实验者用漆包铜线手工缠绕。可在线框上绕 70～75 圈，然后装上铁氧体磁心，并把引出漆包线端点上的绝缘漆用刀片刮去，使两端点导电性能良好。也可以用仪器附带的铁氧体电感器。

2.倍周期现象的观察、记录

把自制电感器接入图 4-3-5 所示的电路中，将电容 C_1、C_2 上的电压输入示波器的 X（CH_1）、Y（CH_2）轴，先把 R_1+R_2 调到最小，在示波器屏上可观察到一条直线，调节 R_1+R_2，直线变成椭圆。增大示波器的倍率，反向微调 R_1+R_2，可见曲线作倍周期变化，曲线由一周期（P）增为二周期（2P），由二周期倍增至四周（4P）。记录 2P、4P 倍周期时的相图及相应的 CH_1、CH_2 输出波形图。

3.单吸引子和双吸引子的观察、记录

在步骤 2 的基础上，继续调节 R_1+R_2 直至出现一系列难以计数的无首尾的环状曲线，这是一个单涡旋吸引子集。再细微调节 R_1+R_2，单吸引子突然变成了双吸引子，只见环状曲线在两个向外涡旋的吸引子之间不断填充与跳跃，这就是混沌研究文献中所描述的"蝴蝶"图像，也是一种奇异吸引子，它的特点是整体上的稳定性和局域上的不稳定性同时存在。记录单吸引子和双吸引子的相图相应的 CH_1、CH_2 输出波形图。

4.周期性窗口的观察、记录

仔细调节 R_1+R_2，有时原先的混沌吸引子不是倍周期变化，却突然出现了一个三周期图像，再微调 R_1+R_2，又出现混沌吸引子，这一现象称为出现了周期性窗口。观察并记录三周期（3P）时的相图相应的 CH_1、CH_2 输出波形图和 R_0 的值。

（二）选做部分

把有源非线性负阻元件与 *RC* 移相器连线断开。测量非线性单元电路在电压 $U<0$ 时的伏安特性，作 *I—U* 关系图，并进行直线拟合。

五、思考题

1.实验中需自制铁氧体电感器，该电感器的电感量与哪些因素有关？此电感量可用哪些方法测量？

2.非线性负阻电路（元件）在本实验中的作用是什么？

3.为什么要采用 *RC* 移相器，并且用相图来观测倍周期分岔等现象？如果不用移相器，可用哪些仪器或方法？

4.通过做本实验请阐述倍周期分岔、混沌、奇异吸引子等概念的物理含义。

六、实验问题

1.非线性负阻电路（元件）在本实验中的作用是什么？

2.用李萨如图观测周期分岔与直接观测波形分岔相比有何优点？

3.什么是负阻？从伏安特性曲线上如何体现负阻概念？

七、附录

混沌研究是20世纪物理学的重大事件。长期以来，物理学用两类体系描述物质世界：以经典力学为核心的确定论描述一幅确定的物质及其运动图像，过去、现在和未来都按照确定的方式稳定而有序地运行；统计物理和量子力学的创立，提出了大量微观粒子运动的随机性，它们遵循统计规律，因为大多数的复杂系统是随机和无序的，只能用概率论方法得到某些统计结果。混沌(Chaos)的英文意思是混乱的、无序的。混沌研究最先起源于 Lorenz 研究天气预报时用到的三个动力学方程。1975 年，混沌作为一个新的科学名词首次出现在科学文献中。此后，非线性动力学迅速发展，并成为有丰富内容的研究领域，该学科涉及非常广泛的科学——从电子学到物理学，从气象学到生态学，从数学到经济学等。混沌通常相应于不规则或非周期性，这是由非线性系统本质产生的。本实验将引导学生自己建立一个非线性电路，该电路包括有源非线性负阻、*LC* 振荡器和 *RC* 移相器三部分；采用物理实验方法研究 *LC* 振荡器产生的正弦波与经过 *RC* 移相器移相的正弦波合成的相图（李萨如图），观测振动周期发生的分岔及混沌现象；测量非线性单元电路的电流—电压特性，从而对非线性电路及混沌现象有一初步了解；学会自己制作和测量一个带铁磁材料介质的电感器以及测量非线性器件伏安特性的方法。

实验 4-4 自组显微镜和望远镜

一、实验目的

1.了解显微镜和望远镜的结构原理。

2.学会自组简单的显微镜和望远镜。

3.测定自组显微镜和望远镜的放大倍数。

二、实验仪器

光学平台、不同焦距的会聚透镜、毫米分划板、半透半反射镜、带毛玻璃的白光源、接收屏。

三、实验原理

物体在人眼视网膜上成像的大小取决于物体对人眼瞳孔所张的视角。当视角小于 1′时，人看到的物体是一个点，对其细节无法分辨。远处物体往往不能移近观察，可移近观察的微小物体不能无限地靠近眼睛，因为人眼调节能力有限，太近了反倒看不清楚。为了解决上述困难，人们设计了放大镜、显微镜和望远镜等助视光学仪器，其中显微镜是用来观察近处微小物体或物体的细节，而望远镜则是用来观察远处物体。

1.显微镜的放大原理

图 4-4-1 为显微镜的结构光路图。物镜 L_o 与目镜 L_e 都是焦距较小的会聚透镜或透镜组。放置在 L_o 焦点 F_o 外不远的物体经物镜、目镜两次成像后在明视距离以远得到一放大虚像。当眼睛紧贴目镜观察时，虚像 Y_3 对人眼张角 ω' 的正切与物体 Y_1 也放在明视距离 D 处对人眼张角 ω 的正切之比，称为显微镜的角放大倍数 M。

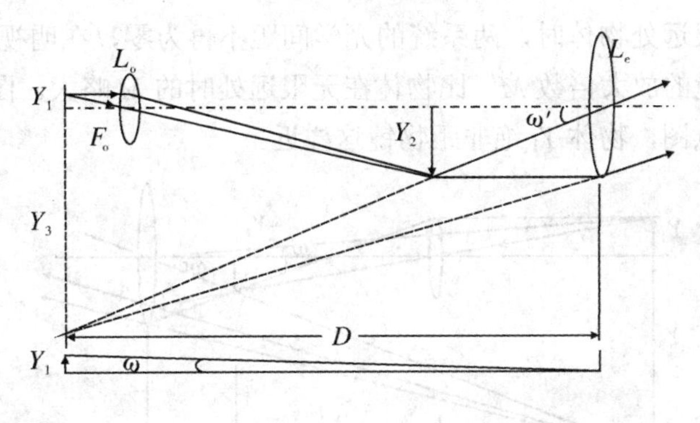

图 4-4-1

$$M=\frac{\tan\omega'}{\tan\omega}=\frac{Y_3}{D}\cdot\frac{D}{Y_1}=\frac{Y_3}{Y_2}\cdot\frac{Y_2}{Y_1}$$

可见，显微镜的放大倍数等于物镜放大倍数与目镜放大倍数的乘积。在产品显微镜的

物镜和目镜上都标有 2×，10×等字样，以便由其乘积直接得知所用显微镜的放大倍数。在近似情况下有

$$\frac{Y_3}{Y_2} \approx \frac{D}{f_e}$$

$$\frac{Y_2}{Y_1} \approx -\frac{\Delta}{f_o}$$

$$\therefore M = -\frac{\Delta}{f_o} \cdot \frac{D}{f_e} \qquad （\Delta \text{为光学间距}） \qquad (4\text{-}4\text{-}1)$$

2.望远镜的放大原理

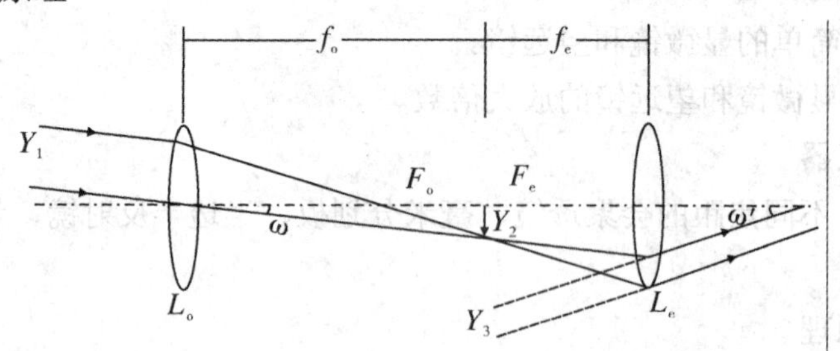

图 4-4-2

图 4-4-2 为望远镜的结构光路图。与显微镜不同的是物镜 L_o 的焦距 f_o 较大，目镜 L_e 的焦距 f_e 较小。望远镜由物镜、目镜两个共轴系统组成。当用于观察无限远的物体时，物镜的第二焦点 F_o' 与目镜的第一焦点 F_e 重合，两系统光学间距为零。此时望远镜的视角放大倍数为

$$M = \frac{\tan\omega'}{\tan\omega} = -\frac{Y_2}{f_e} \cdot \frac{f_o}{Y_2} = -\frac{f_o}{f_e} \qquad (4\text{-}4\text{-}2)$$

若目镜为会聚透镜，$f_e>0$，$M<0$，称倒像望远镜，如开普勒望远镜；若目镜为发散透镜，$f_e<0$，$M>0$，称正像望远镜，如伽利略望远镜。当然，在上述倒像望远镜中若装有倒像装置，亦可成正像望远镜，这是另一回事。

当用于观察有限远处物体时，两系统的光学间距不再为零，在明视距离以远处成放大的虚像，此时望远镜的放大倍数 M' 比物体在无限远处时的 M 略大。图 4-4-3 是表示物体在有限远的光路示意图，物体 Y_1 绝非距物镜这样近。

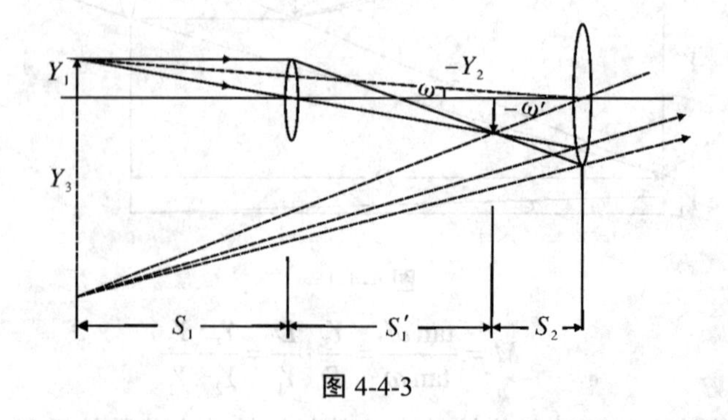

图 4-4-3

此时有

$$\tan\omega = \frac{Y_1}{S_1 + S_1' + S_2}$$

$$\tan\omega' = -\frac{Y_2}{S_2}$$

$$\frac{Y_1}{S_1} = \frac{Y_2}{S_1'}$$

$$\therefore M' = \frac{\tan\omega'}{\tan\omega} = -\frac{S_1'(S_1 + S_1' + S_2)}{S_1 S_2} \qquad (4\text{-}4\text{-}3)$$

从（4-4-3）式可知，因为 $S_1'/S_2 > f_o/f_e$，而 $(S_1 + S_1' + S_2)/S_1 > 1$，所以 $|M'| > |M|$。

四、实验内容

1.根据现有实验仪器测定给定的数个透镜的焦距。

2.从已测定焦距的透镜中选取合适的两个作为自组显微镜的物镜和目镜。如图 4-4-4 所示，在光学平台上安排光路。在光源后放置毛玻璃片 P，紧贴毛玻璃放一毫米分划板 S_1 作为物，适当调节物距，使能从目镜中看到清晰的像。在目镜后紧靠目镜放一块平面玻璃片 M，并与光轴成45°角。对准玻璃片，并在与光轴垂直方向放一块与物同样的毫米分划板 S_2，距光轴约 25.00 cm。经适当调节可从目镜光轴方向同时看到两个毫米分划板的像。一个是显微镜成的放大虚像，另一个是平面玻璃片成的与物等大的虚像，再适当调节物距，消除两个像面的视差。此时可用比较法测定显微镜的放大倍数。若放大虚像的 N 个刻划线与未放大虚像的 n 个刻划线重合，那么放大倍数 $M' = n/N$。再测得光学间距 Δ，按公式（4-4-1）计算放大倍数 M，并比较两者的差异。

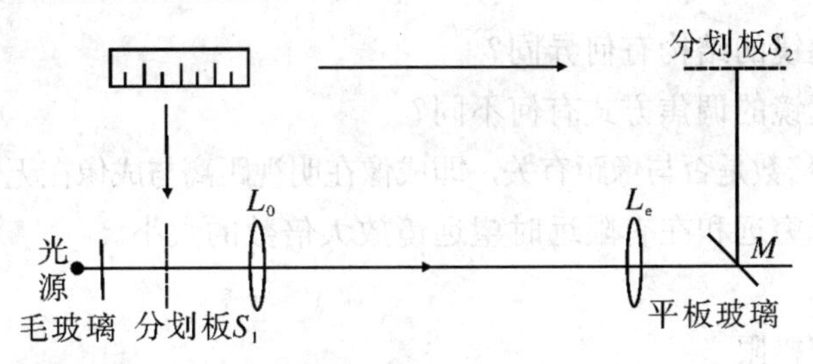

图 4-4-4

3.自组望远镜并测定其放大倍数。同样选取两个合适的透镜作为自组望远镜的物镜和目镜，并将它们安排在光学平台上，先让它们的光学间距为零。在尽可能远处支起作为物的毫米分划板，光源发出的光经毛玻璃散射后均匀照亮毫米分划板。适当调节目镜，一只眼通过目镜观察倒立放大虚像，另一只眼从目镜边外直接观察毫米分划板，使虚像与物无视差。同样用比较法测定其放大倍数 M'，并与计算值 $M = -\dfrac{f_o}{f_e}$ 作比较。

五、数据记录

1.显微镜

	估算法				比较法			
次数	f_o	f_e	Δ	D	次数	n	N	M
1					1			
2					2			
3					3			
平均					平均			

2.望远镜

	估算法			比较法			
次数	f_o	f_e	M	次数	n	N	M
1				1			
2				2			
3				3			
平均				平均			

六、思考题

1.显微镜和望远镜的结构有何异同？

2.显微镜和望远镜的调焦方式有何不同？

3.显微镜的放大倍数是否与像距有关，即成像在明视距离与成像在无穷远是否一样？

4.试比较物在无穷远和在有限远时望远镜放大倍数的大小。

七、附录

1.望远镜的分辨极限

对一个很远的物体而言，望远镜的物镜相当于一个衍射孔，根据衍射的一般理论，在望远镜物镜的焦面或像面上将形成夫琅禾费圆孔衍射图样，设 D 是物镜孔径，则其衍射强度的第一极小相对于中心极大的位置是 $\delta=1.22\lambda/D$ ，δ 表示某方向与光轴方向的夹角的正弦，这个夹角通常很小，故其正弦可用夹角代替，根据瑞利判据，则刚刚能被分开的两个远方物体的角距离

$$\delta_\theta=1.22\lambda/D$$

当物镜 $\delta_\theta=1.22\lambda/D$ 给定时，眼睛所能看到的像的角大小取决于目镜的放大率，考虑到目镜所看到的像是一个个衍射图样的放大像，故而单纯增大目镜的放大率并不能显示出原像（衍射图样）中不存在的细节。

假设望远镜物镜孔径 $D\approx5$ m，对可见波段中心波长 560 nm，其理论分辨极限用弧秒表示 $\delta_\theta\approx0.028''$。人眼的瞳孔直径与光的强度有关，变化范围大致在 1.5～6.0 mm 之间，故

而 560 nm 波长附近人眼的分辨极限大致在1′34″ ～0′24″之间。

2.显微镜的分辨极限

对于显微镜，如图 4-4-5 所示，设 P 为轴上物点，Q 为物面上相距 P 点 Y 的另一点，Q'、P' 为像点，θ、θ' 为轴向光锥的张角，a' 是会聚到 P' 的光束与后焦面相交区域的半径（假定为圆形），D' 为像平面与后焦面的间距。由于 θ' 很小，故有

$$\theta'=\frac{a'}{D'}$$

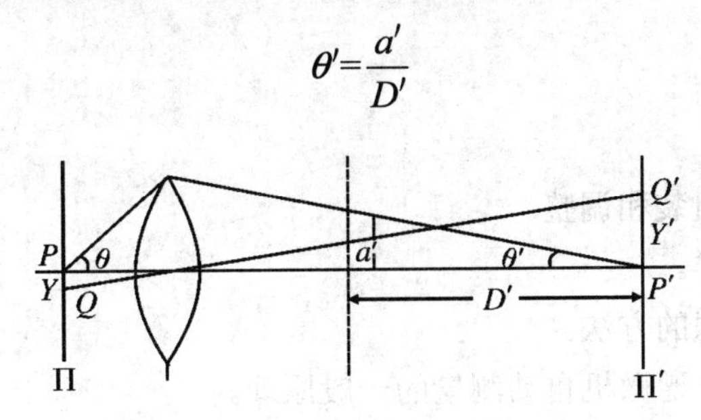

图 4-4-5

设 δ 表示两像点 Q'、P' 相对于衍射孔中心张角的正弦，则近似的像方两点的间距

$$P'Q'=\Delta d'$$

设 n、n' 分别为物空间和像空间的折射率，λ、λ' 为相对应的波长，λ_0 为真空中波长，则类似地在分辨极限下

$$Y'=0.61\lambda'\frac{D'}{a'}=0.61\frac{\lambda'}{\theta'}=0.61\frac{\lambda_0}{n'\ \theta'}$$

显微镜为了使物平面上相邻各点都产生很清晰的像，必须满足正弦条件

$$nY\sin\theta=n'\ Y'\sin\theta'$$

因为 θ' 很小，可以用 $\sin\theta'$ 代替，最后得到

$$Y\approx 0.61\frac{\lambda_0}{n\sin\theta}$$

此式给出在非相干光源照明及圆孔条件下显微镜刚刚能够分辨开的两个物点之间的距离。式中 $n\sin\theta$ 称为数值孔径，要提高分辨本领，则必须要有大的数值孔径。利用油浸物镜可以显著地提高数值孔径。

实验 4-5　光的衍射

一、实验目的

1.掌握衍射光路的组装和调整。

2.观察测量衍射图样。

3.学习一种测量光强的方法。

4.了解衍射光强分布谱微机自动测量的一般原理。

二、实验仪器

光学平台及其附件、激光器、衍射元件、平面反射镜、光探测器、A/D 转换器、微机。

三、实验原理

光的衍射是一种普遍存在的自然现象。波长为 λ 的一束光照射在线度为 ρ 的小孔上，一般均会出现衍射图样。衍射效应通常与小孔线度 ρ 、光的强度、光源与衍射元件及衍射元件与接收屏之间的距离等因素有关。 $\rho>10^3\lambda$ 时，衍射效应不明显； ρ为$(10\sim10^3)\lambda$时，有明显的衍射效应； $\rho<\lambda$ 时，光趋向于产生散射现象。观测光的衍射现象时，一般选用衍射效果明显的单缝、多缝、圆孔和方孔以及光栅等为衍射元件，衍射光路主要由光源、衍射元件和观察接收屏等组成。按照光源、衍射元件、接收屏三者之间距离的大小，通常有两种典型的衍射光路，即夫朗禾费衍射（Fraunhofer diffraction）和菲涅尔衍射（Fresnel diffraction）。前者是指衍射元件与光源及观察者都相距无穷远，后者是它们之间的距离为有限远。实验上研究得较多的是夫朗禾费衍射，其光路如图 4-5-1 所示，有 5 种不同的类型。如果实验用光源为激光，由于激光光束的平行度较高，即光的发散角很小，光源与衍射元件之间可省略透镜。

根据光的衍射理论，不同衍射元件将产生不同的光衍射图样和光强分布谱，理想情况下单缝夫朗禾费衍射的光强分布为：

$$I_\theta=I_0\left(\frac{\sin u}{u}\right)^2,\quad u=\pi a\frac{\sin\theta}{\lambda},$$

上式表示强度为 I_0 的入射光正入射，在衍射角为 θ 时，观测点的光强 I_θ 的大小与波长 λ 和单缝宽度 a 之间的关系。 $\left(\frac{\sin u}{u}\right)^2$ 通常称作单缝衍射因子，表征衍射光场内任一点相对强度 $\frac{I_\theta}{I_0}$ 大小。若以 $\sin\theta$ 为横坐标， $\frac{I_\theta}{I_0}$ 为纵坐标，可得到单缝衍射光强分布谱，如图 4-5-2 所示。

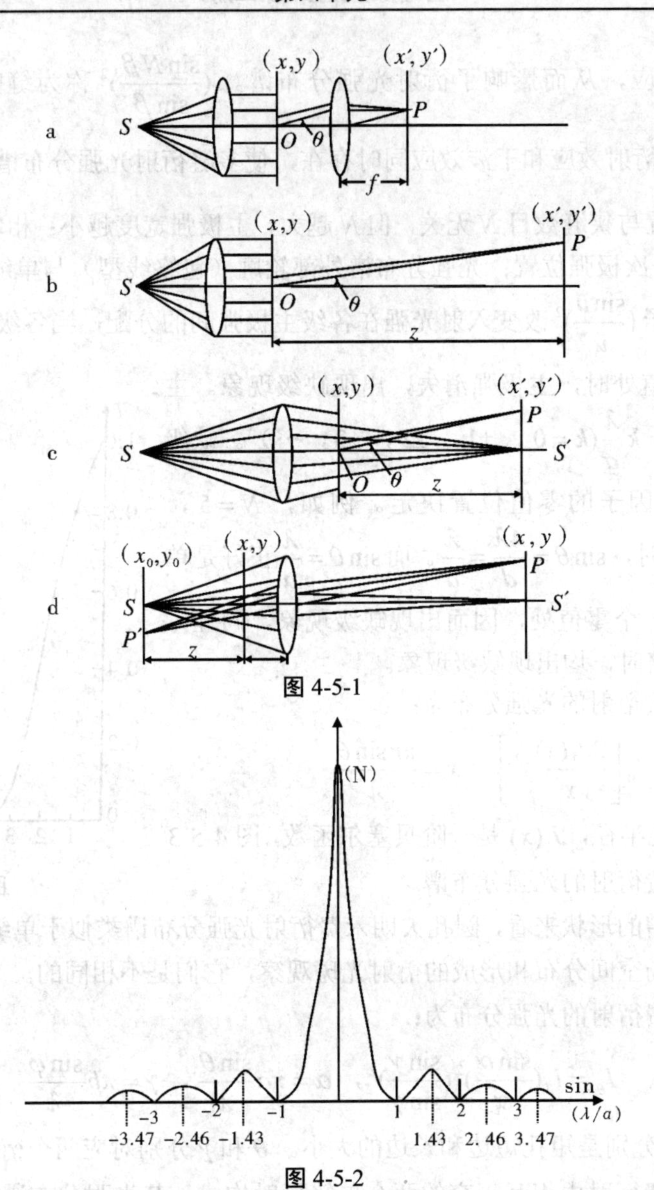

图 4-5-1

图 4-5-2

从图中可以看出，有零级衍射斑（主极强）和高级衍射斑（次极强）。它们出现的位置依次在$\sin\theta=\pm1.43\dfrac{\lambda}{a}$，$\pm2.46\dfrac{\lambda}{a}$，$\pm3.47\dfrac{\lambda}{a}$，…，各级次极强的光强与入射光强的比值分别是$\dfrac{I_1}{I_0}\approx4.7\%$，$\dfrac{I_2}{I_0}\approx1.7\%$，$\dfrac{I_3}{I_0}\approx0.80\%$，…，此外，在单缝衍射光强分布谱上还有暗斑，依次出现在$\sin\theta=\pm\dfrac{\lambda}{a}$，$\pm2\dfrac{\lambda}{a}$，$\pm3\dfrac{\lambda}{a}$，…的位置。

多缝夫朗禾费衍射的光强分布（正入射）为：

$$I_\theta=I_0\left(\frac{\sin u}{u}\right)^2\left(\frac{\sin N\beta}{\sin\beta}\right)^2$$

与单缝衍射相比较，此处多了因子$\left(\dfrac{\sin N\beta}{\sin\beta}\right)^2$。因为 N 个等宽 a、等间距 d 的平行狭缝

之间存在干涉效应，从而影响了衍射光强分布谱。$(\frac{\sin N\beta}{\sin\beta})^2$ 称为缝间干涉因子，其中 $\beta=\pi d\frac{\sin\theta}{\lambda}$。光衍射效应和干涉效应同时存在，使多缝衍射光强分布谱具有某些明显的特征，主极强的位置与狭缝数目 N 无关，但 N 越大，主极强宽度越小；相邻主极强间有 $N-1$ 个暗斑和 $N-2$ 个次极强位置；光强分布谱外部轮廓（包络线型）与单缝衍射的形状相同，因为单缝衍射因子 $(\frac{\sin u}{u})^2$ 改变入射光强在各级主极强间的分配，当各级主极强位置恰好是单缝衍射因子零值处时，主极强消失，出现缺级现象。主极强位置为 $\sin\theta=k\frac{\lambda}{a}(k=0，\pm1，\pm2，\pm3，\cdots)$。缺级位置由单缝衍射因子的零值位置决定。例如，$N=5$，$d=4a$，当 $k=4$ 时，$\sin\theta=\frac{4\lambda}{d}=\frac{\lambda}{a}$。而 $\sin\theta=\frac{\lambda}{a}$ 正好是单缝衍射因子的第一个零值处，因而出现缺级现象。同理，当 k 为 4 的整数倍时，均出现缺级现象。

圆孔夫朗禾费衍射的光强分布为：

$$I_\theta=I_0\left[\frac{2J_1(x)}{x})^2\right]，\quad x=\frac{\pi r\sin\theta}{\lambda}$$

式中 r 是圆孔半径，$J_1(x)$ 是一阶贝塞尔函数，图 4-5-3 表示圆孔夫朗禾费衍射的光强分布谱。

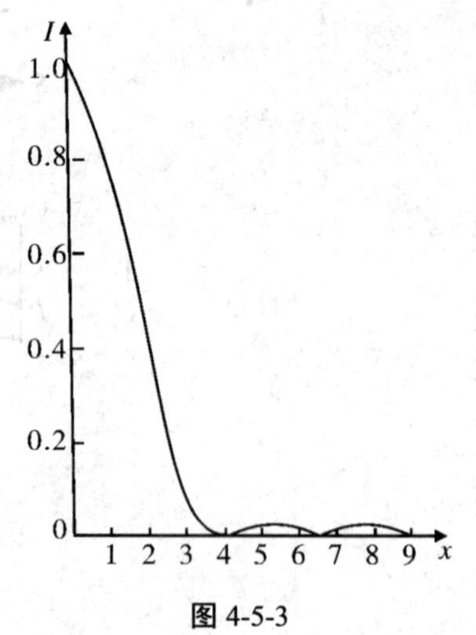

图 4-5-3

从光强分布谱的形状来看，圆孔夫朗禾费衍射光强分布谱类似于单缝衍射光强分布谱。但如果从衍射光场空间分布和形成的衍射光斑观察，它们是不相同的。

矩孔夫朗禾费衍射的光强分布为：

$$I_\theta=I_0(\frac{\sin\alpha}{\alpha})^2(\frac{\sin\gamma}{\sin\gamma})^2，\quad \alpha=\pi a\frac{\sin\theta}{\lambda}，\quad \gamma=\pi b\frac{\sin\varphi}{\lambda}$$

式中 a 和 b 分别是矩孔短边和长边的大小。θ 和 γ 分别对应两个衍射方向角的余角。显然矩孔夫朗禾费衍射由相互正交的两个单缝衍射构成，其光强分布谱正是两个单缝衍射因子的乘积。如果长短边相等（$a=b$），即为方孔夫朗禾费衍射。

实验中通过记录光强随衍射角度的变化即得到衍射光强谱。

光强一般采用光传感元件进行测量。有很多物理效应可以用来制作光传感元件，譬如光伏效应、光电发射效应、光电导效应、光热转换效应等，本实验采用硅光电二极管测定光强，光照射到半导体材料硅上，若光子能量大于硅的禁带宽度，将产生电子-空穴对，从而产生光电流，测量光电流的大小就可以得到光强的大小，获得衍射光强谱 Y 轴光强数值。

本实验采用光栅线位移传感器即所谓“光栅尺”来完成光强的位移计数，长度 200 mm 的主光栅安装在基座上，另一小型光栅与光探测器安装在移动的导轨（即丝母）上，两个光栅具有相同的光栅常数 d，以一微小角度 θ 交叠，当光照射它们时会得到一组明暗相间的干

涉条纹，即莫尔条纹，莫尔条纹的间距

$$m=\frac{d}{2\sin\frac{\theta}{2}}$$

若光栅相对移动 d 的大小，则莫尔条纹将移动 m 的距离，莫尔条纹有位移放大作用，放大倍数 $k=m/d$。两块光栅的相对移动距离转化为莫尔条纹的移动距离，利用光探测器记录莫尔条纹的强度变化，就可以精确地测量位移，通过光电转化后，成为衍射光强谱的 X 轴长度数值。

四、实验内容

实验装置如图 4-5-4 所示，单色光通过衍射元件（单缝、多缝、矩孔、圆孔等）在 X 轴方向产生衍射图案，光电探测器在计算机控制下，可在 X 轴方向左右移动，移动范围 200 mm，步长 0.005 mm，在工作程序的控制下可实现定点和某一定范围的测量。探测器使用狭缝，软件已经考虑狭缝尺寸对测量可能带来的影响。

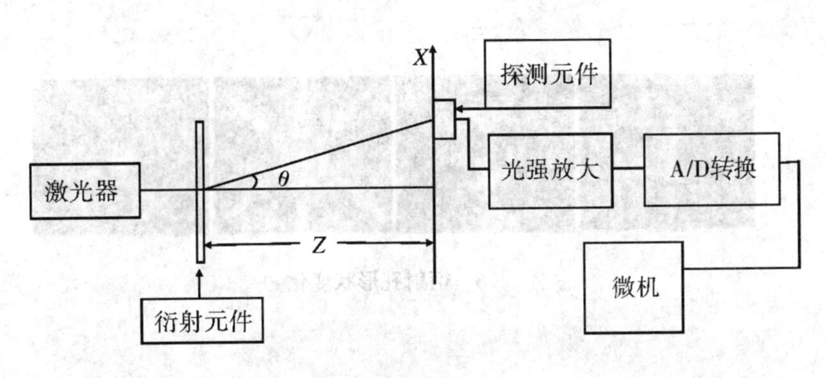

图 4-5-4

如图 4-5-4 示安排调整光路，参照实验室提供的《衍射光强自动记录系统使用说明书》操作。

获得不同衍射元件形成的衍射光强谱，测量主极强、次极强的大小及其比值，观察比较不同衍射元件形成的衍射光强谱，比较实验值与理论值。

五、附录

不同衍射孔的衍射图样

（1）单缝

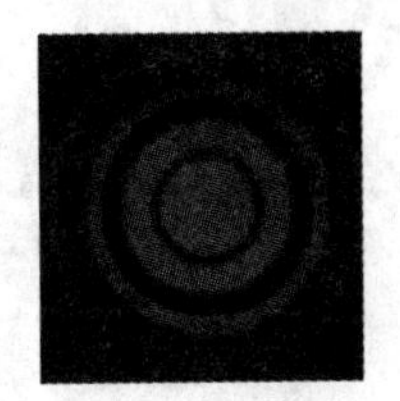

（2）圆孔

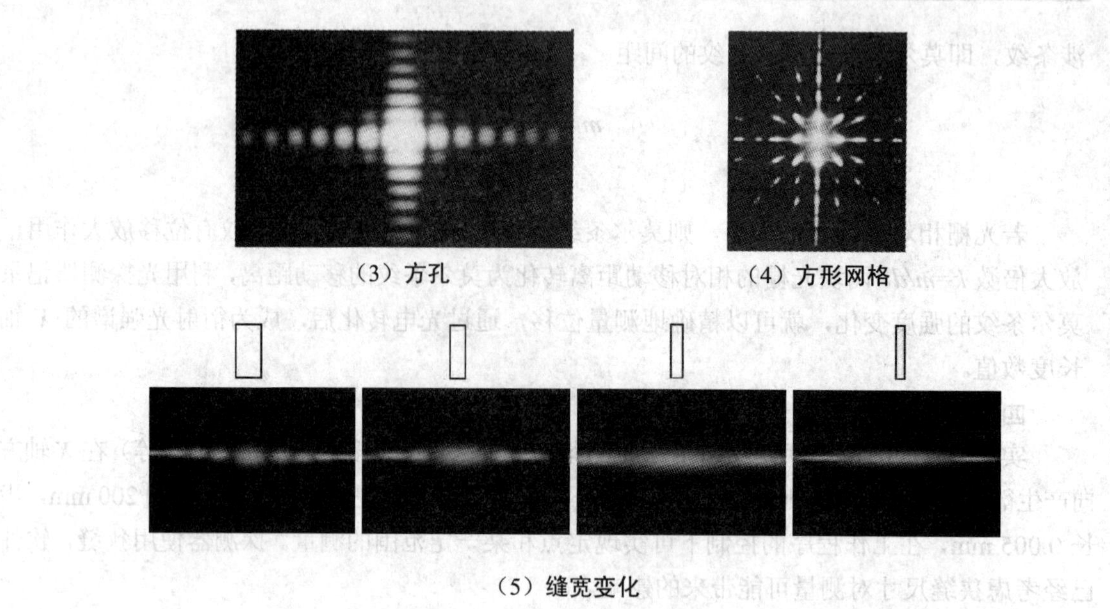

（3）方孔　　（4）方形网格

（5）缝宽变化

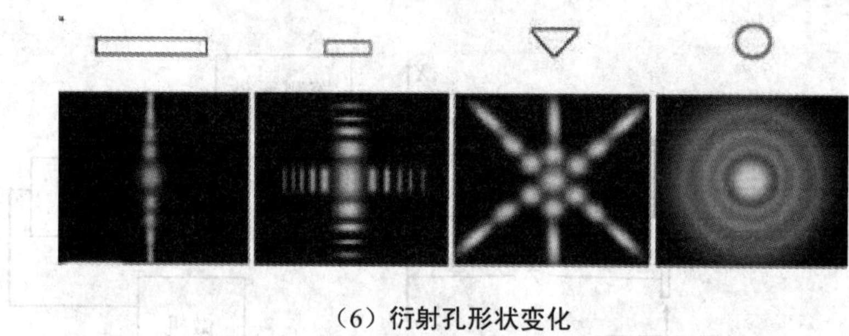

（6）衍射孔形状变化

实验 4-6　交流电桥

一、实验目的

1.了解交流电桥的工作原理和特性。

2.掌握交流电桥测量电感、电容和电阻的调节方法。

二、实验仪器

相量实验仪、标准电感、标准电容、电阻箱、待测电感、待测电容、导线等。

三、实验原理

1.交流电桥平衡的条件

图 4-6-1 是一般交流电桥的原理线路。交流电桥和直流电桥一样，都是由四个臂组成，并采用平衡法测量，当平衡时对边桥臂的阻抗乘积相等。在交流电桥中，用交流电源和交流平衡指示器来代替直流电桥中的直流电源和检流计。交流电桥的四个臂中的元件既可以是电阻，也可以是电感、电容等。

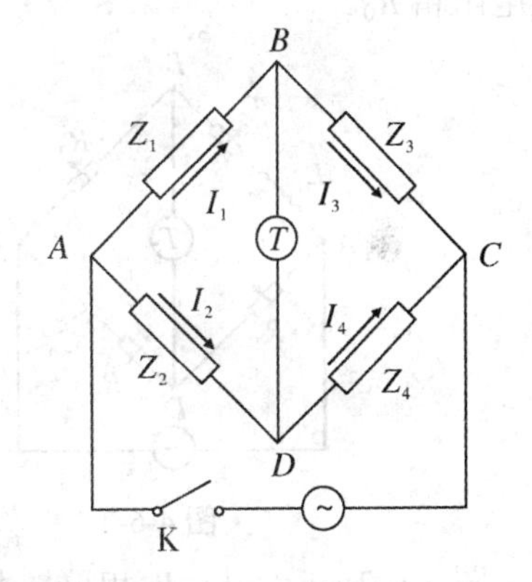

图 4-6-1

在交流电桥中，四个臂中的电流和阻抗都是复数。当电桥平衡时，可以得到

$$\dot{I}_1=\dot{I}_3, \dot{I}_2=\dot{I}_4 \tag{4-6-1}$$

$$\dot{I}_1\dot{Z}_1=\dot{I}_2\dot{Z}_2 \tag{4-6-2}$$

$$\dot{I}_3\dot{Z}_3=\dot{I}_4\dot{Z}_4 \tag{4-6-3}$$

由上面的三个式子，可得

$$\frac{\dot{Z}_1}{\dot{Z}_3}=\frac{\dot{Z}_2}{\dot{Z}_4} \text{或} \dot{Z}_1\dot{Z}_4=\dot{Z}_2\dot{Z}_3 \tag{4-6-4}$$

若将复阻抗用指数形式表示，则上式可写为

$$\frac{Z_1 e^{j\varphi_1}}{Z_3 e^{j\varphi_3}}=\frac{Z_2 e^{j\varphi_2}}{Z_4 e^{j\varphi_4}} \text{或} Z_1 e^{j\varphi_1} Z_4 e^{j\varphi_4}=Z_2 e^{j\varphi_2} Z_3 e^{j\varphi_3} \tag{4-6-5}$$

式（4-6-5）相当于以下两个条件同时成立，即

$$\begin{cases}\dfrac{Z_1}{Z_3}=\dfrac{Z_2}{Z_4}\\ \varphi_1-\varphi_3=\varphi_2-\varphi_4\end{cases}$$

或

$$\begin{cases} Z_1Z_4 = Z_2Z_3 \\ \varphi_1 + \varphi_4 = \varphi_2 + \varphi_3 \end{cases} \tag{4-6-6}$$

由此可见，交流电桥的平衡条件，不仅要求相邻两桥臂阻抗之模成比例（或者两对边阻抗之模乘积相等），而且还必须满足相角条件，即相邻两臂相位差相等（或者对边相位和相等）。这是交流电桥设计中必须考虑的问题。

2.电感电桥

一般实际的电感线圈都不是纯电感，除了感抗 $X_L=\omega L$ 外，还有直流电阻 r，两者之比称为电感线圈的品质因数 Q。即

$$Q=\frac{\omega L}{r} \tag{4-6-7}$$

测量线圈自感系数的电桥如图 4-6-2 或图 4-6-3 所示。图中相对两臂接入电阻箱（$Z_2 = R_2$、$Z_3 = R_3$），被测电感接于 Z_1 位置，r_x 是线圈的直流电阻，Z_4 位置为标准电容 C_0 和电阻箱 R_0。

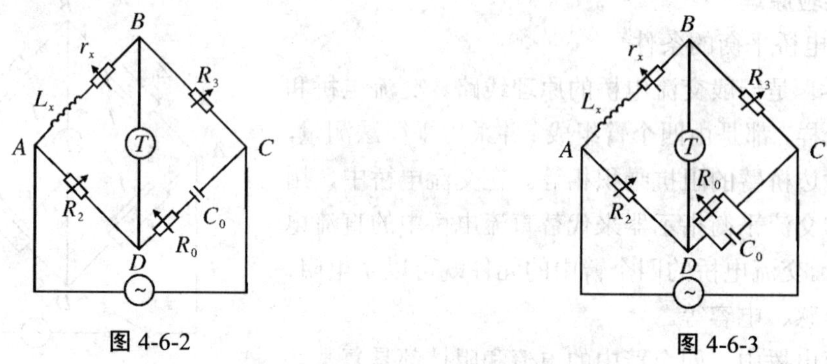

图 4-6-2　　图 4-6-3

图 4-6-2 中 C_0 与 R_0 串联，称为海氏电桥，当电桥平衡时，有

$$(r_x + j\omega L_x)\left(R_0 + \frac{1}{j\omega C_0}\right) = R_2R_3 \tag{4-6-8}$$

展开得

$$\left(r_xR_0 + \frac{L_x}{C_0}\right) + j\left(\omega R_0L_x - \frac{r_x}{\omega C_0}\right) = R_2R_3 \tag{4-6-9}$$

等式两边的实部和虚部分别相等，即

$$\begin{cases} r_xR_0 + \dfrac{L_x}{C_0} = R_2R_3 \\ \omega R_0L_x - \dfrac{r_x}{\omega C_0} = 0 \end{cases} \tag{4-6-10}$$

解得

$$\begin{cases} L_x = \dfrac{R_2 R_3 C_0}{1+(\omega R_0 C_0)^2} \\ r_x = \dfrac{\omega^2 C_0^2 R_0 R_2 R_3}{1+(\omega R_0 C_0)^2} \end{cases} \tag{4-6-11}$$

由式（4-6-7）、（4-6-11）得线圈品质因数：

$$Q = \frac{\omega L_x}{r_x} = \frac{1}{\omega R_0 C_0} \tag{4-6-12}$$

图 4-6-3 中 C_0 与 R_0 并联，称为麦克斯韦电桥。平衡时同理可解得：

$$\begin{cases} L_x = R_2 R_3 C_0 \\ r_x = \dfrac{R_2 R_3}{R_0} \end{cases} \tag{4-6-13}$$

线圈品质因数

$$Q = \frac{\omega L_x}{r_x} = \omega R_0 C_0 \tag{4-6-14}$$

上面两种电路都可以测量线圈的电感 L 和 Q 值，但应用的条件不同，视 Q 值的大小而定。从公式（4-6-12）可看出 Q 越小则海氏电桥要求 C_0 越大，但一般标准电容不能做得太大；另外 Q 值小则要求电阻 R_0 要大，但当电桥中某个桥臂阻抗数值很大时，将会影响电桥的灵敏度。可见海氏电桥适宜测量 Q 值较大（$Q \geqslant 10$）的电感元件。同理，麦克斯韦电桥适宜测量 Q 值较小（$Q \leqslant 10$）线圈的电感元件。

麦克斯韦电桥的平衡条件式（4-6-13）表明，它的平衡与频率无关，即在电源为任何频率的情况下，电桥都能平衡，所以该电桥的应用范围较广。但是实际上，由于电桥内各元件间的相互影响，所以交流电桥的测量频率对测量精度仍有一定的影响。

3.电容电桥

实际电容器并非理想元件，它存在着介质损耗，所以正弦交变电流通过电容器 C 的电流和它两端的电压的相位差并不是 90°，而是小于 90°的 φ，$\varphi = 90° - \delta$，δ 称为介质损耗角。

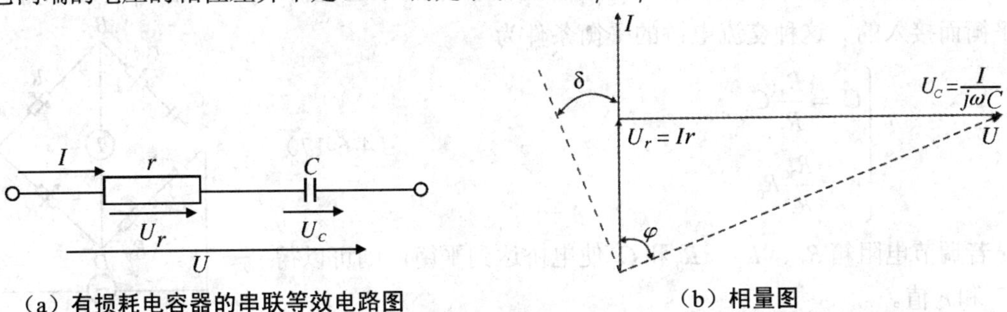

（a）有损耗电容器的串联等效电路图　（b）相量图

图 4-6-4

实际电容可以用两种形式的等效电路表示，一种是理想电容和损耗电阻相串联的等效电路，如图 4-6-4（a）所示；一种是理想电容与损耗电阻并联的等效电路，如图 4-6-5（a）所示。等效串联电路中的 C 和 r 与等效并联电路中的 C'、r' 是不相等的。一般情况下，当电容介质损耗不大时，应当有 $C \approx C'$，$r \ll r'$。

图 4-6-4（b）及图 4-6-5 （b）分别画出了相应电压、电流的相量图。为方便起见，通常用电容器的损耗角 δ 的正切 $\tan\delta$ 来表示它的介质损耗特性，并用符号 D 表示，称它为损耗因数，由相量图可看出在串联等效电路中：

$$D = \tan\delta = \frac{U_r}{U_C} = \frac{Ir}{\dfrac{I}{\omega C}} = \omega rC \tag{4-6-15}$$

可见，损耗角会随着 r 的增大而增大，说明该电容离理想电容特性越远。因此，δ 是衡量电容的重要参量。

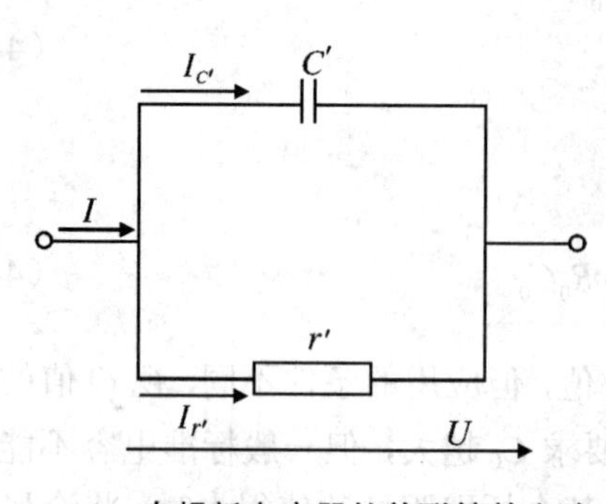

(a) 有损耗电容器的并联等效电路

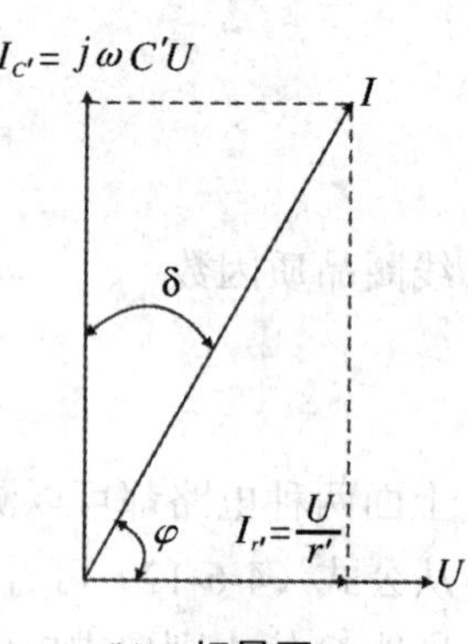

(b) 相量图

图 4-6-5

在并联等效的电路中：

$$D = \tan\delta = \frac{I_{r'}}{I_{C'}} = \frac{U/r'}{\omega C'U} = \frac{1}{\omega r'C'} \tag{4-6-16}$$

应当指出，在图 4-6-4（b）及图 4-6-5 （b）中，$\delta = 90° - \varphi$ 对两种等效电路都是适合的，所以不管用哪种等效电路，求出的损耗因数是一致的，只是应用条件不同。

图 4-6-6 为适合测量损耗电阻 r_x 小的电桥线路图（维恩电桥）。电阻箱 R_0 是为实现电桥的平衡而接入的。这种交流电桥的平衡条件为

$$\begin{cases} C_x = \dfrac{R_4}{R_3} C_0 \\ r_x = \dfrac{R_3}{R_4} R_0 \end{cases} \tag{4-6-17}$$

若调节电阻箱 R_3、R_4、R_0 和 C_0 使电桥达到平衡，则可以得到 C_x 和 r_x 值。

图 4-6-6

电容器介质的损耗因数由公式（4-6-15）得：

$$D = \tan\delta = \omega r_x C_x \tag{4-6-18}$$

将（4-6-17）式代入，得到

$$D = \tan\delta = \omega R_0 C_0 \tag{4-6-19}$$

假若被测电容的损耗电阻 r_x 大，则要用 C_0 与 R_0 并联电桥，如图 4-6-7 所示。平衡条件整理后可得

$$\begin{cases} C_x = \dfrac{R_4}{R_3} C_0 \\ r_x = \dfrac{R_3}{R_4} R_0 \end{cases} \tag{4-6-20}$$

由公式（4-6-16）、（4-6-20）得

$$D = \tan\delta = \frac{1}{\omega R_0 C_0} \tag{4-6-21}$$

图 4-6-7

四、实验内容

1.电容的测量

（1）实验前，先将所有的导线在“桌面”左上角“导线通断检测柱”上测试筛选，避免坏导线接入线路耽误时间。

（2）将“器材库”中的 R_a、R_b 分别接到“桌面”实验线路的 7、6 两缺口中。

（3）将“器材库”中的 R_0、C_0 串联起来，接到“桌面”缺口 8 中。

（4）将被测电容接入缺口 9 中。

（5）将“器材库”右上角的信号源 E_{out} 接到“桌面”缺口 5 中。

（6）调节信号源幅度约零点几伏特，频率约 1 kHz，波形选正弦波，观察检流计，调节电桥平衡。随着逐步接近平衡，要增大信号源电压到 1 V 左右。

（7）记下有关数据，计算电容器电容 C_x 以及介质损耗因子 D 的值。

2.麦克斯韦电桥测电感

（1）根据电感电桥的实验线路图，使用相量实验仪上面的元件，连接一个麦克斯韦电桥。

（2）根据电感电桥的平衡条件，调节电桥平衡，测量出线圈的电感值 L_x 及其品质因数 Q 值。

3.用维恩电桥测量线圈电感值 L_x 及其品质因数 Q 值。（选做实验内容）

五、注意事项

1.实验前应充分掌握实验原理，接线前应明确桥路的形式，错误的桥路可能会有较大的测量误差，甚至无法测量。

2.交流电桥开始调节时应使电源输出的振幅尽量小一些，交流平衡指示器的电流量程尽量大一些。每改变一次可调量，使交流平衡指示器的指针由大到小变到不能再小位置，依次反复调节各个可调量，增加电源输出的振幅，减小指示器的量程，提高测量灵敏度（注意电源输出也不可过大，保护桥臂元件）。

3.注意交流电桥的干扰，采取适当的预防干扰措施。在保证精度的情况下，灵敏度不要调得太高，灵敏度太高也会引入一定的干扰。

4.检流计 D 的“//”和“⊥”分量都调节为零才是真正的平衡状态。

六、问题

1.交流电桥平衡的条件是什么？有无绝对的平衡？

2.什么叫调节交流电桥的“逐步逼近法”？

3.为什么交流电桥能用已知电容来测定电感？这种电桥电路有何特点？

4.为什么电容器的损耗角越大，它的质量越差？

七、附录

直流电桥是精确测量电阻的仪器，交流电桥则是精确测量交流电路中各种元件参数的仪器。交流电桥在电测技术中很重要，它的桥臂元件不仅有电阻，还有电容或电感，所以测量范围更大，常用于测量电阻、电感、电容、频率、品质因数 Q 和介质损耗等参量。随着电路技术的发展，交流电桥也被广泛应用于自动化控制中。

常用的交流电桥分为阻抗比电桥和变压器电桥两大类，本实验中的交流电桥为典型的阻抗比电桥，其桥路的基本结构形式与惠斯通电桥相同，但因四个桥臂为阻抗，所以平衡条件及平衡的调节都要复杂得多。

FM11 型 *RLC* 相量实验仪介绍

本实验使用 FM11 型 *RLC* 相量实验仪来完成交流电桥实验。FM11 型 *RLC* 相量实验仪是一款综合通用型交流电路实验仪，立式箱体，仪器正面是供学生搭建 *RLC* 电路的“桌面”，左上角有一“导线通断检查柱”——是两个裸铜接线柱，将被检导线的两端与之接触，若导线良好则发光管亮。仪器背面是提供各类仪表、元件、电源和信号源的“器材库”。

“器材库”具体介绍如下：

1.1 顶上第一行是 5 对接线柱，从左向右依次为：

（1）D_{in}

检流计输入，“交流电桥”实验用。平时用短路片锁牢，靠电磁阻尼保护表头。

（2）巡 1、巡 2、巡 3

“交流比较法”、“稳态”、“共振”实验用。用导线联接需依次测量的两三个电压，用第三行第 6 位的“V 表/测试点”旋钮实施巡回测读。

（3）E_{out}

本机信号发生器的输出端子，每个实验都用。

1.2 第二行是 4 块仪表，从左向右依次为：

（1）指针式双向检流计 D

“交流电桥”实验用，非线性增益，中间灵敏度高，两边抗过载能力强。

（2）数字式交流 mA 表

用于各实验监测总电流，或对被测元件做粗测。本表未设外用接线柱，一直串联在信号发生器输出端子 E_{out} 的回路中。

（3）数字式交流 V 表

每个实验都用。

（4）数字式频率表

每个实验都用。

1.3 第三行为调节部件，从左向右依次分为 6 区 14# 孔位：

（1）第 1 区“监听”

1#孔位上孔是保险丝，每个实验都用，串联在信号发生器输出端子 E_{out} 的回路中，防止机外短路烧毁信号源。实验中若发现信号突然消失，首先检查此保险。1#孔位下孔为监听耳机插孔，“交流电桥”实验用，插入双声道耳机后，左右声道分别监听交流电桥不平衡信号 U_{MN} 的矢量分量 $U_{//}$、$U_{\perp}$，暗示和引导操作者做出正确判断，增强操作趣味。第 1 区 2#孔位是音量调节旋钮，用来调节耳机音量。

（2）第 2 区“指零仪 D”

“交流电桥”实验用。3#孔位是 D_{in} 的换向开关，有时候检流计换向可以减少杂散干扰和寄生振荡；另外，换向测量取平均值可以减小系统误差。4#孔位是检流参考信号的相位选择开关，向上拨是“⊥”相位，向下拨是“//”相位。

（3）第 3 区“mA 表”

每个实验都用，5#孔位是“mA 表”量程选择开关。

（4）第 4 区“V 表”

每个实验都用。6#孔位是 V 表测试点转换开关，共有 4 挡，“巡 1～巡 3”可随意联接外电路的测试点，“*E*”挡直接监测信号发生器的输出电压。7#孔位是“V 表”的量程选择开关。

（5）第 5 区“信号源 *E*”

每个实验都用。8#、9#孔位“幅度”是本机信号发生器输出电压的粗、细调电位器。10#孔位是信号源波形选择开关，向上拨是方波，向下拨是正弦波。11#孔位“波段”是信号源频段选择开关，向上拨“H”约数百 Hz 到 80 kHz，向下拨“L” 约十几 Hz 到 3kHz。12#、13#孔位“频率”是信号源频率的粗调、细调电位器。

调节“幅度”和“频率”时，粗调、细调电位器要配合使用。通电开机前，先将粗调旋钮回零；转动细调旋钮找到左、右极限位置，然后凭感觉将其返回居中位置待用。通电预热后，眼睛关注电压表或频率表，缓慢调节粗调旋钮，尽可能使仪表读数接近期待值；剩下的微小差额用细调旋钮来调准。当细调旋钮偏到左右极限时，应及时将其调回中部，再调粗调。

（6）第 6 区“总电源”

14#孔位是整机的 220 V 交流电源总开关。

1.4 第四行左“C_0”是标准电容箱，十进制 4 位读数盘，由左侧两个接线柱与外电路联接，数据详见表 1；第五行左“R_0”是标准电阻箱，十进制 6 位读数盘，由左侧两个接线柱与外电路联接，数据详见表 2。

1.5 第四行右“R_a”、第五行右“R_b”是两个单盘电阻箱，都是 3 倍程 10 挡，各由右侧两个接线柱与外电路联接，组成比例臂用于“交流电桥”实验，详见表 3。之所以采用 3 倍程而不按惯例采用十进制 10 倍程分挡，是为了使量程分割更细腻，量程覆盖更严谨，相邻量程的交接过渡段不致有太大的测量不确定度。

表 1

表　盘	1	2	3	4
进步/μF	0.1	0.01	0.001	0.0001
误差/%	0.5	0.65	2	5
耐压/V	AC 250		DC400	

表 2

表盘	1	2	3	4	5	6
进步/Ω	10000	1000	100	10	1	0.1
误差/%	0.1	0.1	0.1	0.5	2	5
电流/A	0.005	0.015	0.05	0.15	0.5	0.5

表 3

阻值/Ω	1	3	10	30	100	300	1 k	3 k	10 k	30 k
误差/%	0.5	0.5	0.2	0.2	0.1	0.1	0.1	0.1	0.1	0.1
电流/A	0.5	0.15	0.15	0.10	0.05	0.015	0.015	0.010	0.005	0.005

实验 4-7 高温超导材料特性测试

一、实验目的

1.了解高临界温度超导材料的基本特性，掌握其测试方法。

2.了解金属和半导体 PN 结随温度变化的伏安特性以及温差电效应。

3.学习几种低温温度计的比对和使用方法，以及低温温度控制的简便方法。

二、实验仪器

低温恒温器（装有超导样品、铂电阻温度计、硅二极管温度计、铜-康铜温差电偶、锰铜加热线圈的紫铜恒温块），不锈钢杜瓦容器，直流数字电压表，BW2 型高温超导材料特性测试装置，19 芯插头电缆等。

三、实验原理

1.高临界温度超导电性

1911 年，荷兰物理学家卡麦林·翁纳斯（Kamerlingh Onnes，1853—1926）在用液氦测量水银电阻时发现，当温度降到稍低于液氦的正常沸点时，水银的电阻突然降到零，这就是零电阻现象，或称超导现象。我们把具有这种特性的物体称为超导体，把电阻突然降为零时的温度称为超导转变温度。如果维持外磁场、电流和应力等在足够低的值，则样品在这一定外部条件下的超导转变温度，称为超导临界温度，用 T_c 表示。不同材料的超导临界温度不同，对于像水银的超导临界温度 4.2 K 这样低的温度的超导材料在应用上会受到很大的限制。目前，科学家已经将超导材料超导临界温度提高到 130 K 以上（见附录），我们把具有较高超导临界温度的超导材料称为高温超导材料。在一般实际测量中，由于地磁场并没有被屏蔽，样品中通过的电流也并不太小，材料的化学成分不纯及晶体结构不完整等因素的影响，超导转变往往发生在一定的温度范围内，因此通常引进起始转变温度 $T_{c,\,onset}$、零电阻温度 T_{c0} 和超导转变（中点）温度 T_{cm} 等来描写高温超导体的特性，如图 4-7-1 所示。通常所说的超导转变温度 T_c 是指 T_{cm}。

由图 4-7-1 可见，在零电阻温度 T_{c0} 以下电阻为零，就是超导材料零电阻现象；在起始转变温度 $T_{c,\,onset}$ 以上，超导材料表现出和一般金属材料相同的性质，具有正常的金属电阻值；转换过程实际发生在起始转变温度 $T_{c,\,onset}$ 到零电阻温度 T_{c0} 之间，这个温度间隔越小说明材料的纯度和晶格的完整性越好。实际应用中，我们取起始转变温度 $T_{c,\,onset}$ 到零电阻温度 T_{c0} 中间的温度 T_{cm} 作为超导材料临界温度。

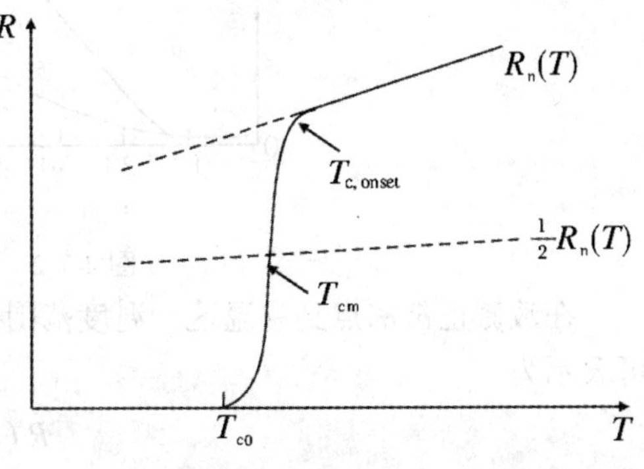

图 4-7-1

1933 年，迈斯纳（W. F. Meissner，1882—1974）和奥克森菲尔德（R. Ochsenfeild）发现无论有无外加磁场使锡和铅样品从正常态转变为超导态，只要 $T<T_c$，在超导态内部的磁感应强度 B_i 总是等于零的，我们称之为迈斯纳效应，迈斯纳效应表明超导体具有完全抗磁性，这是超导体所具有的另一个最基本的性质，这是独立于零电阻现象的另外一个特性。我们用永久磁铁慢慢落向超导体实验来演示磁悬浮现象，可以看到磁铁会悬浮在超导体之上的一定的高度。因为磁感应线无法穿过具有完全抗磁性的超导体，磁场受到畸变而产生向上的浮力，使得磁铁悬浮、不会落到超导体上。磁悬浮现象证明了迈斯纳效应。

2.金属电阻随温度的变化

作为低温物理实验中基本工具的各种电阻温度计，完全是建立在对各种类型材料的电阻-温度研究的基础上的。电阻随温度变化的性质，不同类型的材料是很不相同的。

在合金中，电阻主要是由杂质散射引起的，因此，电子的平均自由程对温度的变化很不敏感，如锰铜的电阻随温度的变化就很小，实验中所用的标准电阻和电加热器就是用锰铜线绕制而成。在绝对零度下的纯金属中，理想的完全规则排列的原子（晶格）周期场中的电子处于确定的状态，因此电阻为零。温度升高时，晶格原子的热振动会引起电子运动状态的变化，即电子的运动受到晶格的散射而出现电阻 R_i。实际金属中总是含有杂质的，杂质原子对电子的散射会造成附加的电阻。在温度很低时，例如在 4.2 K 以下，晶格散射对电阻的贡献趋于零，这时的电阻几乎完全由杂质散射所造成，称为剩余电阻 R_r，它近似与温度无关。当金属纯度很高时，总电阻可以近似表达成

$$R=R_i(T)+R_r$$

R_i 为电子运动受晶格散射出现的电阻，R_r 是几乎完全由杂质散射所造成的剩余电阻，可以近似看成与温度无关。在液氮温度以上，$R_i(T)>>R_r$，因此有 $R\approx R_i(T)$。例如，铂的德拜温度为 θ_D 为 225K，在液氦温度下，铂的电阻-温度关系如图 4-7-2。从液氦沸点到室温的温度范围内，它的电阻 $R\approx R_i(T)$近似地正比于温度 T。然而，稍许精确的测量就会发现它们偏离线性关系，在较宽的温度范围内铂的电阻-温度关系如图 4-7-2 所示。

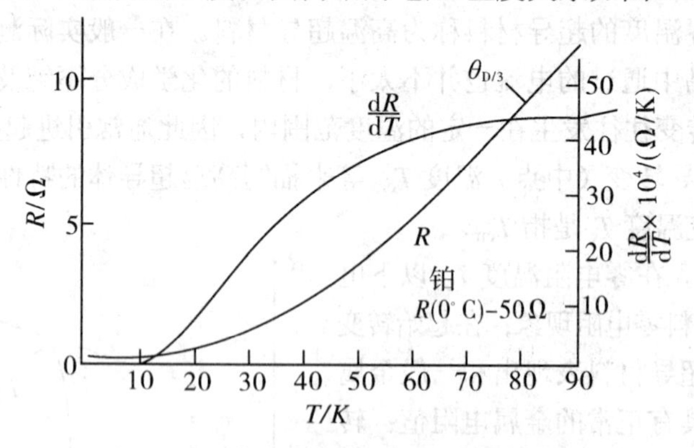

图 4-7-2 铂的电阻温度关系

在液氮正常沸点到室温这一温度范围内，铂电阻温度计具有良好的线性电阻温度关系，可表示为

$$R(T)=AT+B$$

或

$$T(R)=aR+bm$$

其中 A、B 和 a、b 是不随温度变化的常量。因此，根据我们所给出的铂电阻温度计在液氮正常沸点和冰点的电阻值，可以确定所用的铂电阻温度计的 A、B 或 a、b 的值，并由此可得到用铂电阻温度计测温时任一电阻所相应的温度值。

3.半导体电阻以及 PN 结的正向电压随温度的变化

半导体具有与金属很不同的电阻-温度关系。一般而言，在较大的温度范围内，半导体具有负的电阻温度系数，利用这一点正好可以弥补金属电阻温度计在低温下灵敏度降低的缺点。半导体的导电机制比较复杂，电子（e^-）和空穴（e^+）是半导体导电的粒子，统称为载流子。在纯净的半导体中，由所谓的本征激发产生载流子；而在掺杂的半导体中，则除了本征激发外，还有所谓的杂质激发也能产生载流子，因此半导体具有比较复杂的电阻-温度关系。

在恒定电流下，硅和砷化镓二极管 PN 结的正向电压随着温度的降低而升高，如图 4-7-3 所示。用一支二极管温度计可能测量很宽范围的温度，且灵敏度很高。由于二极管温度计的发热量较大，常把它作为控温敏感元件。

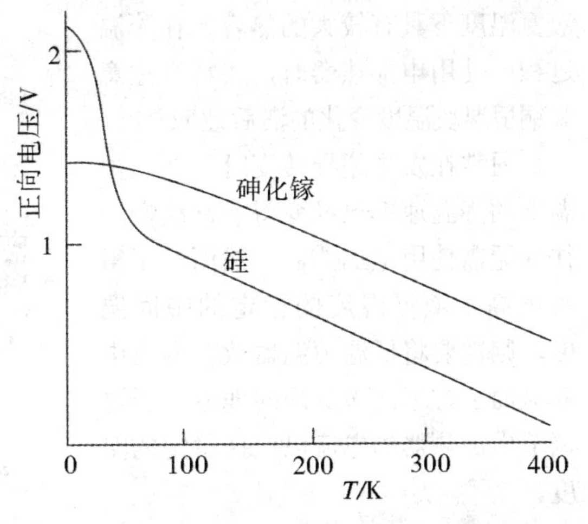

图 4-7-3　二极管的正向电压温度关系

此外，锗电阻温度计、硅电阻温度计、碳电阻温度计、渗碳玻璃电阻温度计和热敏电阻温度计等也都是常用的低温半导体温度计。显然，在大部分温区中，半导体具有负的电阻-温度系数，这是与金属完全不同的。

4.温差电偶温度计

把两种不同金属所做成的导线联成回路，使其两个触点维持在不同的温度，该闭合回路中就会有温差电动势存在。将回路的一个触点固定在一个已知的温度，例如液氮的正常沸点 77.4 K，就可以由所测量得到的温差电动势确定回路的另一接触点的温度。根据这个原理可以制成温差电偶温度计。这种温度计的特点是测量温度的敏感部分接触点体积很小，常用来测量小样品温度及样品各部分之间的温差。

由于硅二极管 PN 结的正向电压 U 和温差电动势 E 随温度 T 的变化都不是线性的，因此在用内插方法计算中间温度时，必须采用相应温度范围内的灵敏度值。

四、实验装置和测量电路

1.低温恒温器和不锈钢杜瓦容器

低温恒温器和杜瓦容器的结构如图 4-7-4 所示，低温恒温器的核心部件是安装有超导样品、温度计的紫铜恒温块，还包括紫铜圆筒及其上盖、上挡板、下挡板、引线拉杆和 19 芯引线插座等部件。控温范围从液氮的正常沸点到室温范围。正常沸点 77.4 K 的液氮盛在不锈钢真空夹层杜瓦容器中。在杜瓦容器的内部，拉杆固定螺母（以及与之配套的固定在有机玻璃盖上的螺栓）可用来调节和固定引线拉杆及其下端的低温恒温器的位置。包围着紫铜恒温块的紫铜圆筒起均温的作用，上挡板起阻挡来自室温的辐射热的作用。当下挡板浸没在液氮中时，低温恒温器将逐渐冷却下来。适当控制浸入液氮的深度，可使紫铜恒温块以我们所需要的速度降温。通常使液氮面维持在紫铜圆筒底和下挡板之间距离的1/2处。实验表明，这一距离的调节非常关键，对于整个实验的顺利完成至关重要。在该处我们安装了可调式定点液面指示计。

锰铜加热器线圈由温度稳定性较好的锰铜线无感地双线并绕而成。超导样品的超导转变曲线附近测量时可利用25 Ω锰铜加热器线圈对温度进行细调。由于金属在液氮温度下具有较大的热容，在降温过程中使用电加热器时，要特别注意紫铜恒温块温度变化的滞后效应。

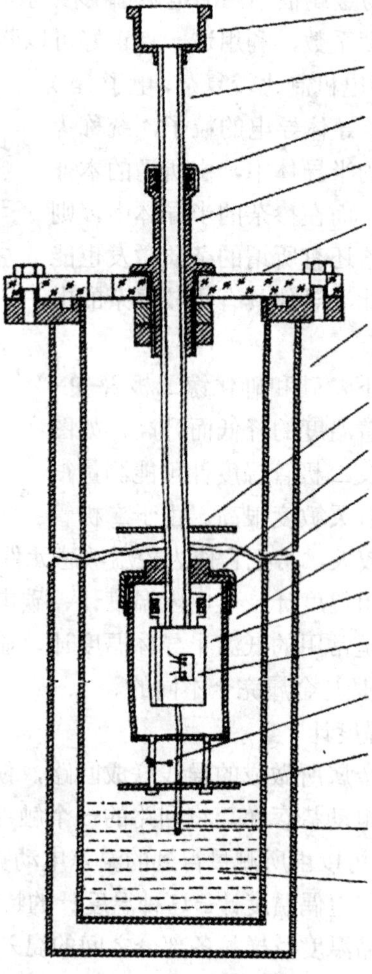

通常在发生超导转变时，低温恒温器的降温速率已经变得非常缓慢，往往无需使用电加热器。然而为了得到远高于液氮温度的稳定的中间温度，则需要将低温恒温器放在容器中液氮面上方远离液氮面的地方，通过调节电加热器的电流以保持稳定的温度。

为保证温度计和超导样品具有较好的温度一致性，我们将铂电阻温度计、硅二极管和温差电偶的测温端塞入紫铜恒温块（见图4-7-5）的小孔中，用低温胶将待测超导样品粘贴在紫铜恒温块平台上的长方形凹槽内。超导样品与四根引线的连接是通过金属铟的压接而成的。温差电偶的参考端从低温恒温器底部的小孔中伸出（见图4-7-4），使其在整个实验过程中都浸没在液氮内。

图4-7-4 低温恒温器和杜瓦容器结构

2.电测量原理及测量设备

电测量设备的核心是一台称为“BW2型高温超导材料特性测试装置”（以下称“电源盒”）和一台灵敏度为1 μV的PZ158型直流数字电压表。

BW2型高温超导材料特性测试装置主要由铂电阻、硅二极管和超导样品等三个电阻测量电路构成，每一电路均包括恒流源、标准电阻、待测电阻、数字电压表和转换开关等五个主要部件。

（1）四引线测量法（参见第一册实验3-1）

低温物理实验装置的原则之一是必须尽可能减小室温漏热，因此测量引线通常是又细又长，其阻值有可能远远超过待测样品（如超导样品）的阻值。为了减小引线和接触电阻对测量的影响，通常采用“四引线测量法”，即每个电阻元件都采用四根引线，其中两根为电流引线，两根为电压引线。

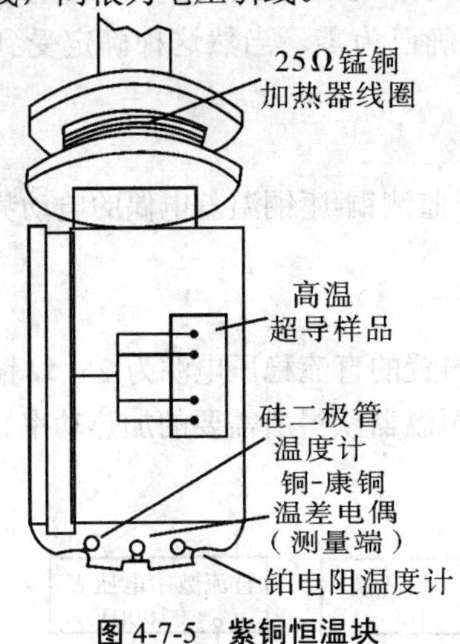

图 4-7-5 紫铜恒温块

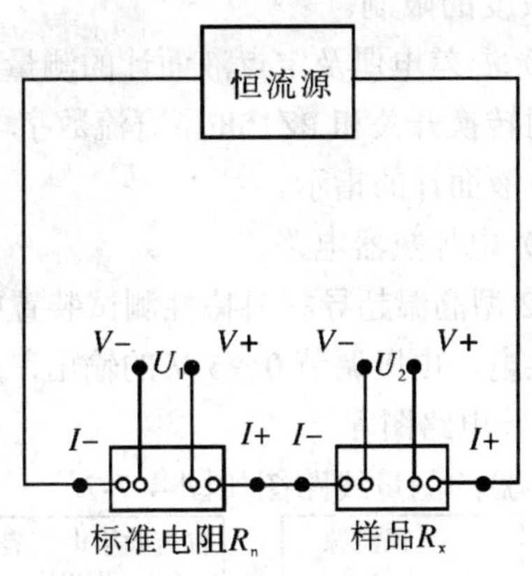

图 4-7-6 四线测量电路

四引线测量法的基本原理是：恒流源通过两根电流引线将测量电流 I 提供给待测样品，数字电压表通过两根电压引线测量电流 I 在样品上所形成的电势差 U_x，由于两根电压引线与样品的接点处在两根电流引线的接点之间，因此排除了电流引线与样品之间的接触电阻对测量的影响；又由于数字电压表的输入阻抗很高，电压引线的引线电阻以及它们与样品之间的接触电阻对测量的影响可以忽略不计。因此，四引线测量法减小甚至排除了引线和接触电阻对测量的影响，是国际上通用的标准测量方法。

电阻测量的原理性电路如图 4-7-6 所示。测量电流由恒流源提供，其大小可由标准电阻 R_n 上的电压 U_n 的测量值得出，即

$$I = U_n/R_n$$

如果测量得到了待测样品上的电压 U_x，则待测样品的电阻 R_x 为：

$$R_x=\frac{U_x}{I}=\frac{U_x}{U_n}R_n$$

（2）铂电阻和硅二极管测量电路

在铂电阻和硅二极管测量电路中，单一输出的恒流源分别输出电流为 1 mA 和 100 μA，通过微调在 100 Ω 和 10 kΩ 的标准电阻上得到 100.00 mV 和 1.0000 V 的电压。

在铂电阻和硅二极管测量电路中，使用两个内置的灵敏度分别为 10 μV 和 100 μV（4 位半）的数字电压表，通过转换开关分别测量铂电阻、硅二极管以及相应的标准电阻上的电压，确定紫铜恒温块的温度。

（3）超导样品测量电路

超导样品的正常电阻会受到多种因素的影响，每次测量所使用的超导样品的正常电阻可能有较大的差别。在超导样品测量电路中采用多挡输出式的恒流源来提供电流。内置恒流源共设标称为 100 μA、1 mA、5 mA、10 mA、50 mA、100 mA 的六挡电流输出，其实际值由串接在电路中的 10 Ω 标准电阻上的电压值确定。

使用灵敏度为 1 μV 的 PZ158 型（5 位半）高测量精度直流数字电压表，测量标准电阻

和超导样品上的电压，确定超导样品的电阻。

在采用四引线测量法的基础上还增加了电流反向开关，用于消除直流测量电路中固有的乱真电动势的影响，进一步确定超导体的电阻确已为零。当然这种确定受到了测量仪器灵敏度的限制。

（4）温差电偶及定点液面计的测量电路

利用转换开关和 PZ158 型直流数字电压表，可以监测铜-康铜温差电偶的电动势以及可调式定点液面计的指示。

（5）电加热器电路

BW2 型高温超导材料特性测试装置中，用一个内置的直流稳压电源为 25 Ω锰铜加热器线圈供电，电压调节 0～5 V 的输出，从而使低温恒温器获得所需要的加热功率。

3.实验电路图

本实验的测量线路图如图 4-7-7。

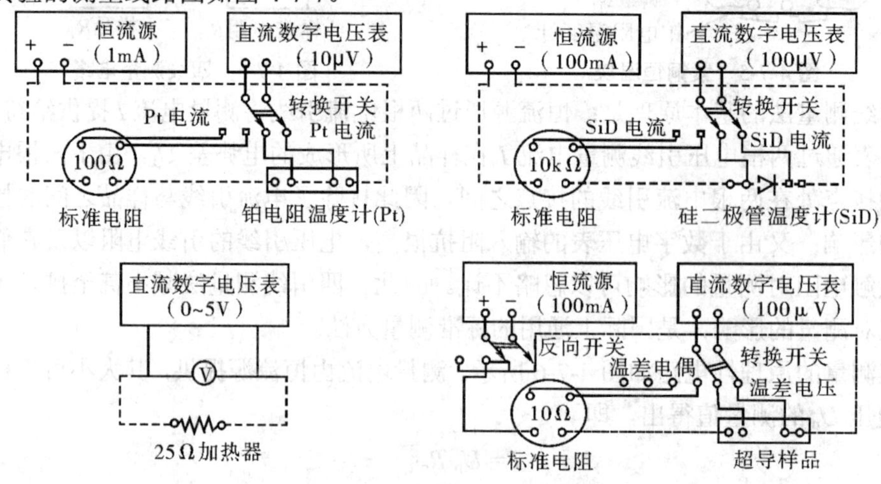

图 4-7-7

五、实验内容

1.液氮的灌注

在实验开始之前，先检查实验用不锈钢杜瓦容器中是否有剩余液氮或其他物质，清理干净后，由于液氮一直在剧烈地沸腾，不易判断其平静下来时的液面位置，因此最好先将杜瓦容器中的液氮注入便携式广口玻璃杜瓦瓶中，然后将广口玻璃杜瓦瓶中的液氮缓慢地逐渐倒入实验用不锈钢杜瓦容器中，使液氮平静下来时的液面位置在距离容器底部约 30 cm 的地方。

使用液氮时一定要注意安全，不要让液氮溅到人的身体上，也不要把液氮倒在有机玻璃盖板、测量仪器或引线上。液氮汽化时体积急剧膨胀，切勿将容器出气口封死，氮气是窒息性气体，所以应保持实验室通风良好。

2.电路的连接

将“装置连接电缆”两端的 19 芯插头分别插在低温恒温器拉杆顶端及“电源盒”（“BW2 型高温超导材料特性测试装置”）右侧面的插座上，同时接好“电源盒”面板上虚线所示的待连接导线。并将 PZ158 型直流数字电压表与“电源盒”面板上的“外接 PZ158”相连接。

19 芯插头插座不宜经常拆卸，以免造成松动和接触不良，甚至损坏。

3.室温检测

打开 PZ158 型直流数字电压表的电源开关（将其电压量程置于 200 mV 挡），打开“电源盒”的总电源开关，并依次打开铂电阻、硅二极管和超导样品等三个分电源开关，调节两支温度计的工作电流，测量并记录超导样品及两支温度计室温的电流和电压数据。

原则上，为了减小电流自热效应对超导转变温度的影响，通过超导样品的电流应该越小越好。然而，实验中为了保证用 PZ158 型直流数字电压表能够较明显地观测到样品的超导转变过程，通过超导样品的电流又不能太小。对于一般的样品，可按照超导样品上的室温电压大约为 100 μV 来选定所通过的电流。最后将转换开关先后旋至“温差电偶”和“液面指示”处。

4.低温恒温器降温速率的控制及低温温度计的比对

（1）低温恒温器降温速率的控制

实验顺利完成的关键是调节好低温恒温器的下挡板浸入液氮的深度，使紫铜恒温块以适当速率降温。我们在低温恒温器的紫铜圆筒底部与下挡板间距离的 1/2 处安装了可调式定点液面计。在实验过程中只要随时调节低温恒温器的位置以保证液面计指示电压刚好为“零”，即可保证液氮表面刚好在液面计位置附近，这种情况下紫铜恒温块温度随时间的变化大致如图 4-7-8 所示。

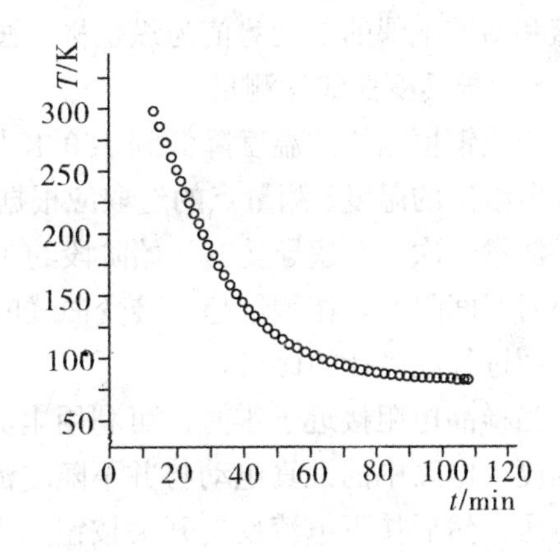

图 4-7-8 紫铜恒温块温度随时间的变化

具体步骤如下：

①确认将转换开关旋至“液面指示”处。

②为了避免低温恒温器的紫铜圆筒底部一开始就触及液氮表面而使紫铜恒温器温度骤然降低造成实验失败，在低温恒温器放进杜瓦容器之前，先用米尺测量液氮面距杜瓦容器口的深度，然后旋松拉杆固定螺母，调节拉杆位置，使得低温恒温器下挡板至有机玻璃板的距离刚好等于该深度，重新旋紧拉杆固定螺母，并将低温恒温器缓缓放入杜瓦容器中；或者先旋松拉杆固定螺母，调节拉杆位置使低温恒温器靠近有机玻璃板，将低温恒温器逐渐缓慢插入杜瓦容器中，仔细观察液面指示数值的变化，由此判断低温恒温器下挡板是否碰到液面（低温恒温器的下挡板碰到液面时，液氮表面将会沸腾一样翻滚并伴有响声和大量冷气喷出，从有机玻璃板上的小孔用手可感觉到有冷气）。还可用手电筒通过有机玻璃板照射杜瓦容器内部，仔细观察低温恒温器的位置。

③当低温恒温器的下挡板浸入液氮时，液氮表面将会沸腾大约 1 分钟，然后逐渐平静下来。这时，可稍旋松拉杆固定螺母，控制拉杆缓缓下降，并密切监视与液面指示计相连接的 PZ158 型直流数字电压表的示值（以下简称“液面计示值”），使之逐渐减小到“零”，立即拧紧固定螺母。这时液氮面恰好位于紫铜圆筒底部与下挡板间距离的 1/2 处（该处安装有液面计）。

伴随着低温恒温器温度的不断下降，液氮面也会缓慢下降，从而引起液面计示值的增加。当发现液面计示值不为“零”时，可小心将拉杆向下稍微移动（约 2 mm，千万不可下移过多），使液面计示值恢复“零”值。因此，在低温恒温器的整个降温过程中，我们需要不断地控制拉杆下降来恢复液面计示值为零，维持低温恒温器下挡板的浸入深度不变。

（2）低温温度计的比对

当紫铜恒温块的温度开始降低时，观察和测量各种温度计及超导样品电阻随温度的变化，大约每隔 5 分钟测量一次各温度计的测温参量（如：铂电阻温度计的电阻、硅二极管温度计的正向电压、温差电偶的电动势），即进行温度计的比对。

由于铂电阻温度计已经标定，性能稳定，且有较好的线电阻-温度关系，因此，可以利用所给出的本装置铂电阻温度计的电阻-温度关系简化公式，由相应温度下铂电阻温度计的电阻值确定紫铜恒温块的温度，再以此温度为横坐标，分别以所测得的硅二极管的正向电压值和温差电偶的电动势值为纵坐标，画出它们随温度变化的曲线。

5.超导转变曲线的测量

当紫铜恒温块的温度降低到 130 K 附近时，开始测量超导体的电阻以及这时铂电阻温度计所给出的温度，测量点的选取应根据电阻变化的快慢而定，超导转变发生之前可以每 5 分钟测量一次，在超导转变初始阶段约 1 到 2 分钟测量一次，陡降区可 10 秒测量一次（或更小时间间隔）。在测量超导转变曲线的同时，仍每隔 5 分钟测量一次各温度计的测温参量，即进行温度计的比对。

当样品电阻接近于零时，可利用电流反向后的电压是否改变来判定该超导样品的零电阻温度（电路中的乱真电动势并不随电流方向改变而改变）。先在正向电流下测量超导体的电压，然后按下电流反向开关按钮，重复上述测量，若两次测量所得到的数据数值和符号都相同，表明超导样品已达到了零电阻状态，此时的温度即该超导样品的零电阻温度。画出超导样品电阻随温度变化的曲线，并确定其起始转变温度 $T_{c,\,onset}$ 和零电阻温度 T_{c0}。

在上述测量过程中，低温恒温器降温速率的控制依然是十分重要的。在发生超导转变之前，即在 $T>T_{c,\,onset}$ 温区，每测完一点都要把转换开关旋至“液面计”挡，用 PZ158 型直流数字电压表监测液面的变化。在发生超导转变的过程中，即在 $T_{c0}<T<T_{c,\,onset}$ 温区，由于在液面变化不大的情况下，超导样品的电阻随着温度的降低而迅速减小，因此不必每次再把转换开关旋至“液面计”挡，而是应该密切监测超导样品电阻的变化。当超导样品的电阻接近零值时，如果低温恒温器的降温已经非常缓慢甚至停止，这时可以逐渐下移拉杆，甚至可使低温恒温器紫铜圆筒的底部接触液氮表面，使低温恒温器进一步降温，以促使超导转变的完成。在此过程中转换开关应置于“温差电偶”挡，以监测温度的变化。

六、注意事项

1.所有测量必须在同一次降温过程中完成，因此，实验前必须认真预习，按照要求进行实验，避免实验失误，并在实验中一次性取齐测量数据。如果重做实验，必须将低温恒温器从杜瓦容器中取出并用电吹风机加热使其温度接近室温，待低温恒温器温度计示值重新恢复到室温数据附近时才可以开始实验，否则所得到的数据点将有可能偏离规则曲线较远。

2.恒流源不可开路，稳压电源不可短路。PZ158 直流数字电压表也不宜长时间处在开路状态，必要时可利用随机提供的校零电压引线将输入端短路。

3.为了保证标称的稳定度，PZ158 直流数字电压表和电源盒至少应预热 10 分钟。

4.在电源盒接通交流 220 V 电源之前，首先要检查所有电路的连接是否正确。特别是在开启总电源之前，各恒流源和直流稳压电源的分电源开关均应处在断开状态，电加热器的电压旋钮应处在指零的位置上。

5.低温下塑料套管又硬又脆，极易折断。在实验结束取出低温恒温器时，一定要避免温差电偶和液面计的参考端与杜瓦容器（特别是出口处）相碰。由于液氮杜瓦容器的内筒的深度远小于低温恒温器的引线拉杆的长度，因此，在超导特性测量的实验过程中，杜瓦容器内的液氮不应少于 15 cm，而且一定不要将拉杆往下移动太多，以免温差电偶和液面计的参考端与杜瓦容器内筒底部相碰。

6.在旋松固定螺母并下移拉杆时，一定要握紧拉杆，以免拉杆下滑。

7.低温恒温器的引线拉杆是厚度仅 0.5 mm 的薄壁的银管，一定不要使其受力，以免变形或损坏。

8.杜瓦容器底部的真空封嘴已用一段附加的不锈钢圆管加以保护，切忌磕伤。

七、思考题

1.你觉得在本实验操作中需要特别注意的是什么？

2.在“四引线测量法”中电流引线和电压引线能否互换？为什么？

3.确定超导样品的零电阻时，测量电流为何必须反向？这种方法所判断的“零电阻”与实验仪器的灵敏度和精度有何关系？

八、附录

提高超导临界温度进展十分缓慢，1973 年所创立的纪录（Nb_3Ge,T_c=23.32 K）就保持了 12 年。1986 年 4 月，缪勒（K. A. Muller）和贝德罗兹（J. G. Bednorz）宣布，一种钡镧铜氧化物的超导转变温度可能高于 30 K，激发了全世界科学家对高温超导电性的研究热情，此后两年时间里就把超导临界温度提高到 110 K，到 1993 年 3 月已达到了 134 K。

已发现 28 种金属元素（在地球常态下）及许多合金和化合物具有超导电性，还有些元素只有在高压下才具有超导电性。在表 4-7-1 中给出了典型的超导材料的超导临界温度 T_c。

温度的升高，磁场或电流的增大，都可以使超导体从超导态转变为正常态，因此常用临界温度 T_c、临界磁场 B_c 和临界电流密度 j_c 作为临界参量来表征超导材料的超导性能。自从 1911 年发现超导电性以来，人们就一直设法用超导材料来绕制超导线圈——超导磁体。但只通过很小的电流时，超导线圈就从电阻为零的超导态转变到了电阻相当高的正常态。1961 年，孔兹勒（J. E. Kunzler）等人利用 Nb_3Sn 超导材料绕制成了能产生接近 9 T 磁场的超导线圈，为真正实际应用打下了基础。例如，超导磁体两端并接一超导开关，可以使超导磁体工作在持续电流状态，得到极其稳定的磁场，使所需要的核磁共振谱线长时间地稳定在观测屏上。同时，这样做还可以在正常运行时断开供电电路，省去了焦耳热的损耗，减少了液氦和液氮的损耗。

超导现象已经得到了很好的应用，输电发电站用超导材料制成超导电缆用于输电，就会使输电线路上的电能损耗降到最低。制造大容量发电机，采用超导材料制成关键部件线圈和磁体，解决了由于导线电阻造成线圈严重发热的问题。磁悬浮列车把超导磁体装在列车内，在地面轨道上敷设铝环，它们之间发生相对运动使铝环中产生感应电流，从而产生磁排斥作用，把列车悬浮离地面约 10 cm 高度，目前，磁悬浮高速列车速度可以达到 500 $km\cdot h^{-1}$。

表 4-7-1 超导临界温度

超导材料	T_c/K
Hg(a)	4.15
Pb	7.20
Nb	9.25
V_3Si	17.1
Nb_3Sn	18.1
$Nb_3Al_{0.75}Ge_{0.25}$	20.5
Nb_3Ga	20.3
Nb_3Ge	23.2
$YBaCu_3O$	90
$Bi_2Sr_2Ca_2Cu_3O_{10}$	105
$Tl_2Ba_2Ca_2Cu_3O_{10}$	125
$HgBa_2Ca_2Cu_3O_8$	134

实验 4-8　密立根油滴实验

一、实验目的

1.验证电荷带电的不连续性，即“量子化”。

2.测量基本电荷电量的大小。

二、实验仪器

密立根油滴仪，包括：主机、油滴盒、喷雾器、显示器和钟表油等。

三、实验原理

带电油滴在匀强电场中的受力情况，如图 4-8-1 所示。设带电量为 q、质量为 m 的油滴，处于两块水平放置的平行板间，两极板间的电压为 U，间距为 d，则电场力 $Eq=qU/d$。当受力平衡时有 $Eq=mg$，则可得油滴带电量 q 为

$$q = mgd/U \tag{4-8-1}$$

可见实验中最关键的步骤为测量油滴质量 m 的大小。由于油滴的质量很小，大约为 10^{-15} kg，因此无法用直接称量的方法测出，需要分析油滴运动与受力情况，从而间接得出。

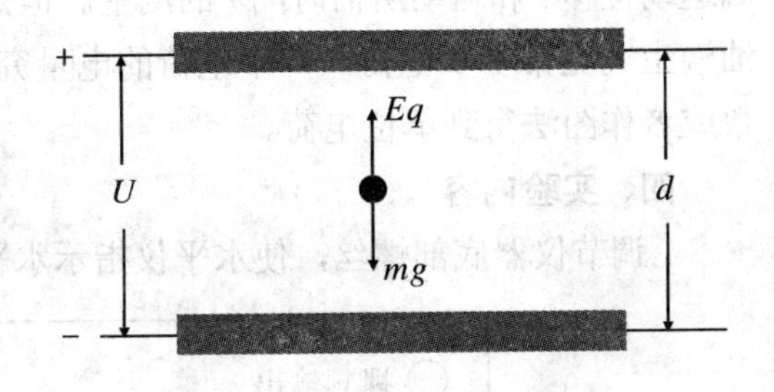

图 4-8-1　电场中的油滴

当平行板上所加电压为零时，起初油滴会在重力作用下加速下落，但由于空气阻力 f 的作用，油滴下落一段距离后会进入匀速下落阶段，此时重力与空气阻力平衡，可得

$$f = mg \tag{4-8-2}$$

根据斯托克斯公式 $f = 6\pi a\eta v_g$，空气阻力与空气的黏滞系数 η、油滴半径 a 和下落速度 v_g 有关。代入（4-8-2）式可得：

$$mg = 6\pi a\eta v_g \tag{4-8-3}$$

在表面张力作用下，油滴近似球形。设油滴的密度为 ρ，油滴的质量 m 可以表示为：

$$m = \frac{4}{3}\pi a^3 \rho \tag{4-8-4}$$

代入（4-8-3）式可得油滴的半径

$$a = \sqrt{\frac{9\eta v_g}{2\rho g}} \tag{4-8-5}$$

对于半径小到10^{-6}米的油滴，与空气分子间隙大致相等，空气介质已不能再看做是连续介质。而斯托克斯流体力学定律仅适用于连续介质，所以空气的黏滞系数η应作如下修正：

$$\eta' = \frac{\eta}{1+\frac{b}{pa}} \tag{4-8-6}$$

b是修正系数，b=6.17×10^{-6} m·cmHg，p为大气压强，单位为cmHg。此式中的a用（4-8-5）式代入计算即可。则有：

$$m = \frac{4}{3}\pi\left[\frac{9\eta v_g}{2\rho(1+\frac{b}{pa})g}\right]^{\frac{3}{2}}\rho \tag{4-8-7}$$

设油滴匀速下降的距离为l，时间为t，则有$v_g=\frac{l}{t}$，综上可推出：

$$q = \frac{18\pi}{\sqrt{2\rho g}}\left[\frac{\eta l}{t(1+\frac{b}{pa})}\right]^{\frac{3}{2}}\frac{d}{U} \tag{4-8-8}$$

由此，对油滴所带电荷量q的测量，最终通过力F这个物理量作为桥梁，转化为对油滴运动位移l和运动所需时间t的测量。但是，此方法仅能得到带电油滴上的电量q，这颗油滴上究竟带多少电荷，一个电荷的电量究竟为多少，公式无法求得。可以用求最大公约数或者作图法得到单位电荷。

四、实验内容

1.调节仪器底部螺丝，使水平仪指示水平。图4-8-2是仪器的面板分布示意图。

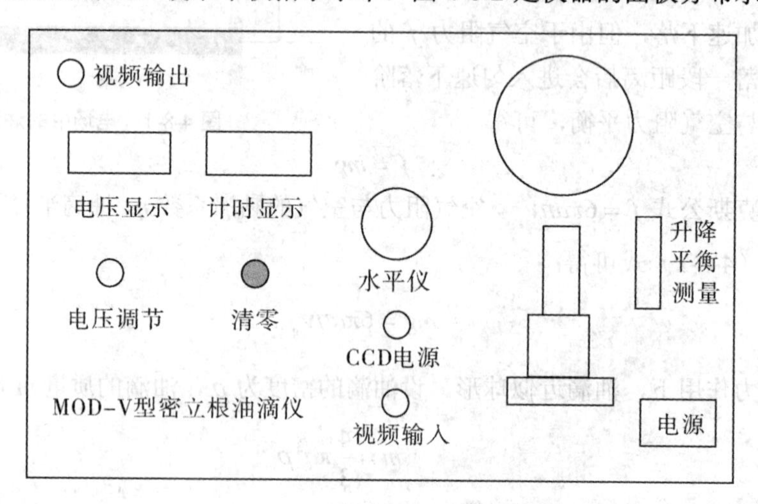

图4-8-2 密立根油滴仪的面板

2.打开电源，使整机预热10分钟左右。

3.按清零键，将计时器清零。

4.功能开关置于“平衡”挡，调节极板间的平衡电压为250 V左右；打开油雾开关，从油滴室小孔喷入油滴，油滴从上电极板中间直径为 0.4 mm 孔落入电场中。

5.驱走不需要的油滴，留下运动很缓慢的即可。选择其中一颗，仔细调节平衡电压，使油滴处于静止状态。

6.将功能开关置于“测量”挡（此时平行板间的电压为零）。计时器开始计时，当油滴匀速下降 2 mm（即显示屏上纵向四个格子，每个格子显示 0.5 mm）时将拨动开关置于“平衡”挡，此时计时器停止计时，记下油滴运动的时间 t。

7.为重复测量，要将油滴返回原测量位置。将功能键打到“升降”挡，调节适当的电压，此时油滴可快速上升到原始位置。恢复到“平衡”挡，转入下一次测量。

8.重复第 7 步，对同一个油滴进行 5 次测量。

9.更换油滴重复上面的测量。共测量 6 个油滴。

五、数据处理

将测得的数据填入表 4-8-1 中。

ρ=981 kg/m^3 （20℃），g=9.80 m/s^2，η=1.83×10^{-5} kg/（m•s），

l=2.00×10^{-3} m，b=6.17×10^{-6} m•cmHg，

p=76.0 cmHg，d=5.00×10^{-3} m

以上参数代入（4-8-8）式得

$$q=\frac{1.43\times10^{-14}}{[t(1+0.02\sqrt{t})]^{\frac{3}{2}}}\bullet\frac{1}{U}$$

因为有些参数是温度或者位置的函数，所以上面的式子算出来的 q 只是近似值。

我们用作图法求基本电荷。由于 $q=ne$，所以用电子电荷公认值 e=1.60×10^{-19} C 去除实验测得的 q 值，就能得到一个接近于某个整数的值，此整数值就是油滴所带基本电荷的数目 n。然后用 n 去除测得的电量 q，就得到电子电荷的电量值 e。

以 q 为纵坐标，n 为横坐标，求出直线斜率即为基本电荷，并与公认值作误差比较。

表 4-8-1

No.	U/V	t/s	q/×10^{-19} C	n	e/×10^{-19} C
1					
2					

续表 4-8-1

No.	U/V	t/s	$q/\times10^{-19}$ C	n	$e/\times10^{-19}$ C
3					
4					
5					
6					
$\bar{e}$					

六、注意事项

1.一定要使电极板调节水平，否则油滴会移出视场。

2.喷雾时喷雾器应竖直拿，玻璃口对准油雾室的喷雾口（不可插入油雾室），轻轻喷入少量油即可。

3.不能选择视场中太亮或太暗的油滴测量。

七、问题

1.如何判断极板是否水平？如果平行极板不水平，对测量有何影响？

2.影响本实验结果的因素有哪些？

3.如果油滴有横向运动，能否正常测量？

八、附录

一个电子所带电量，即基本电荷 e 是重要的物理量之一。1897 年，约瑟夫·汤姆逊测定了阴极射线电子的荷质比，证实了电子的存在，为我们打开了认识原子世界的大门。1909 年，美国物理学家罗伯特·密立根第一次准确地测量出了电子的电荷值，电子的普遍存在从此得到了令人信服的证明，这就是著名的密立根油滴实验。

密立根油滴实验利用带电油滴在电场中的受力来间接地测量出电子电荷量的大小，用经典力学模型揭示微观粒子的基本特性。设备简单，构思巧妙，方法有效，数据精确稳定，是一个著名的有启发性的实验，被誉为物理实验的典范。

实验 4-9　灵敏电流计

一、实验目的

1.了解灵敏电流计的基本结构和工作原理。

2.掌握测量灵敏电流计的临界电阻、电流常数和内阻的方法。

3.学会正确使用灵敏电流计测量微小电流。

4.观察线圈在过阻尼、欠阻尼及临界阻尼下的三种运动状态。

二、实验仪器

灵敏电流计、直流电源、滑线变阻器、电阻箱、单刀双掷开关、直流电压表等。

三、实验原理

1．灵敏电流计的基本结构和工作原理

灵敏电流计的结构如图 4-9-1 所示。

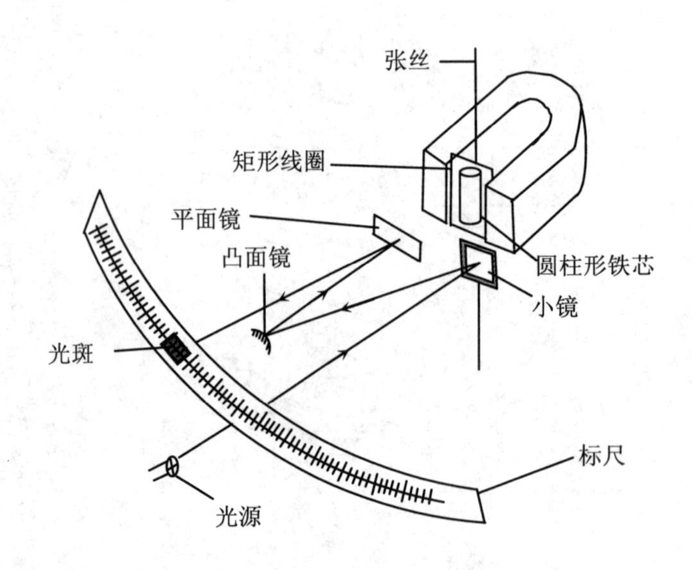

图 4-9-1

在永久磁铁之间有一圆柱形软铁芯，马蹄状磁铁产生磁场，使空隙中的磁场呈辐射状均匀径向分布。线圈用上下两根很细且有弹性的金属丝（张丝）铅直悬挂在永久磁铁与圆柱形软铁所形成的匀强磁场的空隙中，并可在磁场中转动。由于用张丝代替了普通电表的转轴和轴承，从而消除了机械摩擦，大大提高了灵敏电流计的灵敏度。

在灵敏电流计中，线圈通电转动的角度不用指针来指示，而采用光学放大的方法来指示。在线圈下端张丝上固定一小镜，小镜可以同线圈一起转动。对同样大小的偏转角来说，如果镜面到标尺之间的距离越大，则光标移动距离越大，这样可以进一步提高电流计的灵敏度。光路设计为从光源发出的光首先投射在小镜上，通过小镜反射到凸面镜上，再由凸面镜反射到长条平面镜上，最后光线反射到弧形标度尺上，形成一个中间有一条黑色准丝像的方形光标（以下简称光标），凸面镜和弧形标度尺的作用是保证最后反射到弧形标度尺上的刻度与灵敏电流计上通过的电流成正比线性关系。当有微弱电流通过线圈时，矩形线圈（及小镜）在电磁力矩作用下以张丝为轴而偏转，于是小镜的反射光线也随之改变方向。

由此可见，灵敏电流计采用光线代替传统电表中的指针（传统指针式电表指针太长，线圈的转动惯量大，对灵敏度有很大影响）；采用极细的张丝代替传统电表中的轴承，从而消除了机械摩擦；采用光学放大法，保证在很小转角的情况下，光标在标尺上移动的距离大大增加，从而使电流计的灵敏度得到很大提高。

当待测电流 I 通过灵敏电流计线圈时，在磁场的作用下，线圈将会受到一个转动力矩 M 的作用而偏转。设线圈的匝数为 N、面积为 S，磁极和软铁芯空隙间的磁感应强度为 B，线圈所受力矩

$$M = NISB \tag{4-9-1}$$

当悬挂线圈的张丝发生扭转形变时，产生与磁力矩 M 相反的恢复力矩 M'，M' 的大小与线圈的偏转角 θ 成正比，即

$$M' = -D\theta \tag{4-9-2}$$

式中 D 为张丝的扭转常数。

当通电线圈转到某一偏转角 θ 达到平衡时，光标所指示的位置磁力矩 M 与恢复力矩 M' 相等，即

$$NISB = D\theta$$

$$I = \frac{D}{NSB}\theta \tag{4-9-3}$$

由图 4-9-2 可知：

$$\theta = \frac{d}{2l}$$

$$I = \frac{D}{2NSBl}d \tag{4-9-4}$$

令 $K = \dfrac{D}{2NSBl}$，则有

$$I = Kd \tag{4-9-5}$$

式中的比例系数 K 是一个常数，称为电流计常数，单位是安培 / 毫米，代表光标偏转 1 毫米所对应的电流值，它的倒数

$$S_i = \frac{1}{K} = \frac{d}{I} \tag{4-9-6}$$

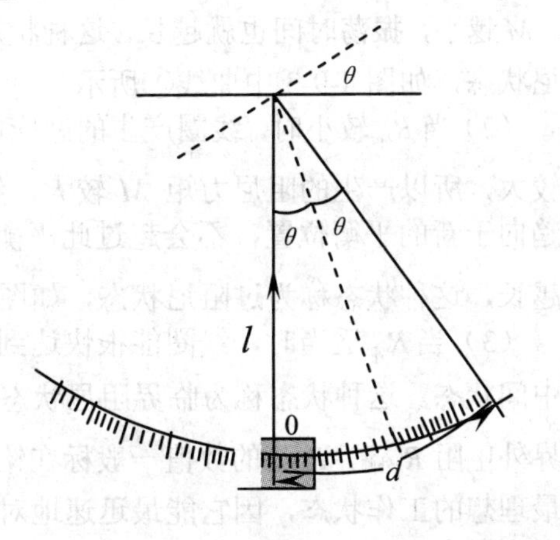

图 4-9-2

称为灵敏电流计的电流灵敏度，显然，S_i越大（K越小），灵敏电流计就越灵敏。

实际实验中，我们测得的是光标的位移d，我们必须测出灵敏电流计的电流计常数K，由（4-9-5）式得到通过灵敏电流计线圈的电流I。一般在灵敏电流计上都标有K或S_i的数值，长期使用未及时校准，其数值往往有所改变，所以实际使用电流计测量之前，必须先测定K或S_i的数值。

2.灵敏电流计线圈的三种运动状态

在普通的指针式电表中，一方面由于机械摩擦阻力较大，另一方面也采用游丝的平衡结构，这样都使指针迅速停止在平衡位置上。而灵敏电流计的线圈是用金属张丝悬挂的，线圈的运动过程中的机械阻尼非常小，当线圈的转动角速度较大时，由于惯性光标无法立即停止在平衡位置，一般总是会在平衡位置附近来回摆动一段时间才能停止。

我们设法控制线圈的运动状态。由电磁感应定律可知，闭合线圈在磁场中转动时因切割磁力线而产生感生电动势和感生电流。这个感生电流也要受磁场作用，即线圈受到一个阻碍线圈转动的电磁阻尼力矩M作用，由电流计内阻R_g和外电阻$R_{外}$组成的闭合回路总电阻和M成反比

$$M \propto \frac{1}{R_g + R_{外}}$$

所以只要改变$R_{外}$的大小就可以改变电磁阻尼力矩M的大小，从而达到控制电磁阻尼力矩M的目的。

M的大小不同，线圈的运动状态也不同，按其性质可分为三种不同的状态：

（1）当$R_{外}$较大时，线圈产生的感应电流较小，所产生的阻尼力矩M较小，线圈做振幅逐渐衰减的振荡。线圈偏转到相应位置θ_0处不会立即停止不动，而是越过此位置，并以此位置为中心来回振荡，需较长时间才能稳定在平衡位置θ_0处。$R_{外}$越大，M越小，振荡时间也就越长。这种状态称为欠阻尼状态，如图4-9-3中曲线①所示。

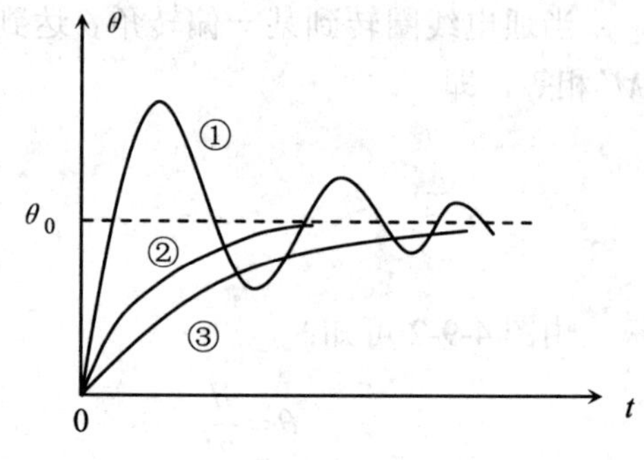

图 4-9-3

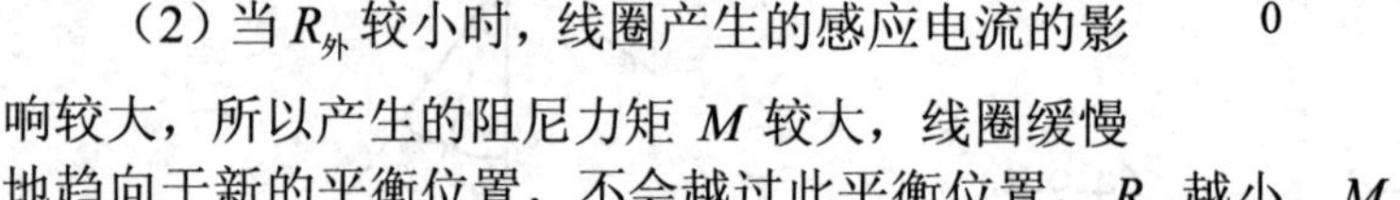

（2）当$R_{外}$较小时，线圈产生的感应电流的影响较大，所以产生的阻尼力矩M较大，线圈缓慢地趋向于新的平衡位置，不会越过此平衡位置。$R_{外}$越小，M越大，达到平衡位置的时间也越长，这种状态称为过阻尼状态，如图4-9-3中曲线③所示。

（3）当$R_{外}$适当时，线圈能很快达到平衡位置而又不发生振荡，处于欠阻尼与过阻尼的中间状态。这种状态称为临界阻尼状态，如图4-9-3中曲线②所示，这时对应的$R_{外}$叫做临界外电阻$R_{外临}$，$R_{外临}$的数值一般标在铭牌上或说明书中。显然，电流计的临界阻尼状态是最理想的工作状态，因它能最迅速地对电路中的电流变化作出反应。所以在测量中，常使电流计工作在临界阻尼状态或接近临界阻尼状态。

3.测定灵敏电流计的内电阻R_g和灵敏度S_i

测量电路如图4-9-4，K_2合①，电源电压经滑线变阻器R_0分压后由伏特表测出，再经

R_a、R_b第二次分压加到电阻箱R和电流计G上，使电流计偏转一定的数值。

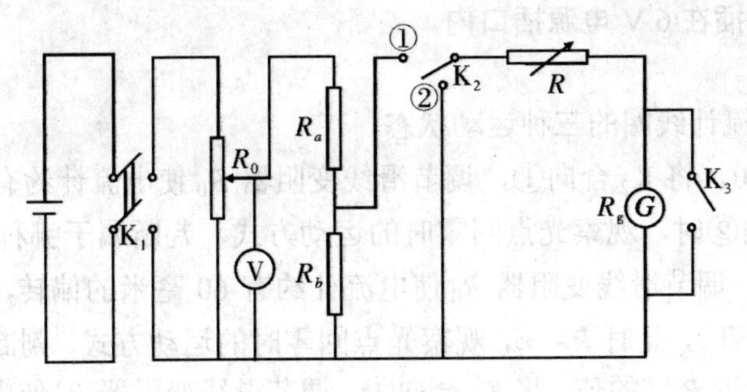

图 4-9-4

R_a取1万欧姆，R_b取1欧姆，(R_g+R)一般选取几百欧姆。因为$(R_g+R)>>R_b$，且$R_a>>R_b$，设R_b与R_g+R电阻的并联值为R_b'，设R_b两端的电压为V'，则可以得出

$$V'=\frac{R_b'}{R_a+R_b'}V\approx\frac{R_b}{R_a+R_b}V\approx\frac{R_b}{R_a}V \tag{4-9-7}$$

通过电流计的电流

$$I_g=K\cdot d\approx\frac{V'}{R+R_g}\approx\frac{R_b}{R_a}\cdot\frac{V}{R+R_g} \tag{4-9-8}$$

四、仪器描述

AC15型电流计的面板如图4-9-5所示。正常情况接通电源后可看见光标出现。找不到光标时可调节零点调节钮找到光标。标尺下方的小柱体（在标尺右下方）可以左右移动，用来改变刻度尺的位置使光斑准确对准零点（作为细调可以帮助使光标准确调在零点位置）。面板的左上部的分流器旋钮，有“×1”挡、“×0.1”挡和“×0.01”挡，用于改变电流计的灵敏度。测量时，应从灵敏度最低的“×0.01”挡开始，如光标偏转不大，可逐步转到灵敏度较高的挡。实验中当光斑偏转过大不能回零或实验结束之后，应将旋钮指向“短路”位置，保护电流计的张丝。“+”、“−”两个接线柱可以改变通过灵敏电流计电流的方向。当电流从“+”极流向“−”极时，光标向右偏转，反之向左偏转。

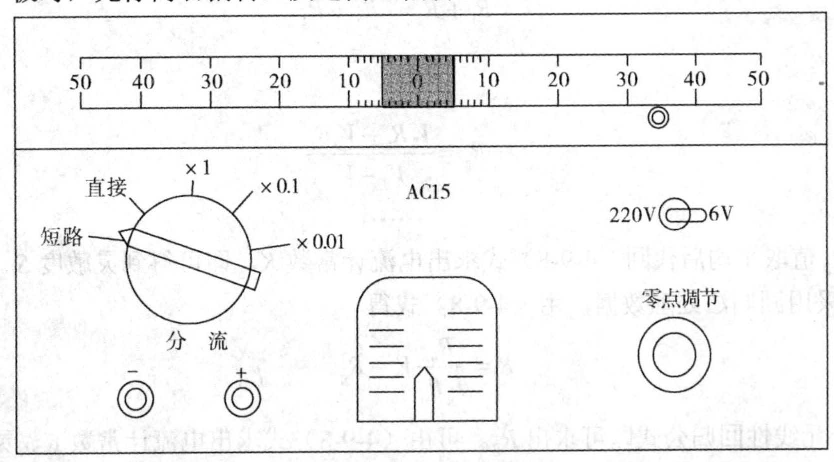

图 4-9-5

灵敏电流计照明开关有两种选择： 220 V 电压和 6 V 电压两种供电方式。**特别注意不能将 220 V 的电压插在 6 V 电源插口内。**

五、实验内容

1.观察灵敏电流计线圈的三种运动状态

取电阻箱 $R=0$，将 K_2 合向①，调节滑线变阻器 R_0 使电流计约有 60 毫米的偏转，将 K_2 从①迅速地合向②时，观察光点回零时的运动方式，判断属于哪种运动状态。

将 K_2 合向①，调节滑线变阻器 R_0 使电流计约有 60 毫米的偏转，将 K_2 从①迅速抬起但不合向②（K_2 断开），此时 $R=\infty$，观察光点回零时的运动方式，判断属于哪种运动状态。

取电阻箱 R 接近 $R_{外临}$ 的值，将 K_2 合向①，调节滑线变阻器 R_0 使电流计约有 60 毫米的偏转，将 K_2 从①迅速地合向②时，观察光点回零时的运动方式，继续改变电阻箱 R 的值，重复前面步骤，直到找到光点回零的临界状态，读出电阻箱 R 的值，并与铭牌上的 $R_{外临}$ 值比较看是否一致。

2.测定电流计的内阻 R_g 和灵敏度 S_i

通过滑线变阻器调节电压 V 值，当 $V=V_1$ 时，调 $R=R_1$，使电流计偏转至一固定的数值 d，然后改变电压至 V_2，调节 $R=R_2$，使电流计偏转数不变（该方法在测量中始终采用保持一个定值电流，称为等偏转法）。

即电压每隔等间隔（0.1～0.2 V）取一个值

$V=V_1$，V_2，V_3，V_4，……

同时调节电阻箱使电流计偏转数不变对应电阻值

$R=R_1$，R_2，R_3，R_4，……

注意：为了减小测量误差，伏特计和电流计的偏转数尽可能取大些，而 R 值不宜太大。利用上面测量的数据，即可求出 R_g 和 S_i 的数值。

（1）采用逐差法，即将所测数据分成两组，例如测量 8 组电压、电阻数值时，取 V_1 和 V_5、V_2 和 V_6……各为一组，由（4-9-8）式得

$$\frac{V_1}{R_1+R_g}=\frac{V_5}{R_5+R_g}$$

……

得

$$R_g=\frac{V_1R_5-V_5R_1}{V_5-V_1}$$

……

求出 R_g 值取平均后代回（4-9-8）式求出电流计常数 K，即可得到灵敏度 S_i。

（2）采用回归法处理数据，由（4-9-8）式得

$$R=\frac{R_b}{I_gR_a}V-R_g$$

利用一元线性回归公式即可求出 R_g。再由（4-9-8）式求出电流计常数 K、灵敏度 S_i。

如果测量内阻要求不高，可采用“半偏法”方便地估测内阻 R_g。有兴趣的同学自己考虑测量方法。

七、思考题

1.灵敏电流计相比指针式电表在结构上有哪些不同？

2.为什么要测量电流计常数？电流计常数有什么意义？

3.为什么两级分压？电压表为什么接在一级分压之后？

4.为什么使用灵敏电流计时，通常要读取零点两侧的光标偏转量，然后求平均值？

八、附录

1.灵敏电流计

灵敏电流计是一种非常精确的磁电式仪表，其原理是载流线圈在磁场中受力矩作用而偏转。灵敏电流计在结构上与普通电表有很大不同，普通电表中的线圈安装在轴承上，用弹簧游丝来维持平衡，用指针来指示偏转，而灵敏电流计则是用极细的金属悬丝代替轴承，且将线圈悬挂在磁场中，由于悬丝细长，反抗力矩很小，所以当有极弱的电流流过线圈时，就会使它产生较大的偏转。灵敏电流计要比一般的指针检流计灵敏得多，可以测量 10^{-6}～10^{-11}A 范围的微弱电流，如生理电流、光电流等。还可用它来测量微弱电压（10^{-5} ~10^{-6} V），如温差电动势等。并且灵敏电流计将指针平衡位置设计在刻度标尺中间，经常被用作精密测量电路中的平衡指零。

2.AC15 型直流复射式灵敏电流计分流器（图 4-9-6）各挡灵敏度说明

三个分流电阻之间的关系：$R_1= R_2/9= R_3/90$，因此，各挡总内阻分别为

"直接"挡 $R_{内} = R_g$

"×1" 挡 $R_{内(1)} = \dfrac{1000R_1R_g}{1000R_1 + R_g}$

"×0.1" 挡 $R_{内(0.1)} = \dfrac{10R_1(90R_1 + R_g)}{100R_1 + R_g}$

"×0.01" 挡 $R_{内(0.01)} = \dfrac{R_1(99R_1 + R_g)}{100R_1 + R_g}$

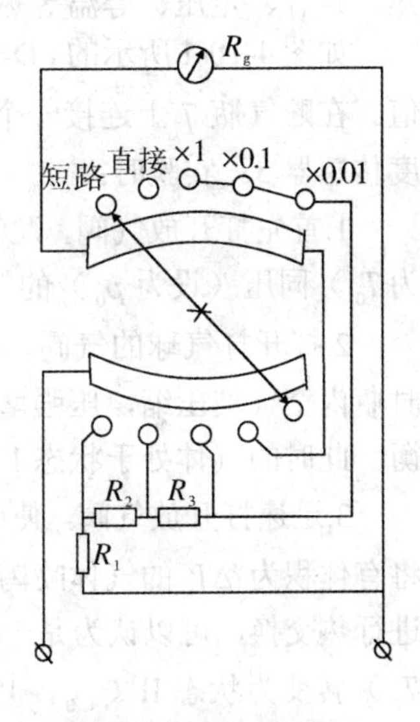

图 4-9-6

当输入的总电流 I 恒定不变时，"直接"挡通过灵敏电流计的电流仍为 I，而其他各挡通过灵敏电流计的电流分别为：

"×1" 挡 $I_{g1} = \dfrac{R_{内(1)}}{R_g}I = \dfrac{100R_1}{100R_1 + R_g}I$

"×0.1" 挡 $I_{g2} = \dfrac{R_{内(0.1)}}{R_3 + R_g}I = \dfrac{10R_1}{100R_1 + R_g}I$

"×0.01" 挡 $I_{g3} = \dfrac{R_{内(0.01)}}{R2 + R_3 + R_g}I = \dfrac{R_1}{100R_1 + R_g}I$

可见，I_{g1}=10 I_{g2}=100 I_{g3}。各挡所对应的灵敏电流计的测量范围和灵敏度均不相同。选用"×0.01" 挡时，灵敏电流计的测量范围最大，灵敏度也最低。测量时，应从灵敏度最低的"×0.01"挡开始，如光标偏转不大，可逐步转到灵敏度较高的挡。为了保护灵敏电流计，使用结束或搬动时都应选择"短路"挡。

实验 4-10　空气比热容比的测定

一、实验目的

1.应用绝热膨胀测定空气的比热容比 γ 值。

2.观测热力学过程中状态变化及了解系统状态变化过程的特征。

3.了解压力传感器和电流型集成温度传感器的使用方法及特性。

二、实验仪器

气压计、水银温度计、FD-NCD-II 型空气比热容比测定仪。

三、实验原理

气体的定压比热容 C_p 和定容比热容 C_V 是热力学过程中的两个重要参量，它们的比值称为气体的比热容比，用符号 γ 表示（即 $\gamma=\dfrac{C_p}{C_V}$），它被称为气体的绝热系数，它是一个重要的参量，经常出现在热力学过程中，特别是绝热过程中。通过测量 γ，可以加深对绝热、定容、定压、等温等热力学过程的理解。

如图 4-10-1 所示的 FD-NCD-II 型空气比热容比测定仪可以简便地测出空气比热容比 γ 值。在贮气瓶 7 上连接一个打气球 8 和连接一个扩散硅压力传感器 2，瓶内还接上集成温度传感器 5。实验时：

1.首先打开放气阀，贮气瓶与大气相通，再关闭放气阀，瓶内充满与周围空气同温（设为 T_0）同压（设为 p_0）的气体。

2.打开打气球的气阀，向瓶内打气，充入一定量的气体，然后关闭打气球的气阀。此时瓶内空气被压缩，压强增大，温度升高。等待内部气体温度稳定，即达到与周围温度平衡，此时的气体处于状态 I（p_1，V_1，T_0）。

3.迅速打开放气阀，使瓶内气体与大气相通，当瓶内压强降至 p_0 时，立刻关闭放气阀，将有体积为 ΔV 的气体喷泻出贮气瓶。由于放气过程较快，瓶内保留的气体来不及与外界进行热交换，可以认为是一个绝热膨胀的过程。在此过程后瓶中的气体由状态 I（p_1，V_1，T_0）转变为状态 II（p_0，V_2，T_1）。V_2 为贮气瓶容积，V_1 为保留在瓶中这部分气体在状态 I（p_1，T_0）时的体积。I→II 是绝热过程，绝热膨胀过程应该满足泊松定律：

$$\left(\frac{p_1}{p_0}\right)^{\gamma-1}=\left(\frac{T_0}{T_1}\right)^{\gamma}$$

由气态方程可知

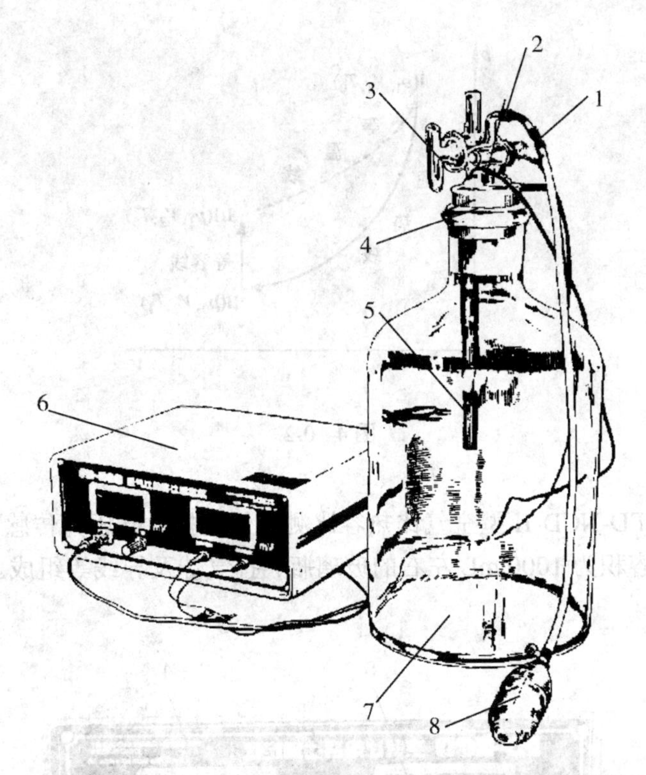

1.充气阀 2.扩散硅压力传感器 3.放气阀 4.瓶塞 5.AD590 集成温度传感器 6.电源 7.贮气玻璃瓶 8.打气球

图 4-10-1 FD-NCD-II 空气比热容比测定仪

$$\frac{p_1V_1}{T_0}=\frac{p_0V_2}{T_1} \tag{4-10-1}$$

由以上两个式子可以得到

$$p_1V_1^{\gamma}=p_0V_2^{\gamma} \tag{4-10-2}$$

4.由于瓶内气体温度 T_1 低于室温 T_0，所以瓶内气体慢慢地从外界吸热，直至达到室温 T_0 为止，此时瓶内气体压强也随之增大为 P_2。则稳定后的气体状态为Ⅲ（p_2，V_2，T_0）。从状态Ⅱ→状态Ⅲ的过程可以看做是一个等容吸热的过程。

从状态Ⅱ到状态Ⅲ气体的体积不变，则有

$$\frac{p_2}{p_0}=\frac{T_0}{T_1} \tag{4-10-3}$$

由（4-10-1）和（4-10-3）可得

$$p_1V_1=p_2V_2 \tag{4-10-4}$$

合并式（4-10-2）、式（4-10-4），消去 V_1、V_2 得

$$\gamma=\frac{\ln p_1-\ln p_0}{\ln p_1-\ln p_2}=\frac{\ln(p_1/p_0)}{\ln(p_1/p_2)} \tag{4-10-5}$$

由式（4-10-5）可以看出，只要测得 p_0、p_1、p_2 就可求得空气的绝热系数 γ。

由状态Ⅰ→Ⅱ→Ⅲ的过程如图 4-10-2 所示。

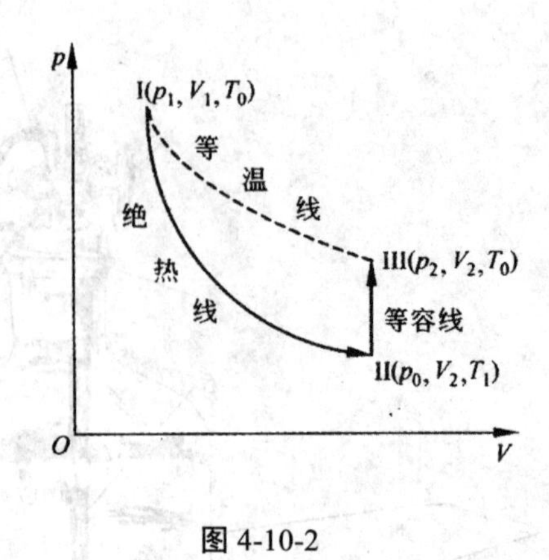

图 4-10-2

四、仪器介绍

本实验采用的 FD-NCD-II 型空气比热容比测定仪由扩散硅压力传感器、AD590 集成温度传感器、电源、容积为 1000 mL 左右的玻璃瓶、打气球及导线等组成。测定仪电源面板如图 4-10-3 所示。

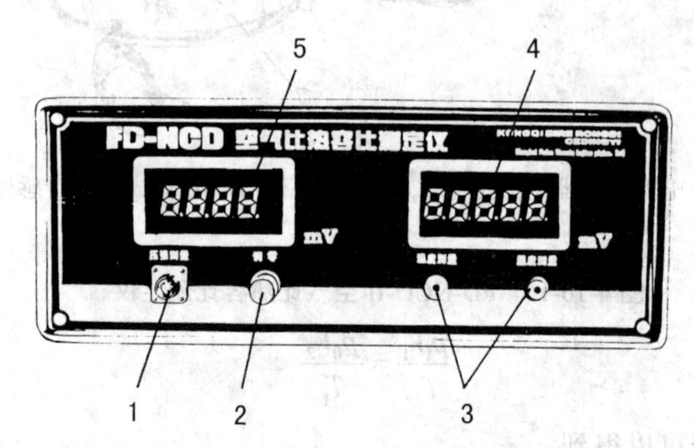

1.压力传感器接线端口　2.调零电位器旋钮　3.温度传感器接线插孔　4.四位半数字电压表面板（对应温度）　5.三位半数字电压表面板（对应压强）

图 4-10-3　测定仪电源面板示意图

1. AD590 集成温度传感器

AD590 集成温度传感器是一种新型的半导体温度传感器，测温范围为-50 °C～150 °C。当施加＋4 V～＋30 V 的激励电压时，这种传感器起恒流源的作用，其输出电流与传感器所处的温度呈线性关系。如用摄氏度 t 表示温度，则输出电流为

$$I = Kt + I_0$$

K=1 μA/°C。对于 I_0，其值从 273 到 278 μA 略有差异。本实验所用 AD590 集成温度传感器也是如此。AD590 集成温度传感器输出的电流可以在远距离处通过一个适当阻值的电阻 R 转化为电压 U，由公式 $I = U/R$ 算出输出的电流，从而算出温度值。如图 4-10-4 所示，若串接

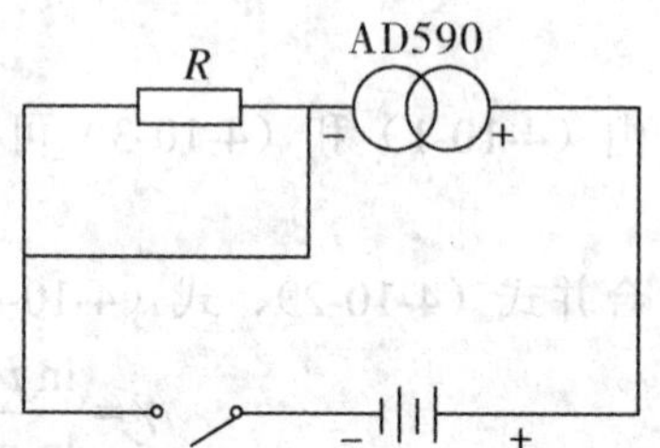

图 4-10-4

5 kΩ 电阻后，可产生 5 mV/℃的信号电压，接 0～2 V 量程四位半数字电压表，最小可检

测到 0.02 ℃的温度变化。

2．扩散硅压力传感器

扩散硅压力传感器把压强转化为电信号，最终由同轴电缆线输出信号，与仪器内的放大器及三位半数字电压表相接。它显示的是容器内的气体压强大于容器外环境大气压的压强差值。当待测气体压强为 p_0+10.00 kPa 时，数字电压表显示为 200 mV，仪器测量气体压强灵敏度为 20 mV/kPa，测量精度为 5 Pa。可得测量公式：

$$p_1=p_0+U/2000 \tag{4-10-6}$$

其中电压 U 的单位为 mV，压强 p_1、p_0 的单位为 10^5 Pa。

五、实验内容

1.按实验装置图（图 4-10-1）组装实验仪器（注意：集成温度传感器的正负极请勿接错，电源机箱后面的开关拨向内）。打开放气阀，用气压计测定大气压强 p_0，用水银温度计测环境室温 T_0。开启电源，让电子仪器部件预热 20～30 分钟，然后旋转调零电位器旋钮，把用于测量空气压强的三位半数字电压表指示值调到“0”，并记录此时四位半数字电压表指示值 U_{T_0}。

2.用充气球向瓶内打气，使三位半数字电压表示值升高到 100 mV～150 mV。然后关闭充气阀，观察 U_T、U_{p_1} 的变化，经历一段时间后，U_T、U_{p_1} 指示值不变时，记下（U_{p_1}，U_T），此时瓶内气体近似为状态 I（P_1，T_0）。注：U_T 对应的温度值为 T_0。

3.迅速打开放气阀，使瓶内气体与大气相通，由于瓶内气压高于大气压，瓶内ΔV 体积的气体将突然喷出，发出“嗤”的声音。当瓶内空气压强降至环境大气压强 p_0 时（放气声刚结束），立刻关闭放气阀，这时瓶内气体温度降低，状态变为Ⅱ。

4.当瓶内空气的温度上升至温度 T_0 时，且压强稳定后，记下（U_{p_2}，U_T），此时瓶内气体近似为状态Ⅲ（p_2，T_0）。

5.打开放气阀，使贮气瓶与大气相通，以便于下一次测量。

6.把测得的电压值 U_{p_1}、U_{p_2}、U_T（以 mV 为单位）填入自己设计的数据表格，依公式（4-10-6）计算气压值，依（4-10-5）式计算空气的绝热系数 γ 值。

7.重复步骤 2－4，重复 4 次测量，比较多次测量中气体的状态变化有何异同，并计算 $\overline{\gamma}$。

六、预习思考题

1.本实验研究的热力学系统，是指哪部分气体？在室温下，该部分气体体积与贮气瓶容积相比如何？为什么？

2. 实验内容 2 中的 T 值一定与初始时室温 T_0 相等吗？为什么？若不相等，对 γ 有何影响？

3.实验时若放气不充分，则所得 γ 值是偏大还是偏小？为什么？若放气时间过长呢？

七、实验问题

1.该实验的误差来源主要有哪些？

2.如何检查系统是否漏气？如有漏气，对实验结果有何影响？

八、附录

传感器是一种物理装置或生物器官，能够探测、感受外界的信号、物理条件（如光、热、湿度）或化学组成（如烟雾），并将探知的信息传递给其他装置或器官。在现代工业生产尤其是自动化生产过程中，要用各种传感器来监视和控制生产过程中的各个参数，使设备工作在正常状态或最佳状态，并使产品达到最好的质量。因此可以说，没有众多优良的传感器，现代化生产也就失去了基础；在基础学科研究中，传感器更具有突出的地位。现代科学技术的发展，进入了许多新领域：例如在宏观上要观察上千光年的茫茫宇宙，微观上要观察小到粒子世界，纵向上要观察长达数十万光年的天体演化，短到瞬间的反应。此外，还出现了对深化物质认识、开拓新材料等具有重要作用的各种极端技术研究，如超高温、超低温、超高压、超高真空、超强磁场、超弱磁场等等。显然，要获取大量人类感官无法直接获取的信息，没有相适应的传感器是不可能的。许多基础科学研究的障碍，首先就在于对象信息的获取存在困难，而一些新机理和高灵敏度的检测传感器的出现，往往会导致该领域内的突破。一些传感器的发展，往往是一些边缘学科开发的先驱。

实验 4-11 直流双臂电桥测量低电阻

一、实验目的

1.掌握开尔文电桥测量低电阻的原理和方法。

2.测量常温下几种金属的电阻率。

二、实验仪器

直流双臂电桥，直流电源，千分尺，铜、铝、铁金属杆，四端接头板，开关，导线等。

三、实验原理

实验中我们常用四引线法消除接线（触）电阻的影响，我们用图 4-11-1 所示的伏安法线路图对这一方法进行解释。图中待测导体 $C_1P_1P_2C_2$ 上 C_1、C_2 两点的两个接头是作引进电流时用的，叫做电流接头；P_1、P_2 两点的两个接头是作测量电压时用的，叫电压接头。

当电流流经导体时，由于电流在此流过同一导体，没有遇到接触面和接线，电流表示值不受接线（触）电阻影响。而电压表所测为 P_1P_2 间的电阻 R_x 的分压，与 P_1、P_2 两点之外的接线（触）电阻无关。尽管 P_1、P_2 两点存在着接线（触）电阻，但此接线（触）电阻与电压表的内阻相比较是完全可以忽略不计的。故而，接线（触）电阻的影响得以消除，R_x 可由电压表及电流表的示数计算求得。

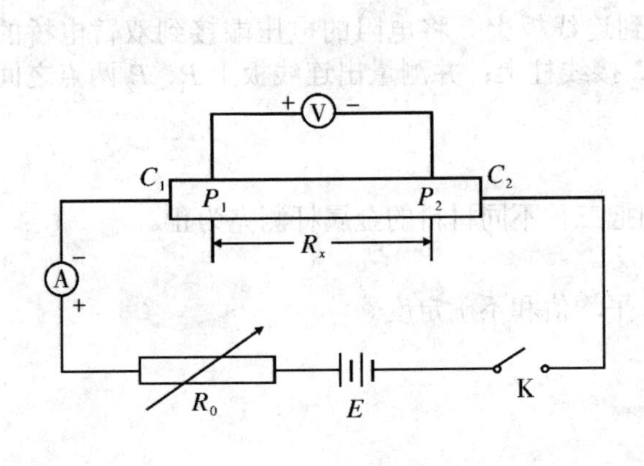

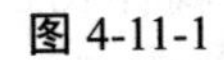
图 4-11-1

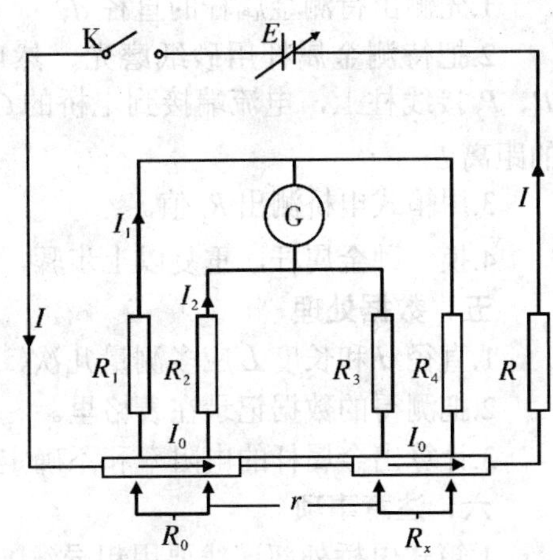

图 4-11-2

开尔文电桥就是运用四引线法的一种平衡电桥，其线路如图 4-11-2 所示。该线路与单臂电桥不同之处在于具有双比例臂，这便是"双臂电桥"名称的由来。通常比例臂 R_1、R_2、R_3、R_4 都是阻值在几十欧姆以上的电阻，因此它们所在桥臂中接线电阻和接触电阻的影响便可忽略。两个低值电阻 R_x、R_0 相邻电压接头间的电阻设为 r，常称作"跨桥电阻"，它是影响 R_x 测量的主要接线（触）电阻部分。当检流计 G 指零时，电桥达到平衡，于是由基尔霍夫定律可写出下面三个回路方程：

$$I_1R_1 = I_0R_0 + I_2R_2 \tag{4-11-1}$$

$$I_1R_4 = I_0R_x + I_2R_3 \tag{4-11-2}$$

$$(I_0 - I_2)r = I_2(R_2 + R_3) \tag{4-11-3}$$

三式整理得：

$$R_1R_x = R_4R_0 + (R_3R_1 - R_2R_4)\frac{r}{(r + R_2 + R_3)} \tag{4-11-4}$$

如果调节时保证 $R_3R_1 - R_2R_4 = 0$，即 $\frac{R_3}{R_4} = \frac{R_2}{R_1}$ 的条件，(4-11-4) 式可简化为：

$$R_x = \frac{R_4}{R_1}R_0$$

从而不好处理的跨桥电阻 r 的影响就被消除。这样，在满足检流计指零和 $\frac{R_3}{R_4} = \frac{R_2}{R_1}$ 的条件下，测量时只需读出比例系数 $\frac{R_4}{R_1}$ 的数值和比较臂 R_0 的数值，便可以得到待测电阻 R_x 的阻值。

直流双臂电桥也可用于电阻率 ρ 的测量。由 $R = \rho\frac{L}{S}$ (L 为导体长度，S 为导体截面积) 可知，若测出导体的电压接头 P_1P_2 之间的长度 L，横截面直径 d，电阻 R_x，则其电阻率可用下式计算出来：

$$\rho = \frac{\pi d^2}{4L} \cdot R_x \, (\Omega \cdot \text{m})$$

四、实验内容

1.先测出待测金属杆的直径 d;

2.把待测金属杆用砂纸磨光，然后放到连线板上。将电阻的电压端接到双臂电桥的 P_1、P_2 接线柱上，电流端接到电桥的 C_1、C_2 接线柱上；并测量出连线板上 P_1、P_2 两点之间的距离 L。

3.用箱式电桥测出 R_x 值。

4.换一种金属杆，重复以上步骤，直到把三种不同材料的金属杆测完为止。

五、数据处理

1.直径 d 和长度 L 应多测量几次，计算平均值和不确定度。

2.把测得的数据记录在表格里。

3.计算出金属杆的电阻率和不确定度。

六、注意事项

1.箱式电桥外部连线要用粗导线，与各接头要拧紧。金属杆表面还必须用砂纸擦拭干净，在四端接头实验板上把金属杆夹紧。

2.在测量过程中，由于通过待测电阻的电流较大，所以通电时间应尽量短暂。

3.若发现测得的数据一致性较差，涨落较大。为了求得 R_x 的最可信值，应该多测几次。要改变电流方向重复进行测量。

七、问题

1.测量低值电阻为什么要用双桥来测量？

2.为什么要改变电流方向进行重复测量？

3.如果低电阻的电流接头和电压接头互相接错，这样做有什么不好？

4.若不选 $\frac{R_3}{R_4}=\frac{R_2}{R_1}$，能否使直流双臂电桥平衡？能否测出 R_x？

八、附录

电阻的阻值范围一般可分为高（$10^6\Omega$ 以上）电阻、中值（$10\sim10^5\Omega$）电阻和低（1Ω 以下）电阻三大类。

1862 年英国的 W.汤姆孙在利用惠斯通电桥测量低电阻时，发现引起较大测量误差的原因是引线电阻和连接点处的接触电阻，这些电阻值可能远大于被测电阻值。因此，他设计出了双臂电桥的桥路，被称为汤姆孙电桥。后因他被晋封为开尔文勋爵，故此电桥又称开尔文电桥。后人在开尔文电桥原理的基础上又设计出史密斯电桥、三平衡电桥和四跨线电桥等，使得采用桥路测小电阻的理论与实践臻于完善。

仪器介绍

本实验所用的仪器是箱式直流双臂电桥，其面板如图 4-11-3 所示。

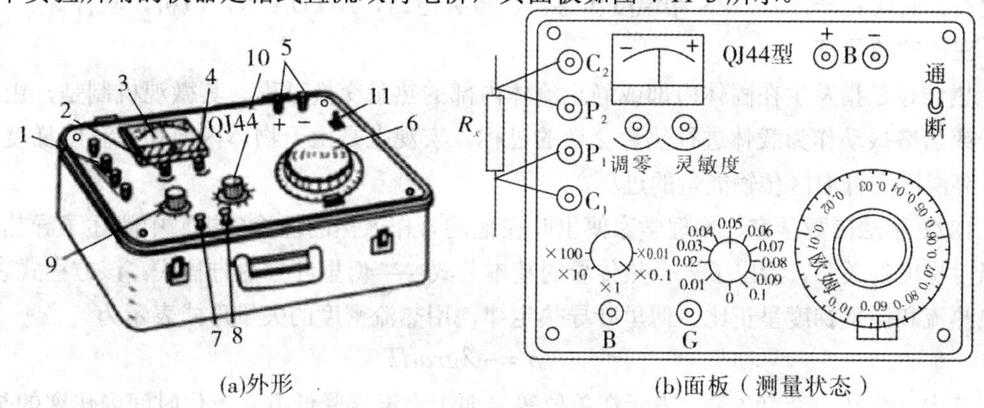

(a)外形 (b)面板（测量状态）

10–15 QJ44型双臂电桥

1.外接引线端子；2.调零旋钮；3.检流计；4.检流计灵敏度旋钮；5.外接电源电子；6.小数值拨盘；7.电源按钮（B）；8.检流计按钮（G）；9.倍数旋钮；10.大数旋钮；11.电源开关

使用方法如下：

（1）在外接电源接线柱“B”上接入 1.5～2 伏直流稳压电源。

（2）用调零旋钮将检流计指针调到“0”位置。

（3）将被测电阻 R_x 的四端接到双臂电桥的相应四个接线柱上。

（4）估计被测电阻值，将倍数旋钮调到相应的位置上。

（5）当测量电阻时，应先按“B”后按“G” 按钮，断开时应先放“G”后放“B”按钮。（注意：一般情况下，“*B*”按钮应间歇使用。）调节大数旋钮，使检流计接近“0”位；再调节读数小数旋钮，使检流计达到“0”位。此时电桥已平衡，而被测电阻 R_x 为

$$R_x=\text{倍率开关示值}\times\text{读数盘示值之和（欧姆）}$$

（6）使用完毕，应把倍率开关旋到“*G* 短路”位置上。

实验 4-12 用闪光法测定不良导体的热导率

一、实验目的

1.测定不良导体的热导率。

2.了解一种测定材料热物性参数的方法。

3.了解热物性参数测量中的基本问题。

4.学习正确使用高压脉冲光源和光路调节技术以及用微机控制实验和采集处理数据。

二、实验仪器

闪光法热导仪（包括高压脉冲灯和光源，光学调节系统，待测样品（酚醛树脂胶布板、大理石、瓷砖各一片），PN 结温度传感器，放大电路，AD/DA 卡，微机，软件等。

三、实验原理

热传导是指发生在固体内部或静止流体内部的热量交换过程。其微观机制是，由自由电子或晶格振动作为载体进行热量交换的过程。宏观上是由于物体内部存在温度梯度，发生从高温区向低温区传输能量的过程。

1822 年法国数学家、物理学家傅里叶在他的著作《热的理论分析》中阐述了导热热流和温度梯度的关系，给出了一个热传导的基本公式——傅里叶导热方程式。该方程式表明，导热热流和温度梯度呈正比。傅里叶导热定律，用热流密度的矢量形式表示为

$$q=-\lambda gradT$$

其中 q 为热流密度矢量，表示在单位等温面上沿温度降低方向单位时间内传递的热量；λ 是热导率，显然是反映物质导热能力的重要参数，其物理含义是：每单位时间内，在每单位长度上温度降低 1 K 时，每单位面积上通过的热量。在 1994 年实施的国家标准《量和单位》一书中定义热导率为面积热流除以温度梯度，单位为 W/（m·K）。

近年来，由于测量技术的进步，非稳态法因其测量时间短而得到大力发展。采用非稳态法测不良导体热导率在科研和生产中已有应用。本实验采用闪光法，它是测定热扩散率最常用的一种方法。采用圆形薄片试样，其一面有一个脉冲型的热流加热，根据另一面温度随时间的变化关系，可确定热扩散率 α，进而由公式 $\lambda=\alpha\rho c$ 可以得到热导率 λ，其中 c 和 ρ 分别为材料的比热容和密度。原理示意如图 4-12-1。假设有一束能量为 Q 的脉冲在 t=0 时刻照射在试样表面（试样为薄片状，脉冲光沿垂直于圆面的轴线方向辐照），且被试样均匀吸收，可以认为在距表面的微小距离 l 内样品温升为

$$\begin{aligned} &T(x,0)=Q/\rho cl \quad (0<x<l) \\ &T(x,0)=0 \quad (l<x<L) \end{aligned} \tag{4-12-1}$$

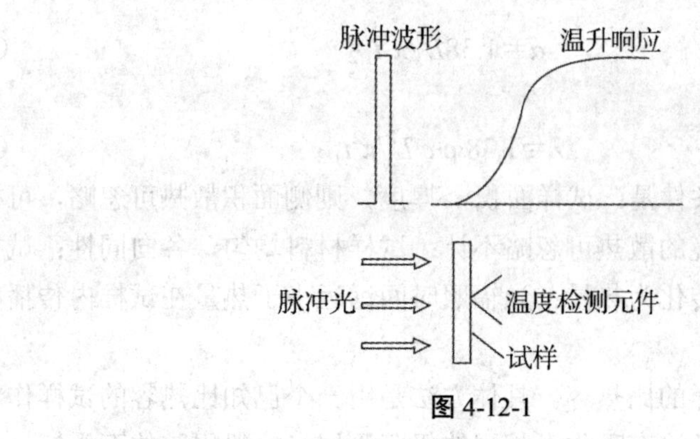

图 4-12-1

其中 Q 为单位面积吸收的能量，L 为样品厚度（$L \ll l$）。当试样周围热损很小以至可以忽略时，可以认为侧面绝热可用一维导热微分方程

$$\frac{\partial T(x,t)}{\partial t}=\alpha\frac{\partial^2 T(x,t)}{\partial x^2} \quad (0<x<L) \tag{4-12-2}$$

来描述其物理过程，其中 α 就是试样材料的热扩散率。方程（4-12-2）的解为：

$$T(\mathrm{x,t})=\frac{Q}{\rho\cdot c\cdot l}\left[1+2\sum_{n=1}^{\infty}\cos\frac{n\pi x}{L}\cdot\frac{\sin(n\pi l/L)}{n\pi l/L}\exp\left(-\frac{n^2\pi^2}{L^2}at\right)\right] \tag{4-12-3}$$

在试样背面 $x=L$ 处温升可表示为：

$$T(L,\mathrm{t})=\frac{Q}{\rho\cdot c\cdot l}\left[1+2\sum_{n=1}^{\infty}(-1)^n\exp\left(-\frac{n^2\pi^2}{L^2}\alpha t\right)\right] \tag{4-12-4}$$

当 $t=\infty$ 时，$T(L,t)$ 达到最大，$T_{\mathrm{M}}=\dfrac{Q}{\rho\cdot c\cdot l}$。

定义 $V(L,t)=\dfrac{T(L,t)}{T_{\mathrm{M}}}$，$\omega=\pi^2\alpha t/L^2$，则

$$V=1+2\sum_{n=1}^{\infty}(-1)^n\exp(-n^2\omega) \tag{4-12-5}$$

将（4-12-5）式作图表示，见图 4-12-2。令 $V=1/2$，求得 $\omega=1.38$。将对应的时间记为 $t_{1/2}$，可得热扩散率：

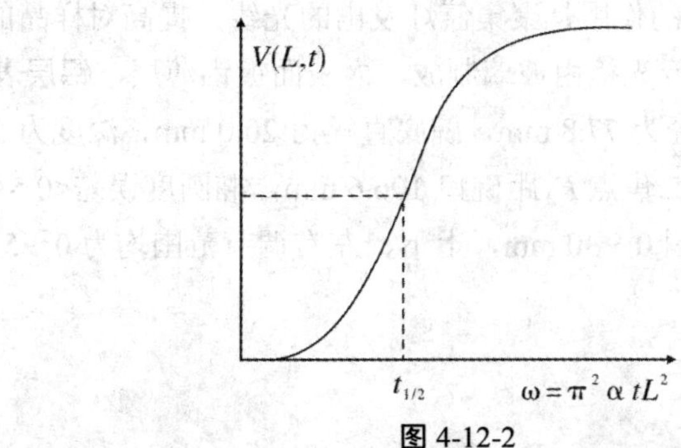

图 4-12-2

$$\alpha = 1.38L^2/\pi^2 t_{1/2} \quad (4\text{-}12\text{-}6)$$

进而有热导率：

$$\lambda = 1.38 \cdot \rho \cdot c \cdot L^2/\pi^2 t_{1/2} \quad (4\text{-}12\text{-}7)$$

上述处理过程要满足的条件是：试样面积>>厚度，则侧面积散热可忽略，可视为一维热流；试样温升小，则向环境的散热可忽略不计；试样材料均匀，各向同性；试样一面受光辐射，在极薄层内吸收并转化为热量；光辐照时间远远小于热量在试样内传播的时间等等。

闪光法也可用来测量试样的比热容。具体方法是用一个已知比热容的试样作为参考样品，使它和待测样品的表面都涂有吸收率相同的极薄涂层（一般用胶体石墨），分别进行两次同样的闪光加热，测出两次实验的最大温升及表征激光能量大小的信号，可得待测样品的比热容：

$$C_x = C_r \frac{M_x \Delta T_{\mathrm{Mr}} Q_x}{M_x \Delta T_{\mathrm{Mx}} Q_r} \quad (4\text{-}12\text{-}8)$$

式中 C_x，C_r 分别为待测和已知比热容，M 为质量，ΔT_M 是最大温升值，Q_x、Q_r 是表征闪光能量大小的信号，脚标 r 表示已知（参考）样品，x 为待测样品。

本系统用于测定不良导体的热导率，还可以同时测定不良导体的热扩散率和比热容。此方法的特点是：试样尺寸可以做得很小（如直径为 1 cm）；测量周期短（约十至几十秒）；待测温度为相对测量量，故测温仪不须做绝对定标；测温元件灵敏度高，响应时间短；数据处理方法简便，使用微机采集和处理数据快捷等。

四、实验仪器介绍

本实验装置分为三部分，装置框图如图 4-12-3 所示。

1.光学系统

包含高压脉冲氙灯，氙灯电源，椭球反光镜，样品和样品盒，氙灯及样品的三维调节装置。实验所用的高压脉冲氙灯形状为直管式，如图 4-12-4 所示。当电极两端加高压 600～800 V 时，极间放电，发出耀眼的白光（切勿用肉眼直视）。本实验利用氙灯的瞬间放电对试样进行加热。闪光脉冲宽度约为 0.2 ms，脉冲能量最高达 150 焦/次（电源电压为 1.0 kV，加 300 μF 电容时），氙灯寿命达 10^5 次（工作电压高，则氙灯寿命变短）。高压脉冲电源输出电压可调，为 0～1.0 kV（因实验电压无须太高，故实验室对电源输出电压做了限制，在 0.8 kV 以内）。椭球反光镜的作用是聚集氙灯发出的光线，提高对样品的辐照效率，其光路图如图 4-12-5 所示。椭球反光镜由玻璃制成，内表面镀铝薄层，铝层表面是 SiO_2 膜，起保护作用。椭球镜的碗口直径为 77.8 mm，碗底直径为 20.0 mm，深度为 52 mm，第一焦点 F_1 位置距碗底 15.0 mm，第二焦点 F_2 距碗口 106.6 mm，椭圆度误差<0.5 mm。氙灯三维微调架沿氙灯轴线方向调节范围 0～30 mm，上下、左右调节范围均为 0～5 mm。

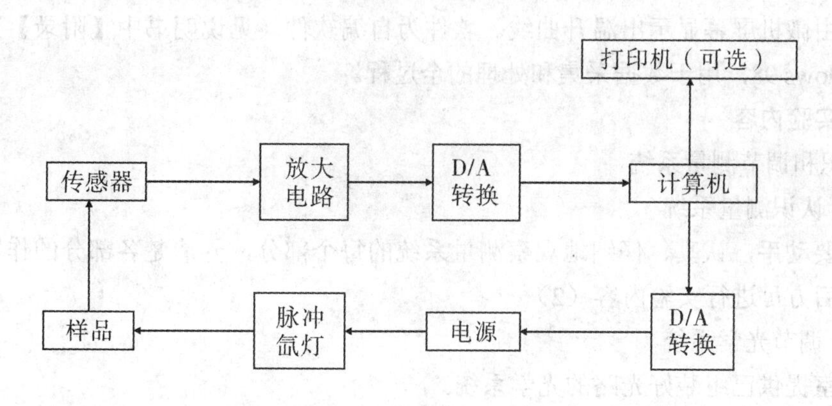

图 4-12-3 测量系统示意框图

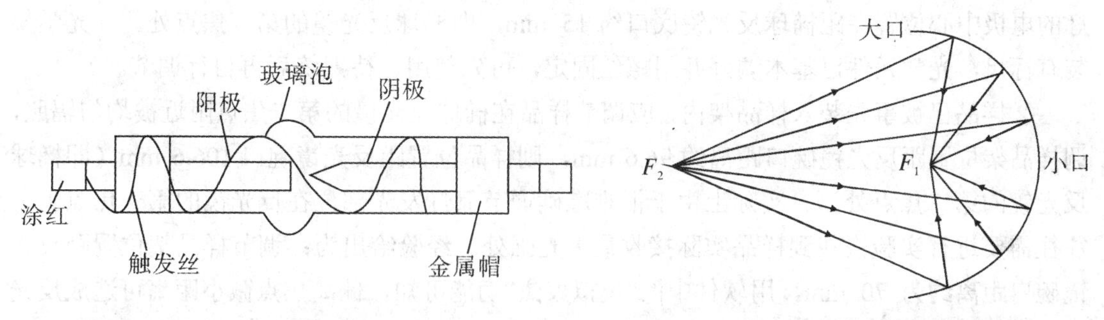

图 4-12-4 脉冲氙灯示意图

图 4-12-5 椭球反光镜的光路示意图

2.测温系统

包括 PN 结温度传感器（BTS 2002，粘贴在试样背面），测温电路板（插于微机主机中）、试样等。传感器 2 只，均为 I 级互换水平。灵敏度为－2 mV/℃，响应时间≤0.1 s。它的作用是将其对温度变化的响应以电压形式输出。为了能被微机识别，需将输出信号放大。两只温度传感器的作用分别是作为测温元件和用于补偿电路中。放大电路中所用放大器为低噪声场效应运算放大器，其信噪比高，放大倍数在 $1\sim10^2$ 之间可调。试样为酚醛树脂胶布板、大理石、瓷砖，形状为薄圆片，尺寸为直径约 14 mm，厚度分别为酚醛树脂胶布板 3.08±0.02 mm、大理石 3.05±0.02 mm、瓷砖 3.07±0.02 mm。

3.数据采集和处理系统

包括微机，多通道高速 AD/DA 转换卡，软件等。本实验测量样品温度随时间变化的规律，全过程仅十几秒，时间短，使用微机能快速进行数据采集和处理。本实验对微机要求为 80486 以上，考虑到一机多用，选用了 Penium 4 1.7GHz CPU，128 M 内存，40 G 硬盘和 48 倍速的光驱。

使用 AD/DA 转换卡，A/D 功能是将模拟量（即电压信号，它来自放大电路的输出电压）转换为数字量，使微机能识别，其分辨率有 12 位数，增益为 15 倍（已调好），转换时间为 10 μs，输入电压幅度可达 10 V。此 AD/DA 转换卡为 16 路多路转换，用这个卡可以实现多路信号采集（本实验只用了“0”路），还可以做其他实验用，做到一卡多用。D/A 转换功能用于输出 5 V 电压去触发高压脉冲电源，使氙灯极间放电发出闪光。实验中利用 D/A 转换功能触发光脉冲，同时用 A/D 转换功能采集由 PN 结温度传感器接收到的样品背面的温升信号，由微机屏幕显示出温升曲线。软件为自编软件（见说明书中【附录】），操作系统是 Windows 98，用于数据采集和处理的全过程。

五、实验内容

1.认识和调节测量系统

（1）认识测量系统

先不要动手，认真、仔细地观察测量系统的每个部分，弄清楚各部分的作用以及使用注意事项后方可进行实验内容（2）。

（2）调节光学系统

实验室提供已组装好光路的光学系统。

①调节氙灯的三维微调架，微调架上有刻线，以便较快地调节光学元件的共轴，使氙灯的电极中心位置在距椭球反光镜底口约 15 mm，即椭球反光镜的第一焦点处。（光学架装有标尺，光学元件已基本调好并用螺丝固定，可先使用，待熟练后再自行调节。）

②样品已被事先装入样品架内，应调节样品在椭球反光镜的第二焦点附近被均匀辐照，调样品架位置距反光镜碗口距离约 96.6 mm，则样品位置距反光镜碗口 106.6 mm（即椭球反光镜的第二焦点处）。实际上由于很难准确调节氙灯发光部位在反光镜的第一焦点上，往往需要进行实验去找到样品实际接收最大光强处。经验给出为：调节样品架位置距反光镜碗口距离约为 70 mm。用软件中的“模拟聚焦”功能可知，偏离焦点微小距离可造成反光镜会聚光线位置的极大改变。

③高压脉冲电源已由实验室接通氙灯阴、阳极。测量时（在微机开启后）开启电源开关，用面板上的多圈电位器将高压调到 600 V 左右。按下“触发”钮，此时氙灯会打火并闪光。如有可能，可以使用感光纸或热敏纸找到一个被氙灯辐照能量最大的位置（通过调节光学系统），将样品置于此位置。若无上述条件，则判断光路调节的好坏就要依据实测样品温升的结果了。

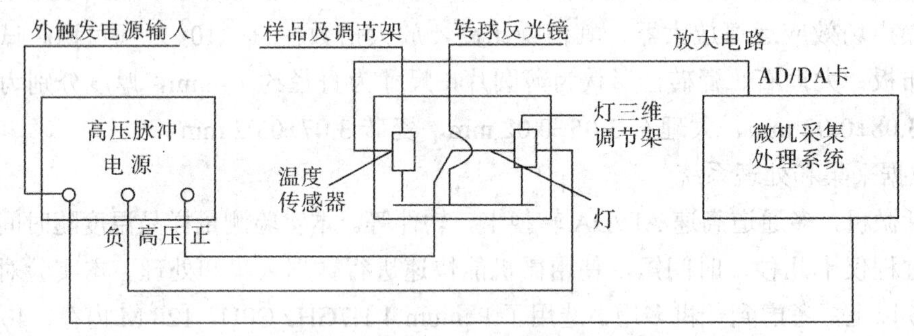

图 4-12-6 测量系统示意图

（3）实验电路已由实验室事先连接好，放大电路板及 AD/DA 转换卡都已置入微机中，同学们只需将测温二极管与补偿二极管用专用线接入放大电路。

（4）开启微机，了解数据采集的过程：在桌面上找到“闪光法热导仪”的快捷方式，点击两下，则进入程序。从主菜单中选“文件”，在“文件”菜单中选“新建”项，则当前屏幕的主窗口中新开一个子窗口，包括数据区和图像区。再选择主菜单中“数据”项中的“选项”，设置 AD/DA 卡参数，再选择“采集与报警”，确定后，再打开主菜单中“数据”，点击“开始采集”

项，则窗口中显示实时采集的“温升一时间”图像。如在“采集与报警”中设置“外触发脉冲”为“5 V”，高压脉冲电路将自动触发氙灯打火辐照样品，同时采集一幅“温升一时间”图像，这就是由样品背面采集的温升曲线。

2.测量待测样品的温升曲线，每隔10分钟测一次，共测三次，求出$t_{1/2}$值。

样品的厚度已在前面给出（因样品已固定于样品架中，不易取出测量），计算试样材料的热导率λ。密度和比热容可利用厂家给出的材料样品（测定比热容时，应将方块材料破成小碎块）自己进行测量，实验室提供测量装置（如天平、尺、量热器、温度计等）。

3.对同一样品在不加热的情况下测其“温升一时间”曲线（此曲线为“本底”），观察由于环境温度的波动、二极管本身的热噪声等因素对测量结果的影响，给出评价。

4.请你设计用常规的方法测定试样的密度和比热容。

5.取一参考样品，用比较法（已知比热容）测定待测试样的比热容。（选做）

六、注意事项

1.实验室电网地线接地要良好，否则噪音很大。

2.高压脉冲电源接线柱的裸露部分及氙灯电极不能用手触摸。未接氙灯时不要按“触发”，否则损坏电源！！！使用完毕关闭电源开关。

3.调节光学系统时，动作要轻，要小心，氙灯易碎；椭球镜为玻璃材料，内表面镀铝，表面最外层为SiO_2保护层，为保证反光良好，请勿用手或其他材料触摸；氙灯触发丝一端接阳极，另一端距阴极金属帽1 cm以上，否则极间放电时金属丝与阴极金属帽导通，氙灯不工作。更换待测样品需插拔样品盒时要小心，不要触碰灯管，以免损坏氙灯或触电。

4.样品加热前，先看样品的本底温升，最好在0 ℃附近（微机机箱后面板设有电位器可调零点，仪器出厂前已基本调到0 ℃附近，在加温进行连续测量时不要再调零，以免引起超量程）。

5.每一次测量后最好等10分钟，待样品温度下降后再进行下一次测量，避免超量程（温升±1.67 ℃），避免测温温度传感器热噪声的影响；以及由于样品温度升高，热损不能忽略，造成对测量结果的较大影响。

6.温度传感器表面没有封装（为减少传感器本身热容），引线极易折断，实验中若样品脱落，需要重新安装时，注意温度传感器引线根部不被扭折。

7.由于本实验使用高压脉冲电源，电源线（棕色）尽可能远离测量专用线（黑色），不可交叉，测量线本身也要理顺，否则将给测量带来较大噪声。

8.不要带电插拔连接到微机上的任何信号电缆。

七、数据处理

1.直接从微机屏幕上用光标读取T_0（样品初始温度）和T_M（样品最大温度），算出（T_0+T_M）/2，再用光标读取相对应的$t_{1/2}$。

2.用“数据平滑”功能平滑曲线，用“数据拟合”功能对实验数据进行多项式拟合，从拟合曲线上求出$t_{1/2}$，与上个步骤中直接读出的$t_{1/2}$结果相比较。

3.试从实验曲线估计试样对环境的散热给实验结果带来的影响，取若干数据点实测散热速率对实测的曲线进行散热修正，与程序中自动进行“散热修正”的结果进行比较，

读取 $t_{1/2\,修正值}$。

4.由 $t_{1/2\,修正值}$及 ρ、c、L 计算 λ。

5.试分析热导率的测量误差，并评价测量结果的不确定度。

八、预习思考题

1.什么是热传导？其微观机制是什么？宏观表现是什么？

2.用本方法测 λ 时，从物理原理上要满足哪些条件？实验中又如何保证？（从实验装置的设计到实验测定等环节去考虑。）

3.实验测量中，光具架上样品的最佳位置应该如何调节？氙灯的最佳位置又应在何处？

九、实验问题

1.测量固体材料热导率有几种方法？

2.试叙述用闪光法测量不良导体的热导率的原理。

3.测定 $t_{1/2}$ 时，根据实际的实验曲线你考虑 t_0 应如何确定？

4.在脉冲光启动的一瞬间， 测量者从温升曲线上会看到在其起始部分出现一个小峰或谷，试考虑原因。

十、软件使用

1. 实验软件使用说明

软件名称：AD/DA 转换卡多通道数据采集系统

操作系统：Window 95/98

安装程序：setup.exe

可执行文件：mdiapp.exe（注：如果程序提示 Windows 注册表有错，请执行 sd.reg 文件）

主菜单：

·文件（Alt+F），编辑（Alt+E），数据（Alt+D），窗口（Alt+W），帮助（Alt+H）

·文件

新建（Ctrl+N） 在当前主窗口中新开启子窗口，包括数据区和图像区。开始采集数据的同时显示图像；横坐标轴表示时间，纵坐标轴表示样品温升；鼠标移到图线上时，光标变成十字状，相应点的坐标在主窗口下的状态栏中显示。

打开（Ctrl+O） 弹出一对话框，从中选择数据文件后，新建一子窗口，显示数据和图像。

关闭（Ctrl+C） 关闭当前激活的子窗口。

关闭全部（Ctrl+L） 将主窗口中所有子窗口关闭。

保存（Ctrl+S） 将当前子窗口的数据保存在数据文件中，如果不存在已有文件，将弹出对话框，从中指定文件的路径和文件名。

退出（X） 退出应用程序，关闭主窗口。

打印（Ctrl+P） 将当前子窗口的数据曲线打印输出。

·编辑

剪切（Ctrl+X） 将当前数据区内选定内容剪切到剪贴板上，该区域清除。

复制（Ctrl+C） 将当前数据区内选定内容复制到剪贴板上，该区域保留。

粘贴（Ctrl+V） 将剪贴板上内容取代当前数据区内选定内容。

·数据

开始采集（F2） 按系统设置的采集参数进行数据采集，在当前子窗口的数据区和图像区中同时显示结果。

结束采集（F3） 结束正在进行的采集工作，不论预定采集时间是否已到，在触发采集过程中按 ESC 键也可达到同一效果。

放大图像（I） 将当前子窗口中的数据图像放大显示，纵坐标与横坐标同时放大。

缩小图像（O） 将当前子窗口中的数据图像缩小显示，纵坐标与横坐标同时缩小。

刷新（R） 将当前子窗口中的数据图像按相应数据重新绘制显示。

曲线平滑（M） 将采集的数据曲线进行平滑。

数据拟合（D） 弹出数据拟合对话框，对采集的数据进行指定次数的多项式拟合。

散热修正（I） 采用牛顿冷却定律，对采集的数据进行逐点修正，也可选择对平滑后或拟合后的数据进行逐点拟合。

模拟聚焦（S） 弹出模拟聚焦对话框，演示灯丝偏离椭球镜焦点时的聚焦情况。

系统选项设置 弹出系统选项设置对话框，用于 AD/DA 转换卡参数、采集参数及图像的设置。

·窗口

平铺 将各子窗口在主窗口中依次平铺显示，彼此大小相等且互不重叠。

重叠 将各子窗口在主窗口中依次重叠显示，上面的窗口将遮住下面的窗口。

图标 将所有子窗口缩小成图标在主窗口底下排列显示。

十一、 附录

导热系数，工程上又称热导率，是描述材料性能的一个重要参数，在物体的散热和保温工程实践如锅炉制造、房屋设计、冰箱生产等中都要涉及这一参数。由于材料结构的变化对导热系数有明显的影响，导热系数的测量不仅在工程实践中有重要的实际意义，而且对新材料的研制和开发也具有重要意义。测量导热系数的实验方法一般分为稳态法和动态法两类。测量良导体和不良导体导热系数的方法各不相同。对于良导体，常用流体换热法测量所传递的热量，计算导热系数；对于不良导体，通过测量传热速率，间接测量所传递的热量，计算导热系数。闪光法是测量不良导体导热系数的一种新型方法。

实验 4-13 色度学实验

一、实验目的

1.了解色度学的基本概念、原理及方法。

2.掌握各种样品的主波长测量的方法。

二、实验仪器

WGS-9 型色度实验系统、待测样品。

三、实验原理

自然界中所有的颜色可分为黑白和彩色两个系列，黑灰白以外的所有颜色均为彩色系列，如红、橙、黄、绿、青、蓝、紫等，其波长范围在 380～780 nm 之间。彩色有三个特性，即明度（也称为亮度、纯度，lightness）、色调（也称为主波长或补色主波长，hue）、色纯度（也称为饱和纯度，saturation）。

为了定量表示颜色，采用三刺激值是一种可行的方法，为了测得物体颜色的三刺激值，首先必须研究人眼的颜色视觉特性，测出光谱的三刺激值。实验证明，不同观察者的视觉特性多少是有差别的，但是具有正常颜色视觉的人这种差别是不大的，故有可能根据一些观察者进行的颜色匹配实验，将他们的实验数据加以平均，确定一组匹配等能光谱色所需的三原色数据。此数据称为“标准色度观察者光谱三刺激值”，以此来代表人眼的平均颜色视觉特性。当时，不少科学工作者进行了这类实验，但由于选用的三原色不同及确定三刺激值单位的方法不一致，因而数据无法统一。1931 年在美国的剑桥举行的 CIE 第 8 次会议上，统一了上述实验结果，提出了最早的推荐书——《CIE 标准色度观察者和色度坐标系统》，并规定了三种标准光源（A,B,C）,并对测量发射面的照明观测条件进行了标准化，从而建立起了 CIE1931 标准色度系统。

1931 年 CIE（Commission Internationale de 1’Eclairage）指定在色度测量中使用的三种标准（照明）光源 S_A 为工作在色温 2856 K 的钨丝灯；S_B 为中午的太阳光；S_C 为全日平均太阳光。

在 CIE 系统中，三个基本颜色被称为“基础激励（刺激）”，而一个颜色使用它的三色激励值（又称为三刺激值）表示。三个基础激励 x，y，z 相应于红（R）、绿（G）、蓝（B）。这三者却不是真正的颜色。它们只不过是说，任何颜色可以用 $\bar{x}$ 数量的 x，$\bar{y}$ 数量的 y，$\bar{z}$ 数量的 z 混合起来加以说明。例如 560 nm 的纯光谱色，在单位辐射通量时，看起来等价于 $\bar{x}=0.595$，$\bar{y}=0.995$，$\bar{z}=0.0039$ 组合而成的混合色，这里 $\bar{x}$、$\bar{y}$、$\bar{z}$ 是三色激励值。

在理论上为了定量地表示颜色，通常采用平面直角色度坐标来加以表示：

$$x=\frac{X}{X+Y+Z}$$

$$y=\frac{Y}{X+Y+Z}$$

$$z=\frac{Z}{X+Y+Z}$$

其中 X，Y，Z 为三刺激值，所有的光谱色在色坐标上为一马蹄形曲线，如图 4-13-1 所示，该图称为 CIE1931 色坐标，在图中红（R）、绿（G）、蓝（B）三基色坐标点为顶点，围成的三角形内的所有颜色均可以由三基色按一定的量匹配生成。

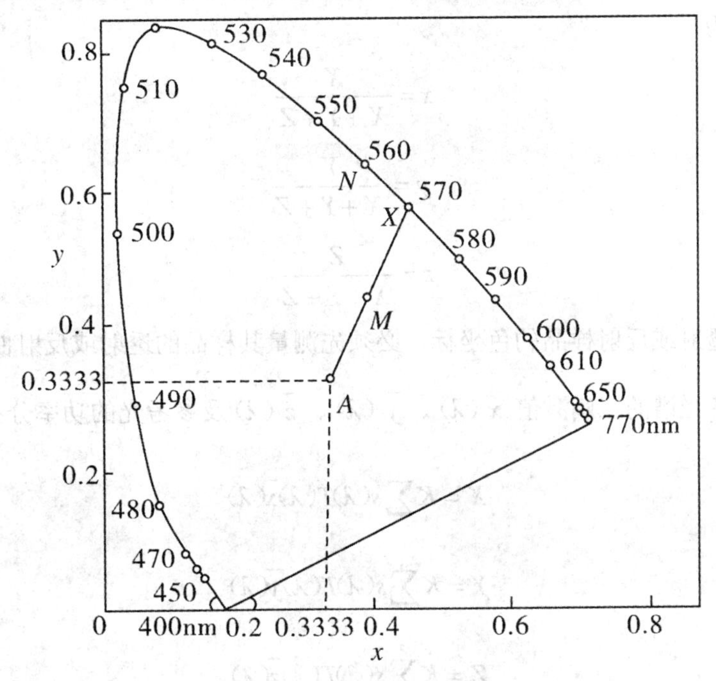

图 4-13-1 CIE1913 色坐标

任一颜色 M（x,y）的色调是由其照明光源坐标点（如 A 光源）到 M 点连线并延长与光谱轨迹相交于 N 点，N 点的光谱色的色调，即为颜色 M 的主波长（或补色波长），则 M 的饱和纯度为：

$$P=\frac{AM}{AN}=\frac{x_M-x_A}{x_N-x_A}$$

M 的色度纯度为：

$$M=\frac{AM}{MN}=\frac{x_M-x_A}{x_N-x_A}$$

为测量某光源（发光体）的色坐标，必须先测量其光谱组成的功率分布 s（λ），然后再查表找出各光谱的三刺激值，则光源的三刺激值为：

$$X = K\sum^{\lambda} s(\lambda)\bar{x}(\lambda)\ \Delta\lambda$$

$$Y = K\sum^{\lambda} s(\lambda)\bar{y}(\lambda)\ \Delta\lambda$$

$$Z = K\sum^{\lambda} s(\lambda)\bar{z}(\lambda)\ \Delta\lambda$$

上式中，K 为调整因数，它是将发光体的 Y 值调整为 100 时得到的值，

$$K = \frac{100}{\sum S(\lambda)\bar{y}(\lambda)\ \Delta\lambda}$$

则色坐标为：

$$x = \frac{X}{X+Y+Z}$$

$$y = \frac{Y}{X+Y+Z}$$

$$z = \frac{Z}{X+Y+Z}$$

为测量某透射或反射样品的色坐标，必须先测量其样品的透射或反射曲线 $T(\lambda)$，然后再查表找出各光谱的三刺激值 $\bar{x}(\lambda)$、$\bar{y}(\lambda)$、$\bar{z}(\lambda)$ 及参考光的功率分布 $s(\lambda)$，则

$$X = K\sum s(\lambda)T(\lambda)\bar{x}(\lambda)$$

$$Y = K\sum^{\lambda} s(\lambda)T(\lambda)\bar{y}(\lambda)$$

$$Z = K\sum^{\lambda} s(\lambda)T(\lambda)\bar{z}(\lambda)$$

该样品的色坐标为：

$$x = \frac{X}{X+Y+Z}$$

$$y = \frac{Y}{X+Y+Z}$$

$$z = \frac{Z}{X+Y+Z}$$

四、实验内容

本实验使用的 WGS-9 型色度实验系统，由光栅光谱仪（单色仪,其原理可参看“光学多道分析实验”、接收单元、扫描系统、电子放大器、A/D 采集单元、计算机及打印机等组成。

（1）透过率及发光体的测量

如果当前接收器不是放在出缝 1 端，请关闭电源，把接收器移到出缝 1 端，并把转镜打到 1 端。打开样品池盖，把有液体样品的比色皿放入液体样品池或把固体样品直接插在固体样品架上，开机测量（测量样品透过率时，要先放空白样品做透过基线）。其测量光路如图 4-13-2 所示。

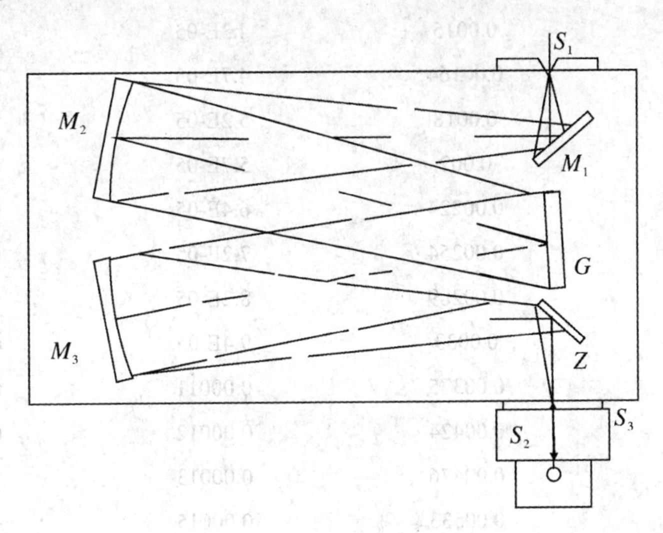

M_1 为反射镜；M_2 为准光镜；M_3 为物镜；G 为平面衍射光栅；Z 为转镜；S_1 为入射狭缝；S_2 为出缝 2；S_3 为出缝 1；S 为样品池。

图 4-13-2

（2）反射率的测量

如果当前接收器不是放在出缝 2 端，请关闭电源，把接收器移到出缝 2 端，并把转镜打到出缝 2 端。打开样品压板，把样品放在积分球的样品反射口处，并压上压板，然后开机测量（在测量发射率前，要先放标准白板做反射基线）。测量光路如图 4-13-3 所示。

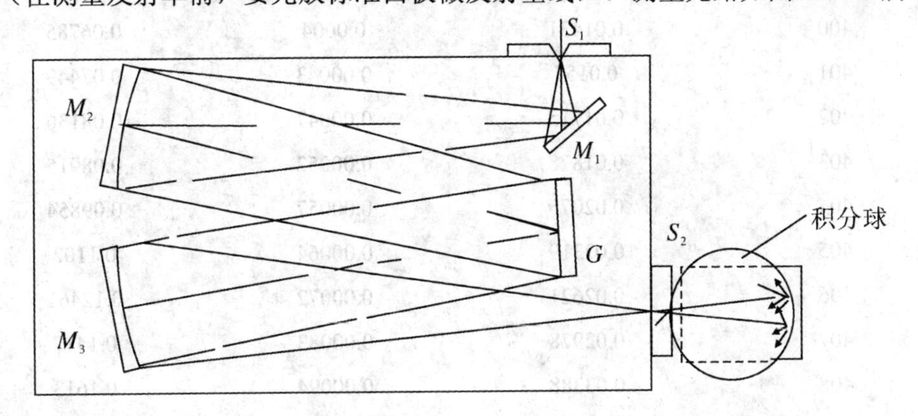

M_1 为反射镜；M_2 为准光镜；M_3 为物镜；G 为平面衍射光栅；S_1 为入射狭缝；S_2 为出缝 2。

图 4-13-3

注意：

此实验系统系精密光学仪器，使用前请仔细阅读《WGS-9 型色度实验系统使用说明书》并严格按照规程操作，不可擅自加以调节，不可拆卸。

五、附录

标准三刺激值

波长	x	y	z
380	0.00137	3.9E-05	0.00645
381	0.0015	4.3E-05	0.00708
382	0.00164	4.7E-05	0.00775
383	0.0018	5.2E-05	0.0085
384	0.002	5.7E-05	0.00941
385	0.00224	6.4E-05	0.01055
386	0.00254	7.2E-05	0.01197
387	0.00289	8.2E-05	0.01366
388	0.0033	9.4E-05	0.01559
389	0.00375	0.00011	0.01773
390	0.00424	0.00012	0.02005
391	0.00476	0.00013	0.02251
392	0.00533	0.00015	0.0252
393	0.00598	0.00017	0.02828
394	0.00674	0.00019	0.0319
395	0.00765	0.00022	0.03621
396	0.00875	0.00025	0.04144
397	0.01003	0.00028	0.0475
398	0.01142	0.00032	0.05412
399	0.01287	0.00036	0.061
400	0.01431	0.0004	0.06785
401	0.0157	0.00043	0.07449
402	0.01715	0.00047	0.08136
403	0.01878	0.00052	0.08915
404	0.02075	0.00057	0.09854
405	0.02319	0.00064	0.1102
406	0.02621	0.00072	0.12461
407	0.02978	0.00083	0.1417
408	0.03388	0.00094	0.1613
409	0.03847	0.00107	0.18326
410	0.04351	0.00121	0.2074
411	0.049	0.00136	0.23369
412	0.05502	0.00153	0.26261

波长	x	y	z
413	0.06172	0.00172	0.29477
414	0.06921	0.00194	0.3308
415	0.07763	0.00218	0.3713
416	0.08696	0.00245	0.41621
417	0.09718	0.00276	0.46546
418	0.10841	0.00312	0.51969
419	0.12077	0.00353	0.57953
420	0.13438	0.004	0.6456
421	0.14936	0.00455	0.71848
422	0.1654	0.00516	0.79671
423	0.18198	0.00583	0.87785
424	0.19861	0.00655	0.95944
425	0.21477	0.0073	1.03905
426	0.23187	0.00809	1.11537
427	0.24488	0.00891	1.1885
428	0.25878	0.00977	1.25812
429	0.27181	0.01066	1.32393
430	0.2839	0.0116	1.3856
431	0.29495	0.01257	1.44264
432	0.3049	0.01358	1.4948
433	0.31379	0.01463	1.54219
434	0.32165	0.01572	1.58488
435	0.3285	0.01684	1.62296
436	0.33435	0.01801	1.6564
437	0.33921	0.01921	1.6853
438	0.34312	0.02045	1.70987
439	0.34613	0.02172	1.73038
440	0.34828	0.023	1.74706
441	0.3496	0.02429	1.76004
442	0.35015	0.02561	1.76962
443	0.35001	0.02696	1.77626
444	0.34929	0.02835	1.78043
445	0.34806	0.0298	1.7826
446	0.34637	0.03131	1.78297
447	0.34426	0.03288	1.7817

波长	x	y	z
448	0.34181	0.03452	1.7792
449	0.33909	0.03623	1.77587
450	0.3362	0.038	1.77211
451	0.3332	0.03985	1.76826
452	0.33004	0.04177	1.76404
453	0.32664	0.04377	1.75894
454	0.32289	0.04584	1.75247
455	0.3187	0.048	1.7441
456	0.31403	0.05024	1.73356
457	0.30888	0.05257	1.72086
458	0.30329	0.05498	1.70594
459	0.29726	0.05746	1.68874
460	0.2903	0.06	1.6692
461	0.28397	0.0626	1.64753
462	0.27672	0.06528	1.62341
463	0.26892	0.06804	1.59602
464	0.26042	0.07091	1.56453
465	0.251	0.0739	1.5281
466	0.24085	0.07702	1.48611
467	0.22985	0.08027	1.43952
468	0.21841	0.08367	1.38988
469	0.20681	0.08723	1.33874
470	0.19536	0.09098	1.28764
471	0.18421	0.09492	1.23742
472	0.17333	0.09905	1.18782
473	0.16269	0.10337	1.13876
474	0.15228	0.10885	1.09015
475	0.1421	0.1126	1.0419
476	0.13218	0.11753	0.9942
477	0.12257	0.12267	0.94735
478	0.11328	0.12799	0.90145
479	0.1043	0.13345	0.85662
480	0.09564	0.13902	0.81295
481	0.0873	0.14468	0.77052
482	0.07921	0.15047	0.72944

波长	*x*	*y*	*z*
483	0.07172	0.15646	0.68991
484	0.06458	0.16272	0.6521
485	0.05795	0.1693	0.6162
486	0.05186	0.17624	0.58233
487	0.04628	0.18356	0.55042
488	0.04115	0.19127	0.52034
489	0.03641	0.19942	0.49197
490	0.03201	0.20802	0.46518
491	0.02792	0.21712	0.43992
492	0.02414	0.22673	0.41618
493	0.02069	0.23686	0.39388
494	0.01754	0.24748	0.37295
495	0.0147	0.2586	0.3533
496	0.01216	0.27018	0.33486
497	0.00992	0.28229	0.31755
498	0.00797	0.29505	0.30134
499	0.0063	0.30858	0.28617
500	0.0049	0.323	0.272
501	0.00378	0.3384	0.25882
502	0.00295	0.35469	0.24648
503	0.00242	0.3717	0.23477
504	0.00224	0.38929	0.22345
505	0.0024	0.4073	0.2123
506	0.00293	0.42563	0.20117
507	0.00384	0.44431	0.19012
508	0.00517	0.46339	0.17923
509	0.00698	0.48294	0.16856
510	0.0093	0.503	0.1582
511	0.01215	0.52357	0.14814
512	0.01554	0.54451	0.13838
513	0.01948	0.56569	0.12899
514	0.02399	0.58697	0.12008
515	0.0291	0.6082	0.1117
516	0.03481	0.62935	0.1039
517	0.04112	0.65031	0.09667

波长	x	y	z
518	0.04799	0.67088	0.08998
519	0.05538	0.69084	0.08385
520	0.06327	0.71	0.07825
521	0.07164	0.72819	0.07321
522	0.08046	0.74546	0.06868
523	0.08974	0.76197	0.06457
524	0.09946	0.77784	0.06079
525	0.1096	0.7932	0.05725
526	0.12017	0.80811	0.0539
527	0.13111	0.8225	0.05075
528	0.14237	0.83631	0.04775
529	0.15385	0.84949	0.0449
530	0.1655	0.862	0.04216
531	0.17726	0.87371	0.03951
532	0.18914	0.88496	0.03694
533	0.20117	0.89549	0.03446
534	0.21337	0.90544	0.03209
535	0.22575	0.91485	0.02984
536	0.23832	0.92373	0.02771
537	0.25107	0.93209	0.02569
538	0.26399	0.93992	0.02379
539	0.2771	0.94723	0.02199
540	0.2904	0.954	0.0203
541	0.30389	0.96026	0.01872
542	0.31757	0.96601	0.01724
543	0.33144	0.97126	0.01586
544	0.34548	0.976	0.01458
545	0.3597	0.9803	0.0134
546	0.37408	0.98409	0.01231
547	0.38864	0.98742	0.0113
548	0.40338	0.99031	0.01038
549	0.41831	0.99281	0.00953
550	0.43345	0.99495	0.00875
551	0.4488	0.99671	0.00804
552	0.46434	0.9981	0.00738
553	0.48006	0.99911	0.00679
554	0.49597	0.99975	0.00624
555	0.51205	1	0.00575

波长	x	y	z
556	0.5283	0.99986	0.0053
557	0.54469	0.9993	0.0049
558	0.56121	0.99833	0.00453
559	0.57782	0.9969	0.0042
560	0.5945	0.995	0.0039
561	0.61122	0.9926	0.00363
562	0.62798	0.98974	0.00314
563	0.64476	0.98644	0.00293
564	0.66157	0.98272	0.00293
565	0.6784	0.9876	0.00275
566	0.69533	0.97408	0.00259
567	0.71206	0.96917	0.00244
568	0.72883	0.96386	0.00231
569	0.74552	0.95813	0.0022
570	0.7621	0.952	0.0021
571	0.77854	0.94545	0.00202
572	0.79486	0.9385	0.00195
573	0.81093	0.93116	0.00189
574	0.82682	0.92346	0.00184
575	0.8425	0.9154	0.0018
576	0.85793	0.90701	0.00177
577	0.87308	0.89828	0.00174
578	0.88789	0.8892	0.00171
579	0.90232	0.87978	0.00168
580	0.9163	0.87	0.00165
581	0.9298	0.85986	0.00161
582	0.94279	0.84939	0.00156
583	0.95528	0.83862	0.00151
584	0.96722	0.82758	0.00146
585	0.9786	0.8163	0.0014
586	0.98939	0.80479	0.00134
587	0.99955	0.79308	0.00127
588	1.00909	0.78119	0.00121

波长	x	Y	z
589	1.01801	0.76915	0.00115
590	1.0263	0.757	0.0011
591	1.03398	0.74475	0.00107
592	1.04099	0.73242	0.00105
593	1.04719	0.72	0.00104
594	1.05247	0.7075	0.00121
595	1.0567	0.6949	0.001
596	1.05979	0.68222	0.00097
597	1.0618	0.66947	0.00093
598	1.06281	0.65667	0.00089
599	1.06291	0.64384	0.00084
600	1.0622	0.631	0.0008
601	1.06074	0.61816	0.00076
602	1.05844	0.60531	0.00073
603	1.05522	0.59248	0.00069
604	1.05098	0.57964	0.00065
605	1.0456	0.5668	0.0006
606	1.03904	0.55396	0.00055
607	1.03136	0.54114	0.00049
608	1.02267	0.52835	0.00044
609	1.01305	0.51563	0.00038
610	1.0026	0.503	0.00034
611	0.99137	0.49047	0.00031
612	0.97933	0.47803	0.00028
613	0.96649	0.46568	0.00027
614	0.95285	0.4534	0.00025
615	0.9384	0.4412	0.00024
616	0.92319	0.42908	0.00023
617	0.90724	0.41704	0.00022
618	0.8905	0.40503	0.00021
619	0.87292	0.39303	0.0002
620	0.85445	0.381	0.00019
621	0.83508	0.36892	0.00017
622	0.81495	0.35683	0.00016
623	0.79419	0.34478	0.00014

波长	x	y	z
624	0.77295	0.33282	0.00012
625	0.7514	0.321	0.0001
626	0.72958	0.30934	8.6E-05
627	0.70759	0.29785	7.5E-05
628	0.6856	0.28659	6.5E-05
629	0.66381	0.27562	5.7E-05
630	0.6424	0.265	5E-05
631	0.62151	0.25476	4.4E-05
632	0.60111	0.24489	3.9E-05
633	0.58111	0.23533	3.6E-05
634	0.5614	0.22605	3.3E-05
635	0.5419	0.217	0.00003
636	0.5226	0.20816	2.8E-05
637	0.50355	0.19955	2.6E-05
638	0.48474	0.19116	2.4E-05
639	0.46619	0.18297	2.2E-05
640	0.4479	0.175	0.00002
641	0.42986	0.16722	1.8E-05
642	0.4121	0.15965	1.6E-05
643	0.39464	0.15228	1.4E-05
644	0.37753	0.14513	1.2E-05
645	0.3608	0.1382	0.00001
646	0.34446	0.1315	7.7E-06
647	0.32852	0.12502	5.4E-06
648	0.31302	0.11878	3.2E-06
649	0.298	0.11277	1.3E-06
650	0.2835	0.107	0
651	0.26954	0.10148	0
652	0.25612	0.09619	0
653	0.24319	0.09112	0
654	0.23073	0.08626	0
655	0.2187	0.0816	0
656	0.2071	0.07712	0
657	0.19592	0.07383	0
658	0.18517	0.06871	0

波长	x	y	z
659	0.17483	0.06477	0
660	0.1649	0.061	0
661	0.15537	0.0574	0
662	0.14623	0.05396	0
663	0.13749	0.05067	0
664	0.12915	0.04755	0
665	0.1212	0.04458	0
666	0.11364	0.04176	0
667	0.10647	0.03908	0
668	0.09933	0.03656	0
669	0.09333	0.0342	0
670	0.0874	0.032	0
671	0.0819	0.02996	0
672	0.0768	0.02808	0
673	0.07208	0.02633	0
674	0.06769	0.02471	0
675	0.0636	0.0232	0
676	0.05981	0.0218	0
677	0.05628	0.0205	0
678	0.05297	0.01928	0
679	0.04982	0.01812	0
680	0.04677	0.017	0
681	0.04378	0.0159	0
682	0.04088	0.01484	0
683	0.03807	0.01381	0
684	0.0354	0.01283	0
685	0.0329	0.01192	0
686	0.03056	0.01107	0
687	0.02838	0.01027	0
688	0.02634	0.00953	0
689	0.02445	0.00885	0
690	0.0227	0.00821	0
691	0.02108	0.00762	0
692	0.0196	0.00709	0
693	0.01824	0.00659	0

波长	x	y	z
694	0.01699	0.00614	0
695	0.01584	0.00572	0
696	0.01479	0.00534	0
697	0.01383	0.005	0
698	0.01295	0.00468	0
699	0.01213	0.00438	0
700	0.01136	0.0041	0
701	0.01063	0.00384	0
702	0.00994	0.00359	0
703	0.00929	0.00335	0
704	0.00868	0.00313	0
705	0.00811	0.00293	0
706	0.00758	0.00274	0
707	0.00709	0.00256	0
708	0.00663	0.00239	0
709	0.0062	0.00224	0
710	0.00579	0.00209	0
711	0.00541	0.00195	0
712	0.00505	0.00182	0
713	0.00472	0.0017	0
714	0.0044	0.00159	0
715	0.00411	0.00148	0
716	0.00383	0.00138	0
717	0.00358	0.00129	0
718	0.00333	0.0012	0
719	0.00311	0.00112	0
720	0.0029	0.00105	0
721	0.0027	0.00098	0
722	0.00252	0.00091	0
723	0.00235	0.00085	0
724	0.0022	0.00079	0
725	0.00205	0.00074	0
726	0.00191	0.00069	0
727	0.00178	0.00064	0
728	0.00166	0.0006	0
729	0.00155	0.00056	0
730	0.00144	0.00052	0

实验 4-14 弗兰克-赫兹实验

一、实验目的

1.了解电子与原子之间的弹性碰撞和非弹性碰撞。

2.观察实验现象，加深对玻尔原子理论的理解。

3.了解弗兰克-赫兹干涉仪的结构、原理，学会它的调节和使用方法。

4.测量氩原子的第一激发电位。

二、实验仪器

弗兰克-赫兹管（简称 F-H 管）、加热炉、温控装置、F-H 管电源组、扫描电源和微电流放大器、微机 X-Y 记录仪。

三、实验原理

1.玻尔原子模型

玻尔的原子模型（图 4-14-1）指出：原子是由原子核和核外电子组成的，原子核位于原子的中心，电子沿着以核为中心的各种不同直径的轨道运动。原子只能处于一系列不连续的稳定状态之中，其中每一种状态相应于一定的能量值 E_i（i=1,2,3,…），这些能量值称为能级。最低能级所对应的状态称为基态，其他高能级所对应的状态称为激发态。

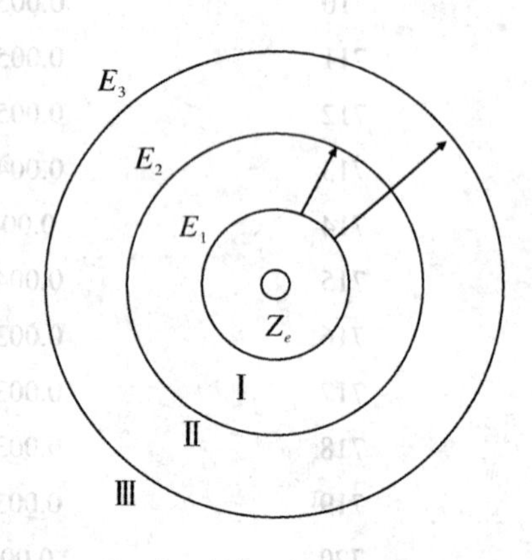

图 4-14-1 原子结构示意图

当原子从一个稳定状态低能级 E_m 过渡到另一个稳定状态高能级 E_n 时就会吸收一定频率的电磁波，频率大小决定于原子所处两定态能级间的能量差

$$h\nu = E_n - E_m$$

原子状态的改变通常有两种方法：一是原子吸收或放出电磁辐射；二是原子与其他粒子发生碰撞而交换能量。弗兰克-赫兹实验利用慢电子与氩原子相碰撞，使氩原子从基态跃迁到第一激发态，并满足能量选择定则 $eV = E_n - E_m$，从而证实原子能级的存在。

弗兰克-赫兹实验原理如图 4-14-2 所示。实验中原子与电子碰撞是在弗兰克-赫兹（F-H）管内进行的，将管内抽取至高真空后，充入高纯氩气。若管内充以不同元素的气体就可以测出相应元素的激发电势。F-H 管在圆柱状玻璃管壳中沿径向或轴向依次安装加热灯丝、阴极 K、第一栅极 G_1、网状栅极 G 及板极 A。电源加热灯丝 K_1K_2，使阴极 K 被加热，从而产生慢电子。G_1 的作用主要是消除空间电荷对阴极电子发射的影响，提高发射效率。G 和 K 之间的加速电压 V_{GK} 建立一个加速场，使得从阴极发出的电子被加速，穿过管内氩蒸气朝 G 运动，由于 GK 之间的距离比较大，在适当的氩蒸气压下，这些电子与氩原子可以发生多次碰撞。板极 A 和栅极 G 之间加有减速电压 V_{AG}，使得到达 G 附近而能量小于 eV_{AG} 的电子不能到达板极 A，能量大于 eV_{AG} 的电子能达到板极形成板流。管内电位分布如图 4-14-3 所示。板极电路中的电流强度 I_A 用微电流放大器 PA 测出，其值大小反映了从阴极到达板极的电子数。

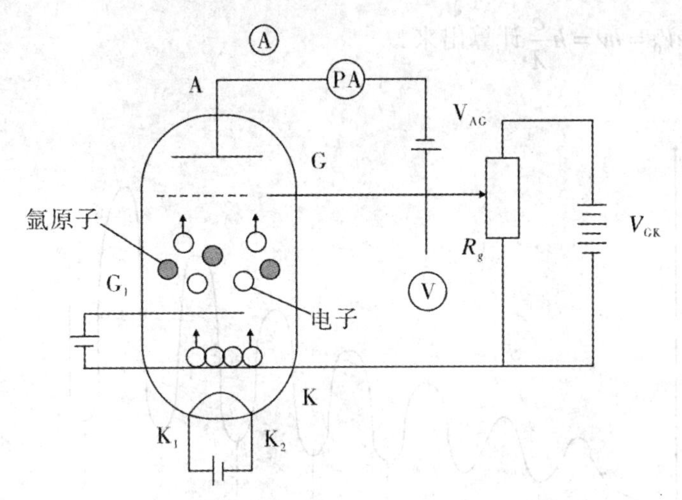

图 4-14-2 弗兰克-赫兹实验原理图

假设氩原子的基态能量为 E_0，第一激发态的能量为 E_1，初速为零的电子在电位差为 V_0 的加速电场作用下，获得的能量为 eV_0。若电子能量 $eV_0<E_1-E_0$，电子与氩原子只发生弹性碰撞。由于电子质量比氩原子质量小得多，电子能量几乎不损失。若 $eV_0 \geq E_1-E_0=\Delta E$，则电子与氩原子会发生非弹性碰撞，氩原子从电子中取得能量 ΔE，由基态跃迁到第一激发态，$eV_0=\Delta E$，相应的电位差 V_0 即为氩原子的第一激发电位。

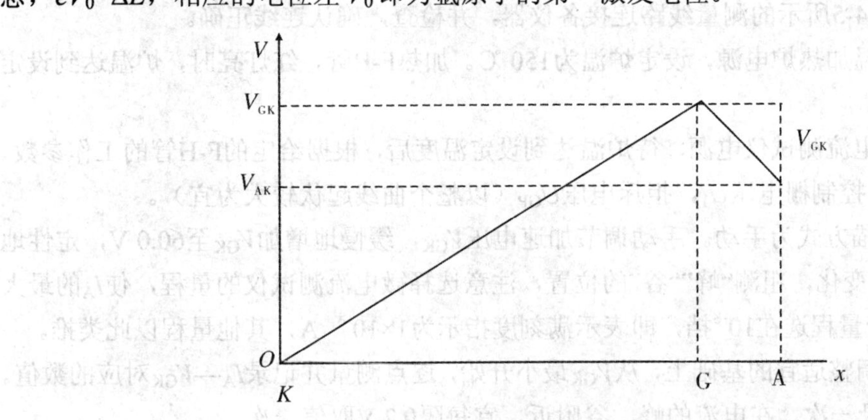

图 4-14-3 弗兰克-赫兹管管内电位分布

实验过程中使 V_{GK} 逐渐增加，随着 V_{GK} 的增加，电子能量增加，当电子与氩原子碰撞后还留下足够的能量，可以克服 AG 空间的减速场而到达板极 A 时，板极电流又开始上升。如果电子在 GK 空间得到的能量 $eV_0>2\Delta E$，电子在 GK 空间会因二次弹性碰撞而失去能量，受到拒斥场的阻挡而不能到达板极 A，造成第二次板极电流下降。仔细观察板极电压的变化我们将观察到如图 4-14-4 所示的 I_A—V_{GK} 曲线。

在 V_{GK} 较高的情况下，电子在跑向栅极 G 的路程中，将与氩原子发生多次非弹性碰撞。只要 $V_{GK}=nV_0$（n=1,2,⋯），就发生这种碰撞，在 I_A—V_{GK} 曲线上将出现多次下降。对于氩原子，曲线上相邻两峰（或谷）对应的 V_{GK} 之差 $V_{n+1}-V_n$ 是一定值，等于氩原子的第一激发电位。从而证明了原子内部的能量状态存在不连续性。

如果氩原子从第一激发态又跃迁到基态，这就应当有相同的能量以光的形式放出，其波长可以用公式 $eV_0=h\nu=h\dfrac{c}{\lambda}$ 计算出来。

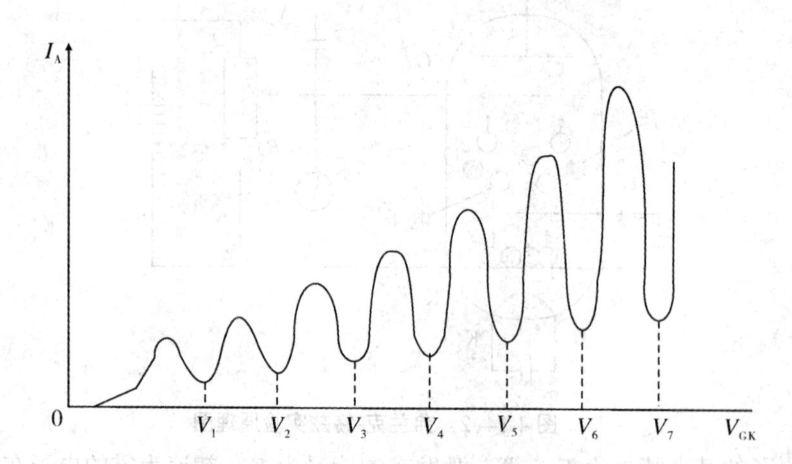

图 4-14-4 弗兰克-赫兹管的 I_A—V_{GK} 曲线

四、实验内容

测绘F-H管I_A—V_{GK}特性曲线，测定氩原子的第一激发电位V_0。

1.手动测量

（1）按图4-14-5所示的测量线路连接各仪器，并检查，确认连线正确。

（2）开启控温加热炉电源，设定炉温为150 ℃。加热F-H管，红灯亮时，炉温达到设定温度。

（3）开启微电流测试仪电源，待炉温达到设定温度后，根据给定的F-H管的工作参数，设定灯丝电压U_f，控制栅电压U_1，拒斥电压U_{GP}（以整个曲线起伏较大为宜）。

（4）设置扫描方式为手动。手动调节加速电压V_{GK}，缓慢地增加V_{GK}至60.0 V，定性地观察板流I_A的起伏变化，粗测“峰”“谷”的位置，注意选择微电流测试仪的量程，使I_A的最大值不超过量程。若量程选在10^{-8}挡，即表示满刻度指示为1×10^{-8} A，其他量程以此类推。

（5）在粗测调整适宜的基础上，从V_{GK}最小开始，逐点测量并记录I_A—V_{GK}对应的数值。U_2每改变0.5 V记录一次。在电流的峰、谷附近，宜每隔0.2 V取值一次。

（6）根据实验数据，手工描绘I_A—V_{GK}特性曲线，确定各峰位的电压值V_n。

（7）确定氩原子的第一激发电位V_0。峰位电压值V_n与峰序数n的关系为：$V_n=V_a+n V_0$，用最小二乘法对各组I_A、V_{GK}值进行直线拟合得出V_0和V_a值。

2.用x—y函数记录仪记录I_A—V_{GK}曲线，研究温度对I_A—V_{GK}曲线的影响

设置扫描方式为自动，用慢扫描观察板流的变化情况，调节扫描的上限电压约60 V，

以$I_A—V_{GK}$曲线出现 6 ～ 8 个峰为宜。

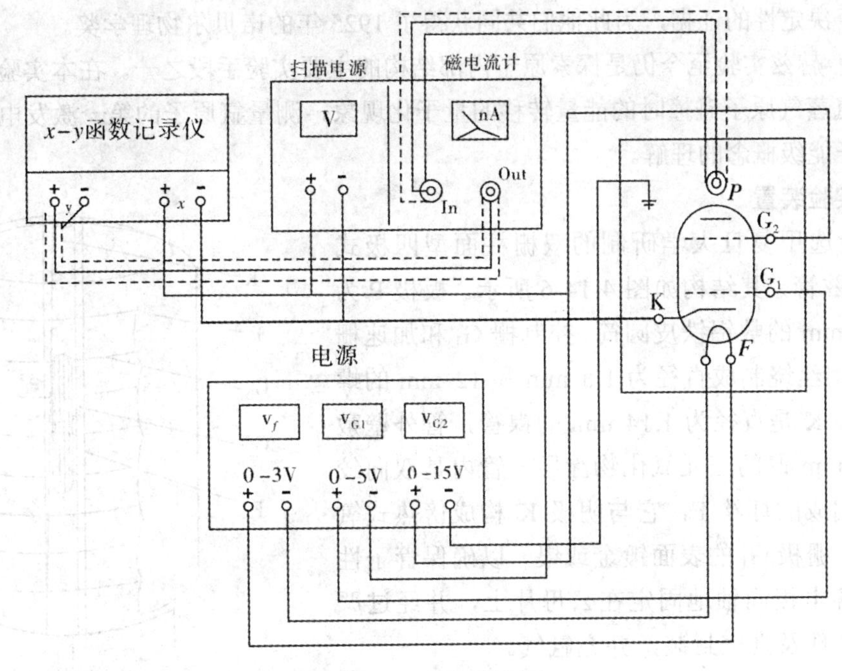

图4-14-5 测量线路图

选择几种不同的炉温（90 ℃、120 ℃、150 ℃等，炉温不要超过180 ℃），分别测绘$I_P—U_2$曲线，并计算V_0。注意曲线形状、峰谷起伏程度、峰-峰间隔、峰数等有无变化，对观测结果进行分析讨论。

用记录仪分别研究拒斥电压及灯丝电流对$I_A—V_{GK}$曲线的影响，并分析所得结果（选做实验内容）。

五、注意事项

1.开启电源前，先开启加热炉。加热炉温度较高，要避免与之接触。

2.F-H 管极易因电压设置不合适而受损，所以一定要按照仪器所要求的参量进行设置。灯丝电压不可取得过大，一般选择为 2～3 V 左右。

3.为保证实验数据的唯一性，V_{GK} 电压必须由小到大单向调节，不可反向；且完成一组数据的测量后，必须立即将 V_{GK} 电压快速调回“0”。

六、问题

1.为什么实验中的第一激发电位不等于 $I_A—V_{GK}$ 曲线中第一个峰的电压？

2.加热灯丝的温度对 $I_A—V_{GK}$ 曲线有什么影响？

3.为什么 I_A 不会降到零？为什么 $I_A—V_{GK}$ 呈周期性？

4.实验中氩原子所辐射光的波长是多少？这种光我们能否看得到？实验中有时出现的浅蓝色辉光可能是如何形成的？

七、附录

1914 年，德国科学家弗兰克和赫兹在研究低压气体放电现象时，发现电子与原子发生非弹性碰撞时能量的转移是量子化的。在精确测定电子与汞原子碰撞时，发现它们会交换定值为 4.9 eV 的能量，同时使汞原子从低能级激发到高能级。这一实验现象是对玻尔原子理论的一个决定性的证据，为此他们共同获得了 1925 年的诺贝尔物理学奖。

弗兰克-赫兹实验至今仍是探索原子内部结构的主要实验手段之一。在本实验中可观测到电子与氩蒸气原子碰撞时的能量转移的量子化现象，测量氩原子的第一激发电位，从而加深对原子能级概念的理解。

八、实验装置

1.实验选用复旦大学研制的双栅柱面型四极式弗兰克-赫兹管，其结构如图 4-14-6 所示。板极 P 为直径约 14 mm 的敷铝铁皮圆筒，控制栅 G_1 和加速栅 G_2 分别用钼丝绕制成直径为 1.8 mm 和 12 mm 的螺旋线，阴极 K 是直径为 1.14 mm 的镍管，管外壁敷有约 0.05 mm 厚的三元氧化物涂层。管内是双向绞绕的钨丝制成的灯丝 F，它与阴极 K 构成傍热式氧化物阴极。栅极 G_1 的表面镀金或银，以确保管子性能稳定。各电极同轴地固定在云母片上，并经过严格的清洁处理及真空封装，并充氩气。

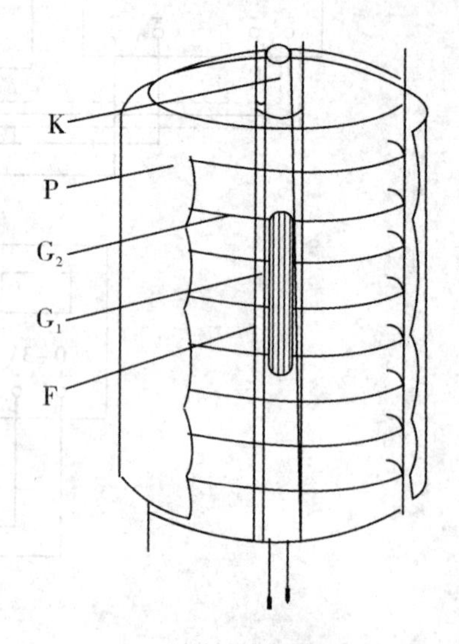

图4-14-6 F-H管

2.可提供F-H管所需的灯丝电压U_f，控制栅电压U_1，加速电压U_2及拒斥电压U_{GP}，实验中各参数的选取范围为：

灯丝电压：0~3 V，灯丝温度对阴极的发射系数有很大影响，一般在2 V左右就能发射足够的电子流。

控制栅电压：控制阴极发射的电子流的大小，一般取1 V左右。

加速电压：0~60 V，取I_P—U_2特性曲线上6~10个峰即可。

拒斥电压：0.5~2 V

3. *x*—*y* 函数记录仪

x—*y*函数记录仪用于描绘板流随加速电压的变化曲线。*x*—*y*函数记录仪与实验仪的连接如图4-14-5所示。

实验 4-15　介电常数的测定

一、实验目的

1.学习用介电谱仪测量物质在交变电场中介电常数和损耗角。

2.掌握对信号的正交分量（实部和虚部）进行比较、分离、测量的方法。

二、实验仪器

DP-5 型介电谱仪，示波器，电缆线。

三、实验原理

一个平行板电容器，当极板间为真空时其电容大小为 C_0。当极板之间充满电介质时，在电容器两端施加一个圆频率为 ω 的交变电压 u，电容器会有交变电流 i 流过，即

$$i = \omega\varepsilon_{\mathrm{r}} C_0 uj$$

其中 ε_{r} 为电介质的相对介电常数，它是 ω 的函数。若两极板之间的介质材料有损耗（包括电容器漏电），ε_{r} 就要用复数表示，即

$$\varepsilon_{\mathrm{r}} = \varepsilon'(\omega) - \varepsilon''(\omega)\,j$$

式中 $\varepsilon'(\omega)$ 和 $\varepsilon''(\omega)$ 分别为介电常数的实部和虚部。虚部 $\varepsilon''(\omega)$ 的值代表介质损耗的大小，一般情况下常用损耗角 $\delta(\omega)$ 的正切值 $\tan\delta$ 来表示。

$$\tan\delta = \varepsilon''(\omega)/\varepsilon'(\omega)$$

本实验使用 DP-5 型介电谱仪来测定电介质的相对介电常数和损耗角正切值，其工作原理如图 4-15-1。介电谱仪内置正弦频率合成信号源和由运算放大器、乘法器和移相器等组成的放大测量电路。

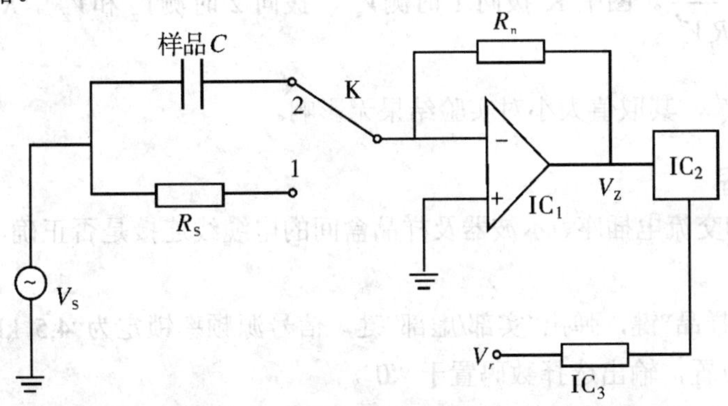

IC1：运算放大器　　IC2：乘法器　　IC3：移相器

图 4-15-1　DP-5 型介电谱仪测量电路图

在正弦信号的激励下，放置于平行板电极之间的样品，等效于电阻 R 和电容 C 的并联电路。其中电阻 R 是用来模拟样品在极化过程中由于极化滞后于外场的变化所引起的能量

损失。若极板的面积为S，板间距为d，则有

$$R=\frac{d}{S\sigma}$$

$$C=\frac{\varepsilon S}{d}$$

$$\tan\delta=\frac{1}{\omega RC}=\frac{\sigma}{\omega\varepsilon}$$

式中$\varepsilon=\varepsilon_0\cdot\varepsilon_r$，$\varepsilon_0$为真空介电常数，$\sigma$为介质的交流电导率。

设电路中的复阻抗为$Z=Z'+Z''j$，样品上的激励电压为$V_s=V_s'+V_s''j$（基准信号），通过样品的电流由运算放大器IC_1转化为电压$V_z=V_z'+V_z''j$，则有

$$V_z=\frac{R_n V_s}{Z}$$

$$\sigma=K\left(V_s'V_z'+V_s''V_z''\right)$$

$$\omega\varepsilon=K\left(V_s'V_z''-V_s''V_z'\right)$$

$$\tan\delta=\frac{V_s'V_z'+V_s''V_z''}{V_s'V_z''-V_s''V_z'}$$

式中$K=\dfrac{d}{S\cdot R_n\left(V_s'^2+V_s''^2\right)}$，$R_n$为仪器设计参数，与测量频率有关。对于测试频率4.5 kHz，$R_n=30\ \text{k}\Omega$。

电压的实部和虚部通过乘法器IC_2和移相器IC_3实现分离后测量。仪器测量时通过移相微调电路使V_r和V_s同相位，即使V_s的虚部$V_s''=0$，故测量公式可以简化为

$$\sigma=K'V_z'，\ \omega\varepsilon=K'V_z''，\ \tan\delta=V_z'/V_z''$$

式中$K'=\dfrac{d}{S\cdot R_n V_s'}$。图中K拨向1时测$V_s'$，拨向2时测$V_z'$和$V_z''$。$R_S$的作用是提供一个纯电阻以测量$V_s'$，其取值大小对实验结果无影响。

四、实验内容

1.检查主机和交流电插座、示波器及样品盒间的电缆线连接是否正确，并在样品盒中装好样品。

2.按下“基准/样品”键，弹出“实部/虚部”键，信号源频率锁定为“4.5 kHz”，输出幅度电位器调在约中间位置，输出选择数码置于“0”。

3.开启电源，预热10分钟。

4.注意观察锁定指示器亮度由闪烁到稳定的过程中，示波器上能观察到一个逐渐稳定的4.5 kHz正弦信号。然后将输出选择数码分别置于“1”、“2”、“3”，观察示波器上的波形变化，并记录下来。

5.将输出数码置于“3”，轻轻地转动多圈刻度电位器，直至 DVM 显示“零”或在零值附近。按下“实部/虚部”键，调节后面板上电位器，使 DVM 显示为 1 V 左右。弹出“实部/虚部”键，观察 DVM 显示是否为“零”或在零值附近。如果偏离零值，继续转动多圈刻度电位器，使其回到零值附近。

6.按下“基准/样品”键，按下“实部/虚部”键，DVM 显示基准信号的实部并记录；弹出“基准/样品”键，按下“实部/虚部”键，显示样品信号的实部并记录；弹出“基准/样品”键，弹出“实部/虚部”键，显示样品信号的虚部并记录。

7.重复步骤 5 和 6 进行多次测量。

五、数据处理

1.自己绘制表格，将测量数据记录下来。

2.计算相对介电常数和损耗角正切。

3.计算误差并对结果进行分析。

六、注意事项

实验时对仪器要爱护，避免造成仪器损坏，在安装电缆线时要特别小心。

七、问题

1.介电常数和介质损耗的概念是什么？

2.介电常数还可以用什么方法来测量？试述其测量原理。

3.改变测试频率进行实验可以吗，为什么？

八、附录

（一）介质与介电性

介质在外加电场作用下会产生感应电荷而削弱电场，原外加电场（真空状态）与被介质削弱后的电场之比为介电常数。所以，介电常数是指介质保持电荷的能力，是反映材料介电性的重要参数，电介质的极化能力越强，其介电常数就越大。

介电性是电介质最基本的物理性质之一，对其的研究不仅在电介质材料的应用上有着重要的意义，而且也是了解电介质的分子结构和极化机理的重要分析手段。高介电常数的电介质材料，对电子工业元器件的小型化有着重要的意义。

（二）电导率、介电常数和损耗角正切的推导

由于电容可以等效地看做一个电阻 R 和电容 C 并联，则阻抗 $Z = Z' + Z''j$ 可以写成下面的形式

$$Z = \frac{R \cdot \dfrac{1}{\omega Cj}}{R + \dfrac{1}{\omega Cj}} = \frac{R}{\omega RCj + 1}$$

把上式、$V_s = V_s' + V_s''j$ 和 $V_z = V_z' + V_z''j$ 代入 $V_z = \dfrac{R_n V_s}{Z}$ 中，得到

$$V_z' + V_z''j = \frac{R_n\left(V_s' + V_s''j\right)}{\dfrac{R}{\omega RCj + 1}}$$

化简得

$$RV_z' + RV_z''j = \left(R_n V_s' - R_n \cdot \omega RC \cdot V_s''\right) + \left(R_n \cdot \omega RC + R_n V_s''\right) j$$

由等式条件可得

$$\begin{cases} RV_z' = R_n V_s' - R_n \cdot \omega RC \cdot V_s'' \\ RV_z'' = R_n \cdot \omega RC \cdot V_s' + R_n V_s'' \end{cases}$$

把 $R = \dfrac{d}{S\sigma}$、$\omega RC = \dfrac{\omega\varepsilon}{\sigma}$ 代入上面的方程组，得到

$$\begin{cases} dV_z' = R_n S\sigma V_s' - R_n S \cdot \omega\varepsilon \cdot V_s'' \\ dV_z'' = R_n S\sigma V_s'' + R_n S \cdot \omega\varepsilon \cdot V_s' \end{cases}$$

解方程组得

$$\sigma = K\left(V_s'V_z' + V_s''V_z''\right)$$

$$\omega\varepsilon = K\left(V_s'V_z'' - V_s''V_z'\right)$$

$$\tan\delta = \frac{V_s'V_z' + V_s''V_z''}{V_s'V_z'' - V_s''V_z'}$$

式中

$$K = \frac{d}{S \cdot R_n\left(V_s'^2 + V_s''^2\right)}$$

实验 4-16 光通讯

一、实验目的

了解光通讯的基本原理，研究不同光源传输信号的特点。

二、实验仪器

LCX-1 光通讯发送实验仪及其组件。

三、实验内容

1.使用不同的光源（LED 发光管、小电珠、激光）传递声音，调节并测量其传输距离。比较上述光源信号在光纤中的传输特点。

（1）将仪器如图 4-16-1 所示放置。硅光电池组件接入接收仪器面板的 INPUT 插座中，接通电源，喇叭发出噪声杂音，可适当关小音量电位器。

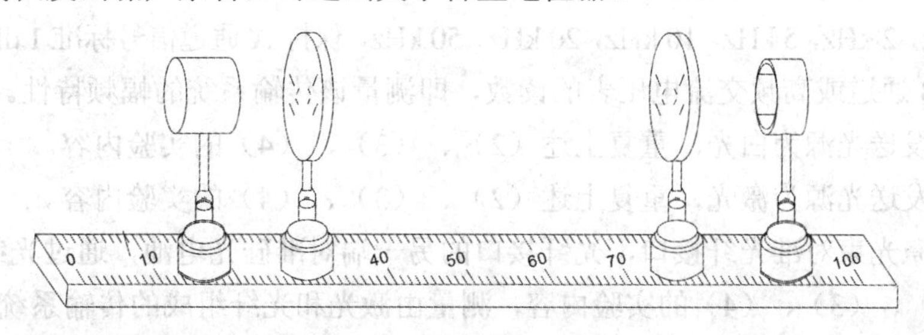

图 4-16-1

（2）连接 LED（发光二极管）组件到发送仪面板上的 LED 插座，接通发送仪电源，发送仪面板上的输入选择开关拨到蜂鸣器位置，输出选择开关拨到 LED 位置，靠近发光管和硅光电池组件，此时接收仪的扬声器中发出内置蜂鸣器的音乐声。

（3）将 LED 放在准直透镜的焦距附近，使其发出的光经过透镜后变为平行光，在经过一段距离后，经会聚透镜聚焦后照射在硅光电池上，上下左右调节透镜的位置，使声音清晰响亮。逐渐扩大两透镜的距离，保持声音清晰，直到听不到声音为止。

（4）发送仪面板上的输入选择开关拨到收音机位置，连接收音机耳机插座和发送仪面板上收音机插孔，打开收音机，适当调节收音机音量，可听到接收仪发出收音机的声音。

（5）改发送光源为白光，即在发送仪的电珠插座插上小电珠组件，输出选择开关拨到电珠位置，重复上述（3）、（4）实验内容。

（6）改发送光源为激光，即将发送仪的激光插座插上激光组件，输出选择开关拨到激光位置。在用激光作发送光源时，因其具有很好的方向性，在短距离内可不需使用聚焦透镜，调节激光器发出端盖，使激光束在一定的距离内有一个小的光斑，可测试其传输多远距离仍能听到声音。重复上述实验内容（3）、（4）。

（7）将激光束对准光纤接口，光纤接口的另一端对准硅光电池，便可方便地实现光纤传输信号。

（8）改用LED发出的光对准光纤接口，可实现发光二极管通过光纤介质传输信号。

2.利用示波器、音频电压表和信号发生器研究光电传输特性。

（1）硅光电池组件接入接收仪面板中的INPUT插座中，接通电源，喇叭发出噪声杂音。可适当关小音量电位器。连接接收仪面板中的监测插座到示波器B通道或高频交流电压表。

（2）连接发光二极管组件到发送仪面板上的LED插座，连接信号发生器的输出到发送仪面板上的信号插孔，发送仪面板上的输入选择开关拨到信号位置，连接发送仪面板上监测插座到示波器A通道或高频交流电压表，接通发送仪电源，调节信号发生器的频率为1 kHz，调节信号发生器的输出，使A通道信号为标准1 dB（600 mV），靠近发光管的硅光电池组件，测量并记录示波器B通道或高频交流电压表的读数。

（3）将LED放在准直透镜的焦距附近，使其发出的光经过透镜后变为平行光，在经过一段距离后，经会聚透镜聚焦后照射到硅光电池上，上下左右调节透镜的位置，记录示波器B通道或高频交流电压表的读数。

（4）保持光源接收硅光电池和聚焦透镜的相对位置不变，改变信号发生器的频率，200 Hz，500 Hz，1 kHz，2 kHz，5 kHz，10 kHz，20 kHz，50 kHz，保持A通道信号标准1 dB（600 mV），记录示波器B通道或高频交流电压表的读数，即测量该传输系统的幅频特性。

（5）改发送光源为白光，重复上述（2）、（3）、（4）的实验内容。

（6）改发送光源为激光，重复上述（2）、（3）、（4）的实验内容。

（7）将激光束对准光纤接口，光纤接口的另一端对准硅光电池，通过光纤传输信号，重复上述（2）、（3）、（4）的实验内容，测量由激光和光纤组成的传输系统的幅频特性。

（8）改用发光二极管发出的光对准光纤接口，实现发光二极管通过光纤介质传输信号。重复上述（2）、（3）、（4）的实验内容，测量由LED和光纤组成的传输系统的幅频特性。

3.利用激光作为光源，进行“窃听”实验。

（1）连接激光器到发送仪面板中的激光插座，发送仪的输入选择拨到收音机位置，输出选择开关拨到激光位置，拔去RADIO IN插孔的连接线，此时激光插座仅提供激光器工作电源。

（2）如图4-16-2所示，在离小木箱一定的距离（2 m左右），调节激光器斜入射激光至木箱门上的反射镜，在反射激光束的方向，离木箱一定距离处（10 m左右），放上硅光电池，硅光电池连接到接收仪的INPUT插座，适当调大音量，以不啸叫为度。

（3）调节硅光电池与光束的角度，轻敲木箱，使接收仪中可听到清脆的敲击声。

（4）将音量适中的收录机放入木箱内，收录机喇叭正对木箱门。仔细调节硅光电池与光束的角度及辐照位置，适当控制音量电位器，即可听到木箱中收录机的声音。

（5）改变距离及音量，仔细调节，研究上述“窃听”实验过程中距离、角度等对“窃听”效果的影响。

（6）实验中硅光电池的感应面应和激光束成一定的角度以提高灵敏度。反射镜离硅光电池 8 m 以上为宜。

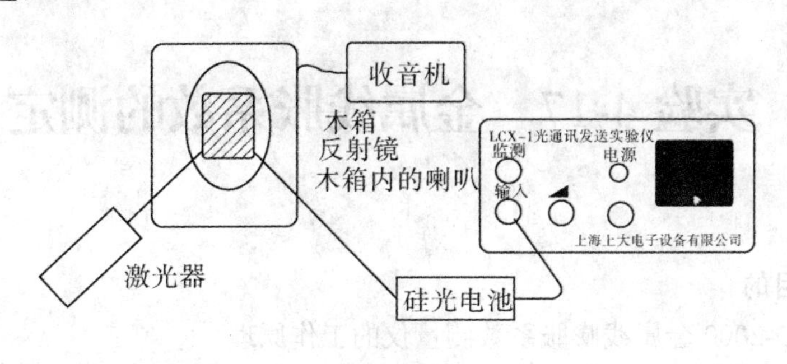

图 4-16-2

四、注意事项

使用激光器进行实验时，切勿直视激光束或其发射光束。

五、附录

光纤通信是目前各种通信网的主要传输方式，光纤通信在信息高速公路的建设中扮演着至关重要的角色。我国从 1974 年开始了低损耗光纤和光通信的研究工作，并于 20 世纪 70 年代中期研制出低损耗光纤和室温下可连续发光的半导体激光器。1979 年分别在北京和上海建成了市话光纤通信试验系统，到 80 年代末，我国的光纤通信的关键技术已达到国际先进水平。未来传输网络的最终目标，是构建全光网络，即在接入网、城域网、骨干网完全实现“光纤传输代替铜线传输”。

无线光通讯技术近年来迅速发展，这种简便的通信方式对于频率拥挤的环境是非常理想的。无线光通信的载波为光波，频率高于目前广泛应用的微波 3~4 个量级，而且光束发散角小，不存在电磁干扰的问题，无需申请频率许可证，具有很好的保密性与可靠性，无需铺设光缆或电缆，安装迅捷、使用方便，成本低廉，光、电、机一体化、小型化，随着技术的发展，无线光通讯已可克服天气的影响，实现全天候通信。由于具有上述诸多优点，无线光通讯在军事上也具有巨大的应用潜力。

实验 4-17　金属线胀系数的测定

一、实验目的

1.了解 STD-2000 金属线膨胀系数测量仪的工作原理。

2.掌握测量微小位移的一种方法。

3.学会测量金属的线膨胀系数。

二、实验仪器

STD-2000 线膨胀系数测量仪，样品（铜、铝、钢，长度均为 500 mm）。

三、实验原理

当温度升高时，一般固体中原子的热运动随固体温度的升高而加剧，把这种由于温度升高而引起固体中原子间平均距离增大，进而引起固体体积增大的现象称为固体的热膨胀。固体的热膨胀又可分为体膨胀和线膨胀，本实验主要研究线膨胀。

实验表明，在一定的温度范围内，原长为 L 的固体受热后，其相对伸长量正比于温度的变化量，即

$$\frac{\Delta L}{L}=\alpha\Delta t$$

式中，比例系数 α 称为固体的线膨胀系数（简称线胀系数）。不同材料具有不同的线胀系数，常见材料的线胀系数如表 4-17-1 所示。

表 4-17-1　几种材料的线胀系数

材料	铜、铁、铝	普通玻璃、陶瓷	殷钢	熔凝石英
α 数量级	-10^{-5}/℃$^{-1}$	-10^{-6}/℃$^{-1}$	$<2\times10^{-6}$/℃$^{-1}$	10^{-7}/℃$^{-1}$

实验发现，同一材料在不同的温度区域，其线胀系数未必相同。在某些特殊的情况下，某些合金会出现线胀系数的突变。当然，在一般情况下，在温度变化不大的范围内，线胀系数仍可认为是一常量。

对于条状或杆状的固体材料，设温度为零度时，固体的长度为 L_0；当温度升高到 t_1 时，其长度为 L_1；当温度升高到 t_2 时，其长度为 L_2。则可得出

$$\alpha=\frac{\Delta L}{L_1\left(t_2-t_1\right)}$$

式中，ΔL 为伸长量，$\Delta L=L_2-L_1$；α 为该材料在 $\left(t_1,t_2\right)$ 温区的线胀系数，它表示材料在该温区内温度每升高一度材料的相对伸长量。

由表 4-17-1 可以看到，一般固体材料的 α 的值很小，所以 ΔL 也很小，不言而喻，本实验成功的关键之一就是测准 ΔL，我们可以采用 SDT-2000 金属线膨胀系数测量仪来测量。

四、仪器介绍

1.简介　STD-2000 金属线膨胀系数测量仪是针对高校学生实验设计制造的一种实验仪器。它采用水加热空心样品，水从样品空心部分和周围流过，内外加热，样品温度升高均匀、快速；样品温度用一只精密传感器测定，具有测量精度高、线性好的优点；样品伸长量用分辨率为 5 微米的数字千分表测量，直观、准确、测量精度高。仪器电气部分控制水加热，具有加热过热保护、加热功率连续可调的特点；通过电器部分的控制，实现对样品温度、伸长量的自动测量和测量数据实时显示，并自动进行数据处理。

2.本实验测量微小位移的仪器是容栅测量仪。容栅测量仪是一种无差调节的闭环控制系统，它的基本测量部分是一个差动电容器，它的作用是利用电容的电荷耦合方式将机械位移量转变成为电信号的相应变化量，该电信号进入电子电路后，再经过一系列的变换和运算后显示出机械位移量的大小。它具有以下优点：测量速度快；对环境的要求不高，能抗电、磁的干扰；能耗少；功能多；运用方便等。

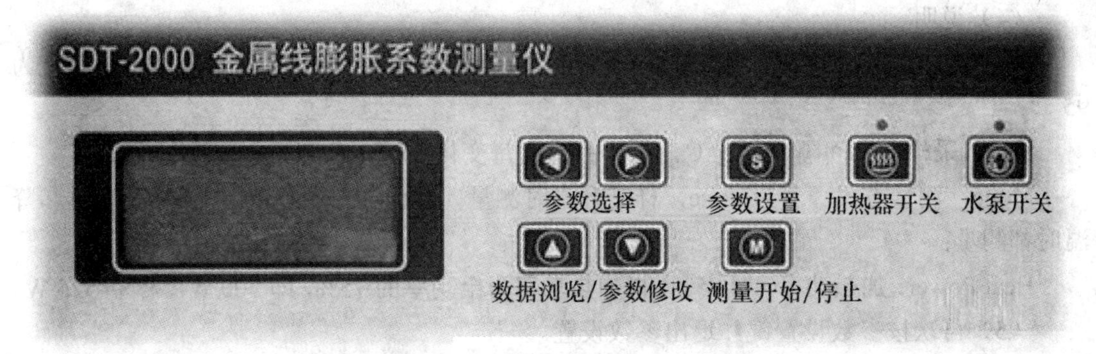

图 4-17-1

五、注意事项

1.为保证测量精度，实验中应注意：

（1）仪器底座应放置在坚实的绝缘平台上；

（2）实验中应保证仪器完全静止不动；

（3）样品及样品套不要被压弯；

（4）固定端、活动端和数字千分尺支撑架已经固定于底座上，若撤下，再装配时应将固定端牢固地固定于底座上，同时应保证固定端圆孔中心线、活动端中心线和数字千分尺支撑架中心线重合；

（5）防止活动端轴承生锈。

2.为保证人身安全，实验中应注意：

（1）仪器接通电源以前，整个仪器应可靠接地；

（2）电源接通时，水泵加热器接口即带电，因此，通电前应连接好供水部件电缆；

（3）连接供水部件电缆时，应确保电源开关处于关的状态；

（4）由于加热水至 90℃，水温高，为防止热水烫伤，实验中应保证仪器不漏水；实验完毕后，从排水开关放水应注意不被烫伤。

六、实验内容

1.连接好仪器各部件，在水箱中注入水到适当位置，打开电源开关（位于仪器后面板上）。

2.设置测量温度区间、采样温度间隔、测量方式和加热功率。

（1）按参数设置键，进入参数设置状态。

（2）按参数选择的◀键，光标按逆时针方向在测量起始温度、加热功率、测量方式、采样温度间隔、测量终止温度和测量起始温度循环移动，以选择所要改变的参数；按▶键，光标按顺时针在测量起始温度、测量终止温度、采样温度间隔、测量终止温度和测量起始温度循环移动，以选择所要改变的参数。

（3）按数据浏览/参数修改键，进入参数修改状态，每按动▲键或▼键一次，除测量方式外，所选参数值改变一个单位，按▲键，参数值增加，按▼键，参数值减少；针对测量方式，每按动▲键或▼键一次，测量方式在 Rise 和 Rise&Down 间交替变化。

（4）说明

Range：测量温度区间，如 25 ℃～95 ℃，指测量起始温度为 25 ℃、测量终止温度为 95 ℃；

Step：采样温度间隔，如 5 ℃，指样品温度每变化 5 ℃，仪器采样一次；

Mode：测量方式，若为 Rise，样品升温时测量；若为 Rise&Down，样品升温时和降温时都测量；

Heat Power：加热功率，如 75%，指加热功率为全功率的 75%，即 700 W×75%=525 W。

（5）再次按参数设置键，退出参数设置。

3.按水泵开关键，打开热水泵电源；按加热器开关键，打开加热器电源，开始加热。

4.按测量开始/停止键，开始测量，测量中途按测量开始/停止键或到达终止温度时，则停止测量。测量停止后，自动计算和显示整个温度区间的平均线胀系数。

5.按数据浏览/参数修改键可以浏览记录的温度与样品伸长量，根据记录下的数据即可计算出样品在不同温度区间的线胀系数。

6.按加热器开关键，关闭加热器电源；按水泵开关键，关闭热水泵电源。

7.关闭电源；打开热水供应部件上的排水开关，防除水箱、热水泵及样品座中的水。

8.重复 1—7 的步骤，测量铜、铝、钢各一次。

七、预习思考题

1.使用 STD-2000 线膨胀系数测量以测量金属线胀系数时应注意什么问题？

2.你还知道几种测量微小位移的方法？简单说一下它们的原理。

八、实验问题

1.本实验存在哪些误差？试推导出线胀系数 α 的误差传递公式。

2.本实验测定的是 25～95 ℃之间的平均线胀系数，若欲测量更高温度下的线胀系数，应如何制定实验方案？如何改进实验装置？

九、附录

热膨胀是材料最重要的基本性质之一，对于不同的材料，其热膨胀和温度的关系特性也有所不同。材料的线膨胀系数的数据是工程设计所需考虑的重要参数之一。制造精密测量器具时，一般都选用线膨胀系数很小的材料。当两种材料焊接在一起时，就要考虑它们的线膨胀系数是否相等或者接近。例如制造电灯泡时，就要求玻璃支柱里的金属引线的线膨胀系数应和玻璃的线膨胀系数十分接近，否则温度改变时，金属引线和玻璃间就会松动、漏气或者把玻璃撑碎。钢筋混凝土中的钢筋和混凝土，两者的线膨胀系数也必须很接近，这样才牢固。铺设铁路钢轨时，必须考虑线膨胀系数决定钢轨间应留多大的缝隙等等。

实验 4-18 虚拟仪器（一）
——LabVIEW 的基本编程

一、实验目的

1.了解 LabVIEW 编程语言中数组、簇、常用图表和图形以及各种程序结构的概念以及简单应用。

2.熟练 LabVIEW 的编程过程。

二、基本知识

1.数组

数组（Array）是同类型元素的集合。一个数组可以是一维或者多维，如果必要，每维最多可有 2^{31}-1 个元素。可以通过数组索引访问其中的每个元素。索引的范围是 0 到 n-1，其中 n 是数组中元素的个数。数组的元素可以是控件、数据、字符串等，但所有元素的数据类型必须一致。

1.1 数组的创建

创建一个数组有两件事要做：首先要建一个数组的“壳”（shell)；然后在这个壳中置入数组元素（控制器件、显示器、字符串以及布尔量等)。

创建数组的方法是：从 Controls→All Controls→Array & Cluster→Array 中把数组的“壳”放置在前面板上，然后选择 Controls 对象放入到数组框（“壳”）中。这样就创建了一个数组。

数组元素不能是数组、图表或者图形。

创建和初始化一个多维数组的方法是：用鼠标右键单击数组函数的右下侧，在弹出菜单中选择 Add Dimension。还可以使用变形光标来增大初始数组节点的面积，为每个增加的维添加一个维长度输入端子。用类似的方法也可以删除维。

1.2 数组的自动索引

For 循环和 While 循环（见后述）可以自动地在数组的上下限范围内检索和进行累计。这种功能称为自动索引。在启动自动索引功能以后，当把某个外部数组连接到循环边框中的某个输入通道时，该数组的各个元素就将按顺序一个一个地输入到循环中。循环会对一维数组中的元素或者二维数组中的一维数组等编制索引。在输出通道也可执行同样的功能：数值元素按顺序进入一维数组，一维数组进入二维数组，依此类推。

在默认情况下，对于每个连接到 For 循环的数组都会执行自动索引功能。可以禁止这个功能的执行，方法是用鼠标右键单击通道（数组进入或流出循环的位置），在快捷菜单中选择 Disable Indexing。

1.3 数组功能函数

LabVIEW 提供了很多操作数组的功能函数，位于 Functions→All Functions→Array 中，包括 Replace Array Subset、Search 1D Array、Sort 1D Array、Reverse 1D Array 等 23 种操作。

（1）创建数组——Build Array 函数，用于合并多个数组或给数组添加元素。

开始时，Build Array 函数具有一个标量输入端子。您可以根据需要向该功能函数中加入任意数量的输入：用鼠标单击函数的左侧，在弹出菜单中选择 Add Input；还可以用变形工具增大节点的面积（把移位工具放置在某个对象的边角就会变成变形光标）来实现。也可以使用变形光标或者选择 Remove Input 来删除输入。

（2）初始化数组——Initialize Array 函数，用于创建所有元素值都相等的数组。

"元素"输入端子决定每个元素的数据类型和数值，"维长度"输入端子决定数组的长度。

如果所有的维长度输入都是 0，该函数会创建一个具有指定数据类型和维数的空数组。

（3）数组大小——Array Size 函数，返回输入数组中的元素个数。

对一维数组，返回的是数组中元素的个数。对二维数组，返回一个含 2 个元素的一维数组，其第一个数值表示的是行数（Rows），第二个数值表示的是列数（Columns）。

（4）数组子集——Array Subset 函数，将数组中从 index 开始的 length 个元素部分组成新的数组。注意：数组索引从 0 开始。

（5）索引数组——Index Array 函数，用于访问数组中的元素。

Index Array 函数会自动调整大小以匹配连接的输入数组维数。

Index Array 函数可以同时访问数组中的多个元素，也可以按照任何维的组合提取子数组。

1.4 多态性

多态性（Polymorphism）是某些函数接受不同维数和类型输入的能力。拥有这种能力的函数是多态函数。大多数 LabVIEW 的函数都是多态性的。图 4-18-1 显示了加（Add）函数的一些多态性不同组合：

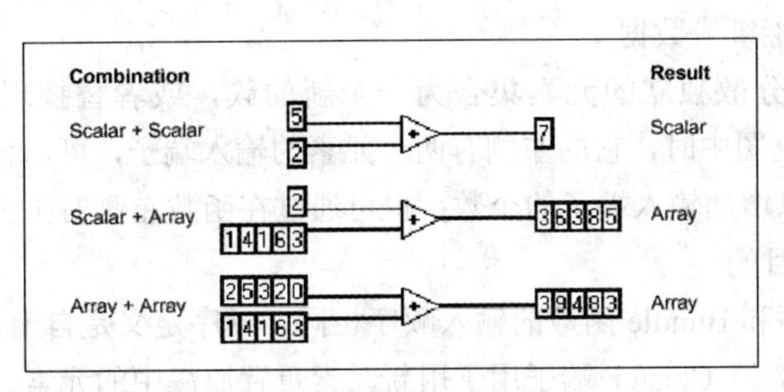

图 4-18-1 多态性组合的例子

2.簇

簇（Cluster）是类似于数组的另一种元素集合结构，用于分组数据。簇和数组有着很大的区别，其中一个差别是：数组仅可以包含相同的数据类型，而簇可以包含不同的数据类型。例如：一个簇可以包含一个数字控件、一个切换开关（布尔控件）和一个字符串控件。尽管簇和数组的元素都是有序存放的，但访问簇元素是通过释放方式（unbundling）同时访问其中部分或全部元素，而不像数组是通过索引一次来访问。簇和数组的另一个区别是簇具有固定的大小。

使用簇可以把分布在框图中各个位置的元素组合起来，这样可以减少连线的拥挤程度，减少子 VI 连接端子的数量。

2.1 创建簇

在前面板上选择 Controls→All Controls→Array & Cluster→Cluster 放置一个簇壳（Cluster shell）就创建了一个簇。然后你可以将前面板上的任何对象（包括数字、布尔型、字符串、图表、图形、数组乃至 Controls 选项板中其他簇等的任意组合）放在簇中。

簇不能同时包含控件和指示器。一个簇中的对象必须全是 Control，或全是 Indicator，因为簇本身的属性必须是其中之一。一个簇是 Control 还是 Indicator，取决于第一个放置对象的类型。

如果需要可以使用工具重置簇的大小。如果你要求簇严格地符合簇内对象的大小，可在簇的边界上弹出快速菜单，选择自动定义大小（Autosizing）。

2.2 簇顺序

簇的元素有一个顺序（Order），其默认值就是它们的放入顺序，它与簇内元素的位置无关。簇内第 1 个元素的序号为 0，第 2 个是 1，依次类推。

如果想观察或改变簇内元素的顺序，可在快速菜单中选择 Reorder Controls In Cluster，这时会出现一个窗口，在该窗口内进行需要的操作。

在框图中，只有当两个簇具有相同类型、相同元素数和相同元素顺序时，才可以将簇的端子连接。

2.3 簇函数

LabVIEW 提供了很多操作簇的功能函数，位于 Functions→All Functions→Cluster 中，包括 Cluster Constant、Build Cluster Array、Cluster To Array 等 9 种操作。其中，最重要的两个函数是 Bundle 和 Unbundle 函数。

（1）Bundle（捆绑）数据

Bundle 功能将分散独立的元素集合为一个新的簇，或者替换现有簇中的元素。当 Bundle 函数放置到框图中时，它的左侧有两个元素的输入端子，可以使用大小调节柄通过纵向扩大函数图标以增加输入端子的个数；也可通过在函数左侧右击弹出菜单中选择 Add Input 来实现同样的目的。

簇内元素的顺序和 Bundle 函数的输入顺序相同，顺序定义是自上而下。

Bundle 图标中部的 Cluster 端子用于用新元素重置原簇中的元素。如果目的是创建新的簇，而不是修改现有簇，则不需要连接 Bundle 函数的 Cluster 端子。

（2）Unbundle（分解）簇

Unbundle 功能是 Bundle 的逆过程，它将一个簇分解为若干分离的元素，输出元素按照簇的顺序从上往下排列。

当把一个输入簇连接到 Unbundle 函数时，输出端子将自动调整为簇中的元素个数，并显示簇中数据类型。

（3）用名称捆绑与分解簇

有时你并不需要汇集或分解整个簇，而仅仅需要对其几个元素进行操作。这时你可以应用 Bundle By Name 和 Unbundle By Name 函数，用名称来捆绑与分解簇。它们允许根据元素的名称（而不是其位置）来操作元素。与 Bundle 不同，使用 Bundle By Name 可以访问你需要的元素，但不能创建新簇；它只能重置一个已经存在的簇的元素，同时你必须给 Bundle By Name 图标中间的 Cluster 输入端子提供要替换其元素的簇。Unbundle By Name 可返回指定名称的簇元素，不必考虑簇的序和大小。

2.4 数组和簇的互换

数组与簇各有特点，各自的操作也有很多不同，尤其是因为数组的操作函数多于簇，为了一些操作，有时需要将数组变为簇，而有时需要将簇变为数组。利用数组和簇的互换函数 Array To Cluster 和 Cluster To Array 可以很容易地实现上述目的。

例如，前面板上有一个多按钮的簇，你希望颠倒这些按钮值的顺序。数组中的 Reverse 1D Array 函数正好可用，但是它仅可用于数组。这没关系，你可以使用 Cluster To Array 将簇转换为数组，使用 Reverse 1D Array 切换开关的顺序，最后再利用 Array To Cluster 变换为簇。

2.5 簇的多态性

与对数值数组的处理方法相同。因为算术函数是多态的，它们可以对数字簇进行各种计算。

3．子 VI

子 VI（SubVI）相当于普通编程语言中的子程序，也就是被其他 VI 调用的 VI。可以将任何一个定义了图标和联接器的 VI 作为另一个 VI 的子程序。

创建一个子 VI 的方法是：在框图中，用工具模板中的“选择”功能，选中要建立子 VI 的部分；在 Edit 菜单中，选择 Create SubVI，即可自动形成子 VI 的图标，并替换原选中部分。根据提示保存该子 VI 后，在别的编程框图中可通过 Functions→All Functions→Select a VI….选择调用该子 VI。

4．图表与图形

图表（Chart）和图形（Graph）是 LabVIEW 中显示波形或曲线的两个基本功能，它们通过图的形式来表示数据。

图表和图形是不同的：一般说来 Chart 是将数据源在某一坐标系中，实时、逐点地显示出来，也就是可以将新获得的数据直接添加到已经存在的图表之中，可以反映被测物理量的变化趋势，例如显示一个实时变化的波形或曲线。传统的模拟示波器和波形记录仪就是这样。而 Graph 则是对已采集的一组或多组数据进行事后处理；它先将被采集数据存放在数组中，然后再根据需要组织成所需的波形或曲线显示出来。Graph 的缺点是没有实时显示，但它的表现形式多样，有波形图、坐标图等；而 Chart 仅有一种表现形式。

4.1 图表

图表（Chart）也叫波形图表（Waveform chart），是一种特殊的指示器，它位于 Controls→Graph Indicators 或 Controls→All Controls→Graph 选项板中。

虽然只有一种类型的波形图表，但数据显示时却有三种交互、更新模式——条形图表、示波器图表和扫描图表，默认模式是条形图表。可以通过快捷菜单在 Advanced →Updata Mode 中，也可以通过 Properties 对话框中的 Appearance 菜单选择所需要的更新模式，如图 4-18-2 所示记载了三种更新模式的不同：

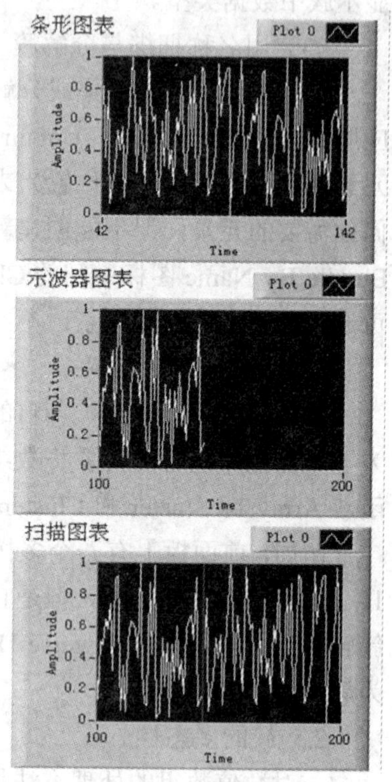

图 4-18-2　图表的三种更新模式

条形图表（Strip/Scroll chart）是一个坐标式显示器，与纸带式图表记录器相似。每接收一个新数据，新数据就将显示在右侧，而原有数据移动到左侧。

示波器图表（Scope chart）是一个返回式的显示器，与示波器类似。每接收一个新数据时，它就把新数据绘制在原有数据的右侧。当数据曲线到达显示区的右边缘时，VI 会删除全部图形，从左边缘重新开始绘制曲线。

扫描图表（Sweep chart）更接近于示波器模式，但是当数据曲线到达显示区的右边时，不会变成空白，而是会出现一个移动的垂线，标记新数据的开始，并随新数据的更新穿过整个显示区。

图表还可以用于显示多个轨迹。为了生成多个曲线的波形图表，可以使用 Bundle 函数或者使用 Functions→Signal Manipulation→Merge Signal 函数将数据捆绑在一起。

4.2 图形

图形有很多种，包括波形图、坐标图、强度图、数字波形图、三维曲面图、三维曲线图等，这里仅介绍波形图和坐标图。

4.2.1 波形图

波形图（Waveform Graph）位于 Controls→Graph Indicators 或 Controls→All Controls→Graph 选项板中。

一般来说，一组数据（如：循环结构产生的数据）都可以直接送入波形图。这种方法默认的 X 初值（沿水平坐标轴）$X_0=0$，增量 $\Delta X=1$。增量值 ΔX 决定了 x 轴的刻度标记间隔。

如果绘图的起点不在 $X_0=0$，或者数据点的间隔不是 $\Delta X=1$，则可以将包括起点 X_0、ΔX 以及数据簇通过捆绑函数（Bundle）连入波形图。图形端子就会出现一个簇指示器。

如果希望在同一图形中绘制多条曲线，可以用 Build Array 或 Merge Signals 函数建立多维数据数组来生成多曲线波形图。

图 4-18-3 为用 Chart 和 Graph 分别显示 40 个随机数产生曲线的编程与效果比较。

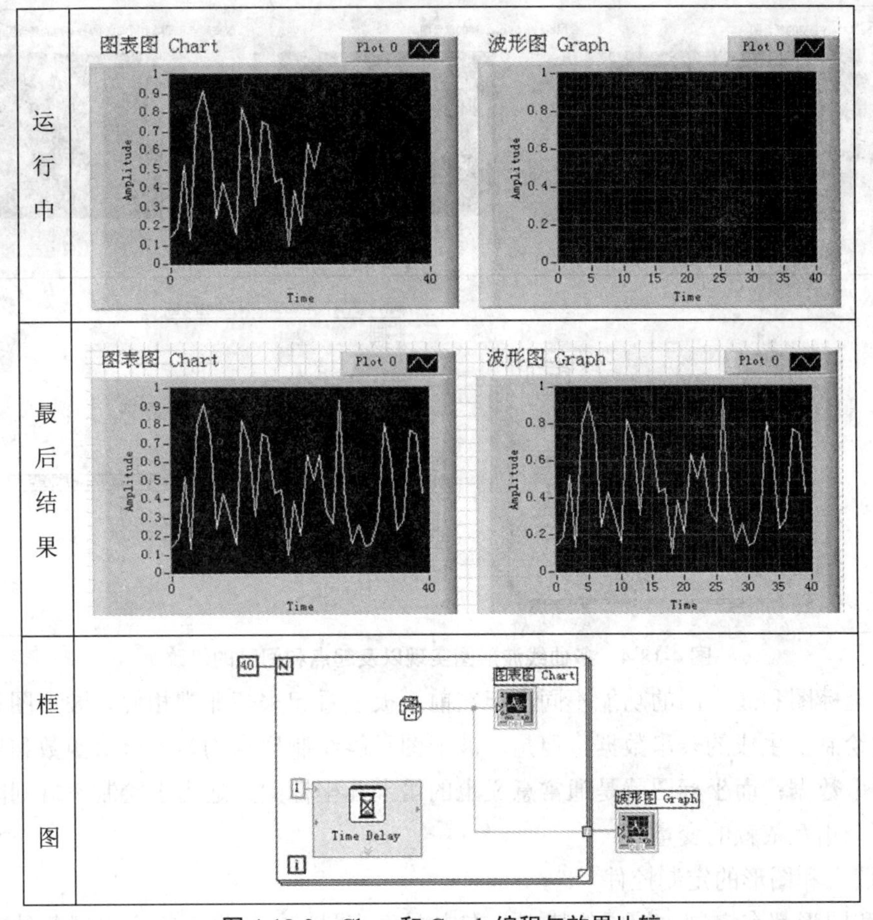

图 4-18-3 Chart 和 Graph 编程与效果比较

可以清楚地看到：运行结果是一样的；但实现方法和过程不同。在框图中可以看出，Chart 在循环内，每得到一个数据点，就立刻显示一个；而 Graph 在循环之外，40 个数都产生之后，跳出循环，然后一次显示出整个数据曲线。

值得注意的还有：For 循环执行 40 次，产生的 40 个数据存储在一个数组中，这个数组创建于 For 循环的边界上（使用自动索引功能）。在 For 循环结束之后，该数组就被传送到外面的 Graph。仔细看框图，穿过循环边界的连线在内、外两侧粗细不同，内侧表示浮点数，外侧表示数组。

多曲线波形图的两种实现方法以及起点和间隔的修改如图 4-18-4 所示。

4.2.2 坐标图

坐标图（XY Graph）非常适合于通过（x，y）坐标值来绘制一些指定的点。坐标图就是通常意义上的笛卡儿图，它也可以用来绘制多值函数曲线，例如圆或椭圆。XY Graph 位于 Controls→Graph Indicators 或 Controls→All Controls→Graph 选项板中。

将 XY Graph 置入前面板中时，它将会在框图中置入相应的端子和一个可以快捷配置 X 及 Y 输入的 Express VI。

对于多曲线，应使用 Merge Signals 函数，将各曲线的 X 数组和 Y 数组按顺序对应合成后，再与坐标图中的 X、Y 连接即可。

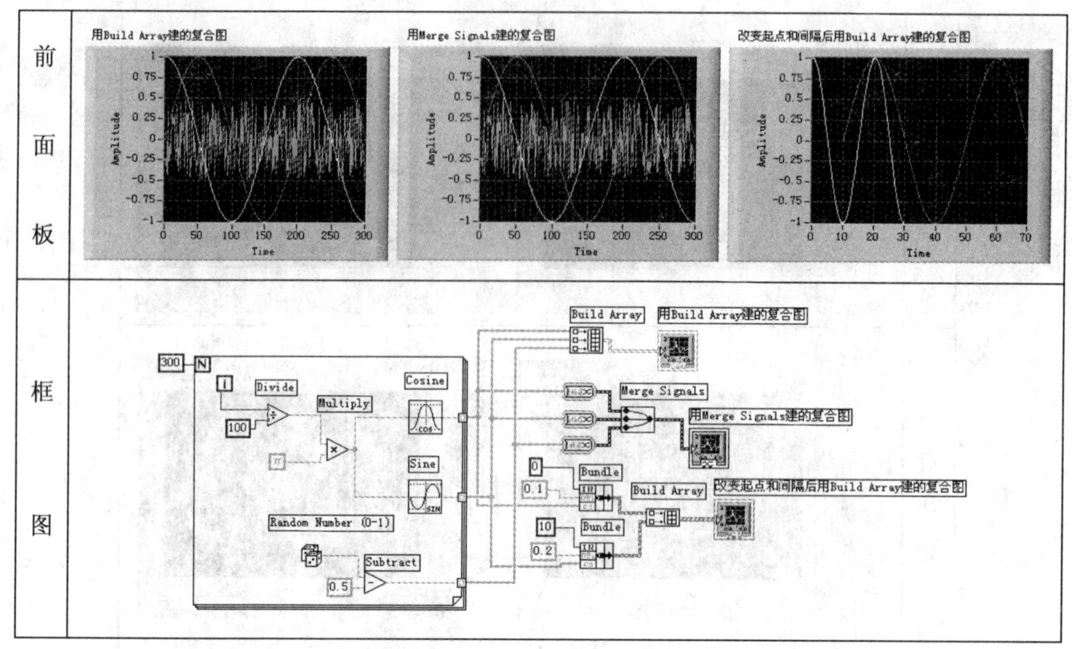

图 4-18-4　多曲线波形图实现以及起点和间隔的修改

虽然坐标图和波形图的功能不同，但在前面板上看起来却非常相似。波形图和坐标图都能一次绘制已生成的一串数据；但是，波形图只能绘制样点均匀的单值函数和样点平滑分布的一串数据；而坐标图就是通常意义上的笛卡儿坐标图，适用于绘制不规则间隔的数据或者两个相互依赖的变量。

4.3 图表和图形的定制控件

图表和图形都有定制、编辑的特点。右击图表或图形的边框，就会出现各种选择（或在子选项下），可进行 x 轴或 y 轴的刻度区间自动调整等各种设置与操作。

下面是常用的各种定制控件说明：

曲线图例（Plot Legend）：可用来设置曲线的各种属性，包括线型（实线、虚线、点画线等）、粗细、颜色以及数据点的形状等。

图形模板（Graph Palette）：可用来对曲线进行操作，包括移动、对感兴趣的区域放大和缩小等。

光标图例（Cursor Legend）：可用来设置、移动光标，帮助你用光标直接从曲线上读取感兴趣的数据。

刻度图例（Scale Legend）：用来设置坐标刻度的数据格式、类型（普通坐标或对数坐标）、坐标轴名称以及刻度栅格的颜色等。

滚动条（X Scrollbar）：它直接对应于显示缓冲器，通过它可以前后观察缓冲器内任何位置的数据。

数据显示(Digital Display)：“波形图表”所特有。选中它，可以在图形右上角出现一个数字显示器，这样可以在画出曲线的同时显示当前最新的一个数据值。

默认情况下，当图表和图形首次位于前面板中时，都带有曲线图例。使用 Positioning 工具可以对刻度、曲线图例和图形选项板等进行各种操作。

5．程序结构

5.1　While 循环结构

While 循环是一个大小可变的方框，用于反复执行框内的程序，直到条件端子接收到设定的布尔值（False 或 True），如图 4-18-5 所示。

图 4-18-5　While 循环结构

While 循环位于 Functions→Execution Control 或 Functions→All Functions→Structures 中。

该循环有如下特点：计数从 0 开始（i=0）；先执行循环体，而后 i+1；循环至少要运行一次。

5.2　For 循环

For 循环用于将某段程序执行指定次数。和 While 循环类似，它不会立刻出现在框图中，而是出现一个小的图标，而后你可以修改它的大小和位置。具体方法是：选择 For 循环，按下鼠标把它放置在框图中，将其拖至适当大小，拖曳出一个能包含所有相关对象的矩形；释放鼠标时就创建了一个指定大小和位置的 For 循环。

For 循环位于 Functions→All Functions→Structures 选项板中。

For 循环具有两个端子，如图 4-18-6 所示。N 为输入端子，用于设置循环执行的次数。i 为输出端子，其值为循环已经执行的次数。

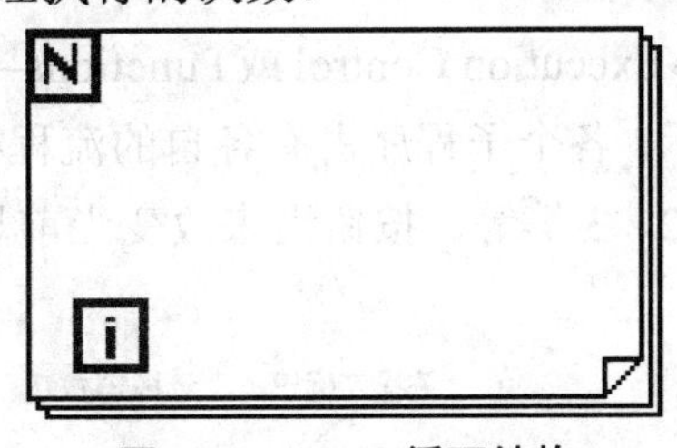

图 4-18-6　For 循环结构

5.3 移位寄存器（Shift Register）

移位寄存器可以将数据从一个循环周期传输到另外一个周期。创建一个移位寄存器的方法是：用鼠标右键单击循环的左边或者右边，在快捷菜单中选择 Add Shift Register。

移位寄存器用循环边框上相应的一对箭头端子来表示，如图 4-18-7 所示。右边的端子中存储了一个周期完成后的数据，这些数据在这个周期完成之后将被转移到左边的端子，赋给下一个周期。移位寄存器可以转移各种类型的数据，如数值、布尔量、数组、字符串等，它会自动适应与它连接的第一个对象的数据类型。

图 4-18-7　一对移位寄存器

可以令移位寄存器记忆前面多个周期的数值。这个功能对于计算平均值非常有用；还可以创建其他的端子访问先前周期的数据。方法是：用鼠标右键单击左边或者右边的移位寄存器端子，在快捷菜单中选择 Add Element。如果某个移位寄存器左边的端口含有三个元素，那么就可以访问前三个周期的数据，如图 4-18-8 所示。

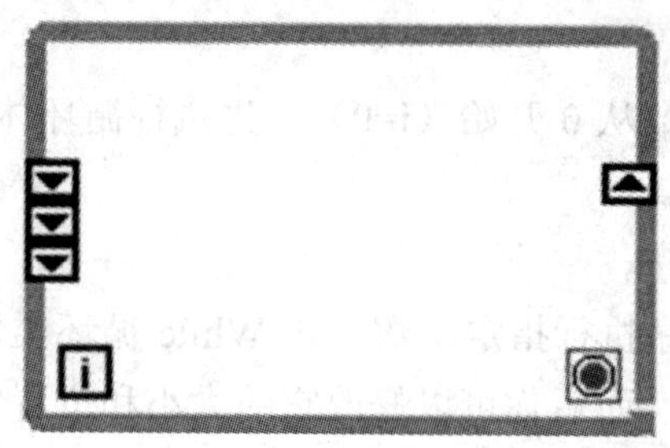

图 4-18-8　多组移位寄存器

5.4 分支（Case）结构

Case 结构含有两个或者更多的子程序，执行哪一个取决于与选择器端子相连接的某个整数、布尔量、字符串或者标识的值。必须选择一个默认的 Case 以处理超出范围的数值，或者直接列出所有可能的输入数值。

Case 结构位于 Functions→Execution Control 或 Functions→All Functions→Structures 中。

Case 结构如图 4-18-9 所示，各个子程序占有各自的流程框，在其上沿中央有相应的选择器标签：True、False 或 1、2、3 等等。按钮用来改变当前显示的子程序（各子程序是重叠放在屏幕同一位置上的）。

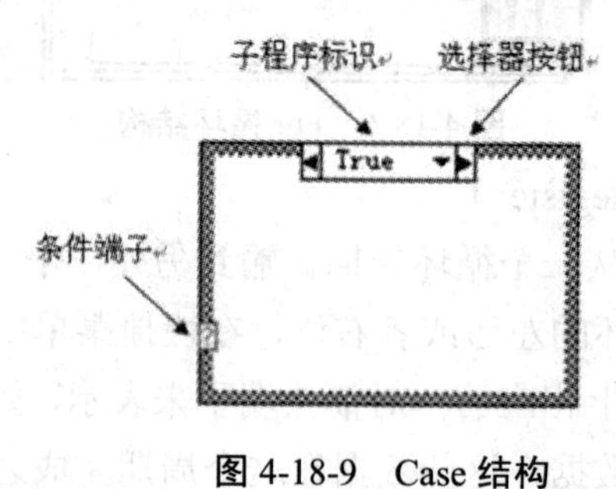

图 4-18-9　Case 结构

三、实验操作

1. 练习部分

练习 SY2-1 数组函数的简单应用。

参照图 4-18-10 进行编程。编程完成后，多次运行并修改数据，领会各函数的特点。

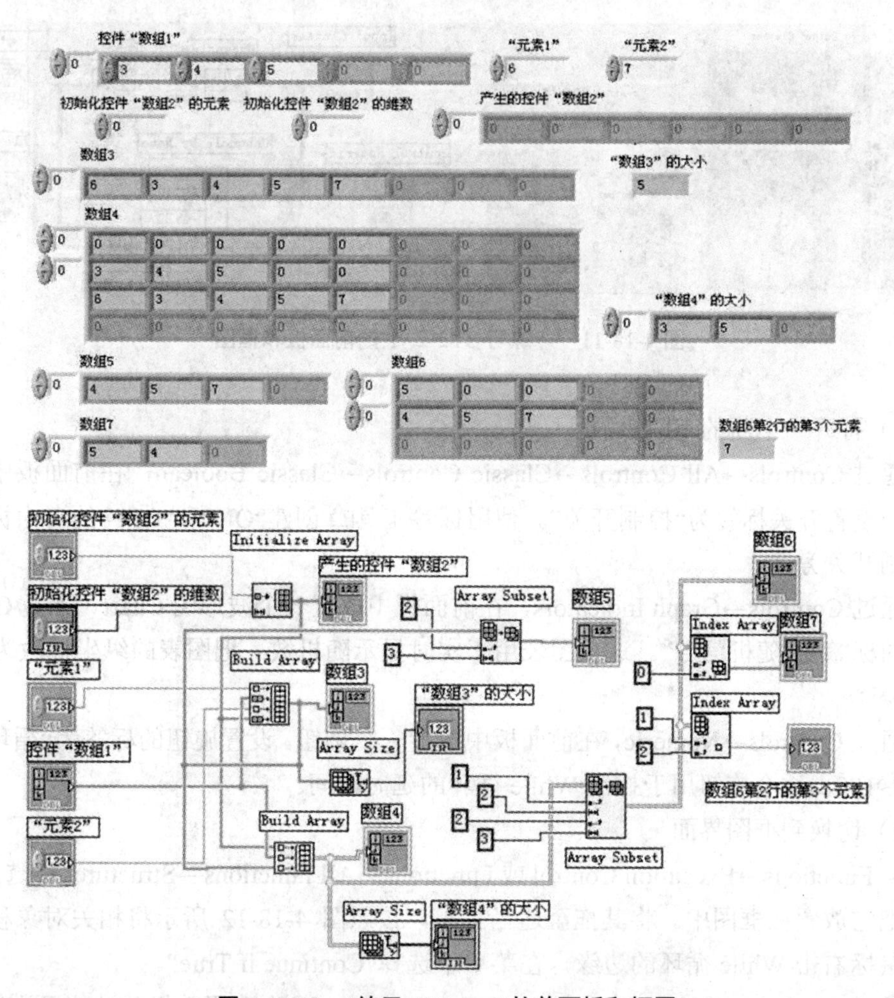

图 4-18-10 “练习 SY2-1.vi”的前面板和框图

说明：“元素 1+数组 1+元素 2+数组 2”组合成“数组 3”；“数组 2+数组 1+数组 3”组合成“数组 4”；从数组 3 的第 3 个元素开始取 3 个元素形成“数组 5”；从数组 4 的第 2 行开始取 2 行，从第 3 列开始取 3 列形成“数组 6”；取数组 6 的第 1 列形成“数组 7”。

练习 SY2-2 学习创建簇、分解簇以及用名称来捆绑与分解簇等操作。

有一个数据类型簇，包含三个控件元素，名称分别为：Numeric、Slide、Knob；另有一个数据类型簇，包含三个显示元素，名称分别为：Numeric、Slide、Gauge。在由 Input Cluster 往 Output Cluster 簇传输数据的过程中，利用 Bundle By Name 函数把 Output Cluster 中 Slide 的控件由 Input Cluster 簇中的 Slide 修改为外部的 Control Numeric；同时，利用 Unbundle By Name 函数，将 Input Cluster 簇中控件 Slide 输出到 Element Output 上。

请根据图 4-18-11 所示，编辑该 VI。注意：在框图连线时，应该用快捷菜单查看两个簇的序是否一致。

练习 SY2-3 While 循环的简单应用。

创建一个可以产生并在图表中显示随机数的 VI，如图 4-18-12 所示。前面板有一个控制旋钮可在 0 到 10 秒之间调节循环时间，还有一个开关可以中止 VI 的运行。

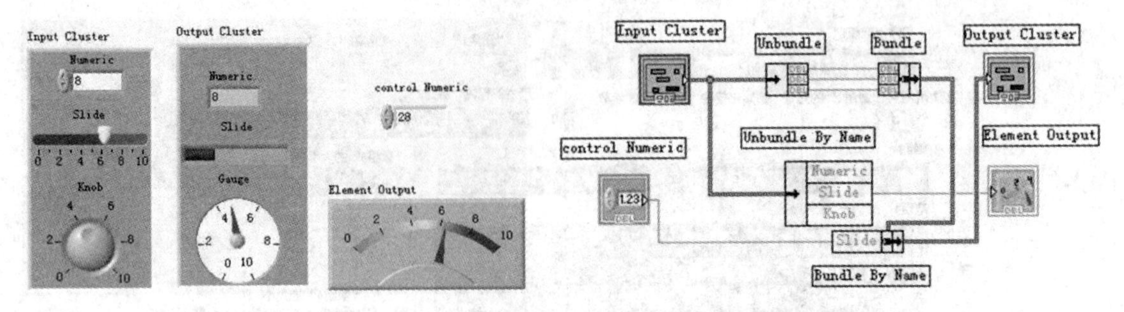

图 4-18-11　“练习 SY2-2.vi”的前面板和框图

（1）打开一个新的 VI 前面板

①通过 Controls→All Controls→Classic Controls→Classic Boolean，在前面板中放置一个开关。设置开关标签为“控制开关”。使用标签工具A创建“ON”和“OFF”的自由标签，放置于控制开关旁。

②通过 Controls→Graph Indicators，在前面板中放置一个波形图 Chart（不是 Graph）。设置它的标签为“随机信号”。这个图表用于实时显示随机数。把图表的纵坐标改为 0.0 到 1.0。

③通过 Controls→Numeric，在前面板中放置一个旋钮。设置旋钮的标签为“循环延时”，范围：0~100。这个旋钮用于控制 While 循环的延时时间。

（2）切换到框图界面

①从 Functions→Execution Control 或 Functions→All Functions→Structures 中选择 While 循环，把它放置在框图中。将其拖至适当大小，按照图 4-18-12 所示将相关对象移到循环圈内；鼠标右击 While 循环的边缘，在菜单中选择“Continue if True”。

②从 Functions→Arithmetic & Comparison→Numeric 中选择随机数功能函数 Random Number(0-1)放到循环内。

③在循环中设置 Wait Until Next ms Multiple 函数（Functions→All Functions→Time & Dialog），该函数的时间单位是毫秒，按前面板旋钮的标度，可将每次执行时间延迟 0 到 100 毫秒。

④按照图 4-18-12 所示的框图连线。

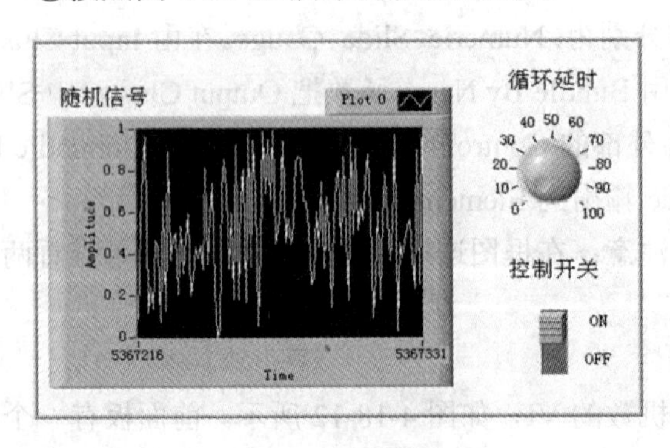

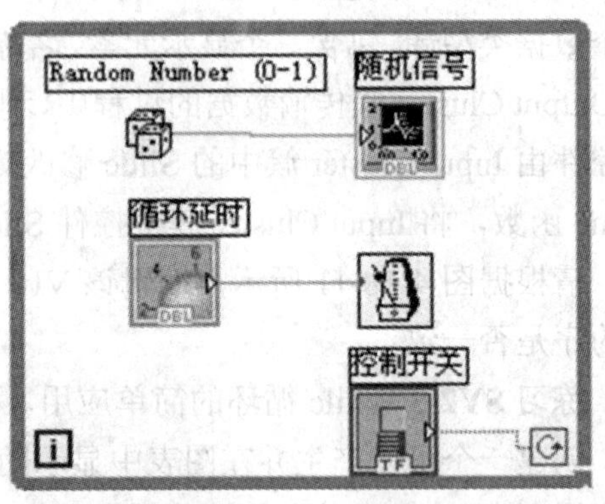

图 4-18-12　“练习 SY2-3.vi”的前面板和框图

（3）返回前面板，试运行该 VI

①调用工具模板中的操作工具，单击垂直开关将它打开（处于 ON 位置）。

②单击 Run，执行该 VI。While 循环的执行次数是不确定的，只要符合要求，循环程序就会持续运行。在这个例子中，只要开关打开（True），框图程序就会一直产生随机数，并将其在图表中显示。

③应用操作工具，单击垂直开关，使其停止（处于 OFF 位置），中止该 VI。停止开关这个动作会给循环条件端子发送一个 False 值，从而中止循环。

每次运行该 VI 前，可用鼠标右键单击图表，选择 Data Operations→Clear Chart，清除显示缓存，重新设置图表。

说明：布尔开关的机械动作

布尔开关有 6 种机械动作属性可供选择。在前面板上用鼠标右击开关，在快捷菜单中选择 Mechanical Action 就可以看到这些可选的动作。

练习 SY2-4 For 循环的简单应用

用 For 循环产生一组随机数，并计算这组数的最大值和最小值。

（1）打开一个新的前面板，按图 4-18-13 所示放置对象。

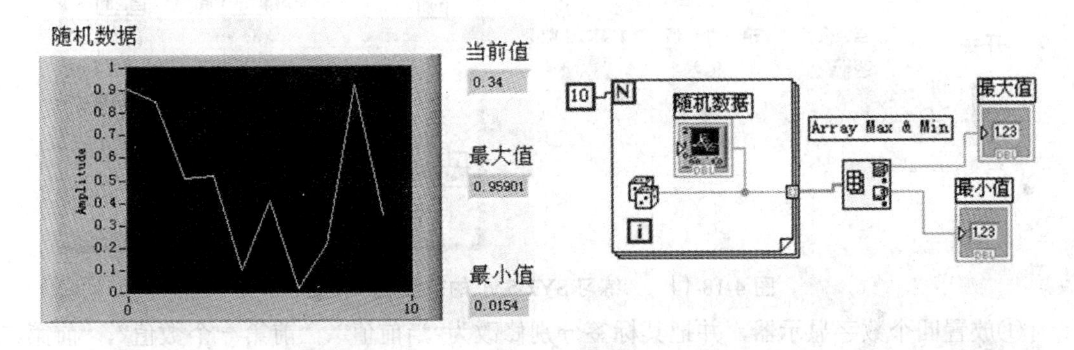

图 4-18-13 “练习 SY2-4.vi”的前面板和框图

①将两个数字显示对象放在前面板，设置它们的标签分别为“最大值”和“最小值”。

②将一个波形图表放在前面板，设置它的标签为“随机数据”。将图表的纵坐标范围改为 0.0 到 1.0；横坐标范围改为 0.0 到 10。

③在图表的快捷菜单中选择 Visible Items→Digital Display，并另加“当前值”标签。

（2）按照如图 4-18-13 所示编辑框图。

①在框图中放置一个 For 循环（Functions→All Functions→Structures）。

②将下列对象添加到框图：

Random Number（0–1）函数（Functions→Arithmetic & Comparison→Numeric）——产生 0 到 1 之间的随机数。

数值常数（同上）——For 循环执行的次数设置为 10 次。

Array Max&Min 函数（Functions→All Functions→Array）——输入一组数值，再将它们的最大值和最小值输出。

③连接各个端口。

（3）设置“高亮执行”状态，运行该 VI。

在 LabVIEW 框图工具条上有一个画着灯泡的按钮，这个按钮叫做“高亮执行”按钮。点击这个按钮使它变成发光形式，再点击运行按钮，VI 程序将以较慢的速度运行，并显示流动的数值、走向以及运行时序。调试程序时，可用于跟踪程序执行、判断故障位置等。

通过该 VI 的运行，要注意以下两点：

（1）进一步理解数据流的概念及其运行控制方式的特点；

（2）For 循环与 Array Max & Min 函数之间的连线是加粗线。这是由于 For 循环的输出不是“逐次输出”，而是循环结束后“一次输出”。在该 VI 运行中，其输出是由 10 个随机数组成的一个数值数组。

练习 SY2-5 移位寄存器的简单应用

创建一个计算三个数平均值的 VI。

（1）打开一个新的前面板，按照图 4-18-14 所示放置对象

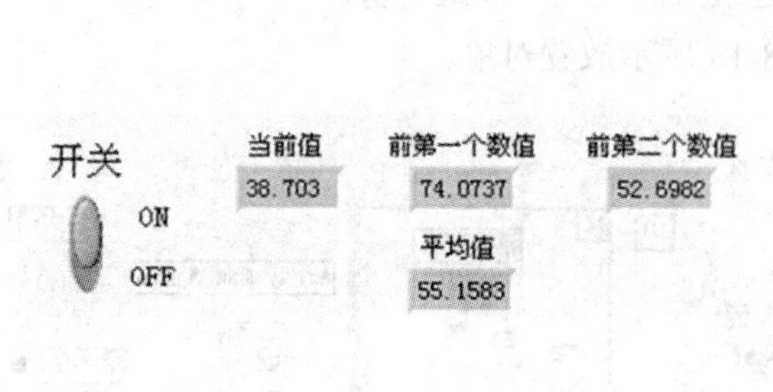

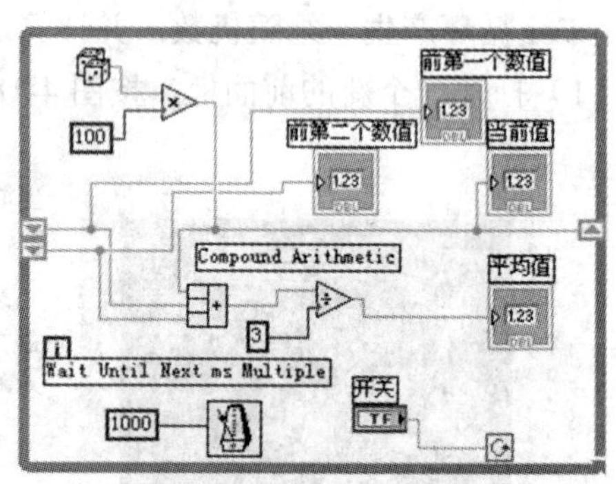

图 4-18-14 “练习 SY2-5.vi”的前面板和框图

①放置四个数字显示器，并把其标签分别修改为“当前值”、“前第一个数值”、“前第二个数值”、“平均值”。

②添加布尔开关，并用鼠标右键单击它，在快捷菜单中选择 Mechanical Action→Switch When Pressed。

（2）按图 4-18-14 所示编辑框图

①在框图中添加 While 循环(位于 Functions→Execution Control 或 Functions→All Functions→Structures 中)，创建移位寄存器。

选择 While 循环的条件端子处于“Continue if True”状态；用鼠标右键单击 While 循环的左边或者右边，在快捷菜单中选择 Add Shift Register；用鼠标右键单击寄存器的左端子，在快捷菜单中选择 Add Element，添加第二个寄存器。

②在框图中添加 Wait Until Next ms Multiple 函数（Functions→All Functions→Time & Dialog）——它将确保循环的每个周期不会比毫秒快。

用鼠标右键单击 Wait Until Next ms Multiple 功能函数的输入端子，在快捷菜单中选择 Create Constant，出现一个数值常数，并自动与功能函数连接，将数值常数设置为 3000。这样，就设置了 3000 毫秒的等待时间，因此循环每 3 秒执行一次。

③在框图中添加 Compound Arithmetic 函数：

Compound Arithmetic 函数（Functions→Arithmetic & Comparison→Numeric）——通常，它将返回两个周期产生的随机数的和。如果要加入其他的输入，只需用右键单击某个输入，从快捷菜单中选择 Add Input 即可。

④按图 4-18-14 所示用连线工具连接各对象。

（3）试运行该 VI，观察过程的不同

通过工具模板设置开关处于“ON”位置，并运行。

在 While 循环的每个周期，Random Number(0–1)函数将产生一个随机数。VI 就将把这个数乘以 100 后加入到存储在寄存器中的最近两个数值中。除法函数再将结果除以 3，就能得到这些数的平均值（当前数加上以前的两个数）。

如果开关处于“OFF”位置运行，则在出现第一个数后停止运行（参看 While 循环）。

注意：“开关”等在框图中的显示方式可以通过用鼠标右击，选择“View As Icon”来转换。

2. 编程部分

编程 SY2-1 制作一个仿真信号发生器

提示：当现实生活中的信号无法使用时，用户可以使用 LabVIEW 生成信号，用于测量和其他目的。

方法一：在 Functions→All Functions→Analyze→Waveform Generation 中提供了波形函数，为制作各种波形的信号发生器提供了方便。

基本函数发生器（Basic Function Generator.vi）是最普通的一种波形函数。它的功能是建立一个输出波形，该波形类型有：正弦波、三角波、锯齿波和方波。它的输入参数有波形类型、频率（单位：Hz）、幅度、直流偏移量以及起始相位等。

其图标如图 4-18-15 所示：

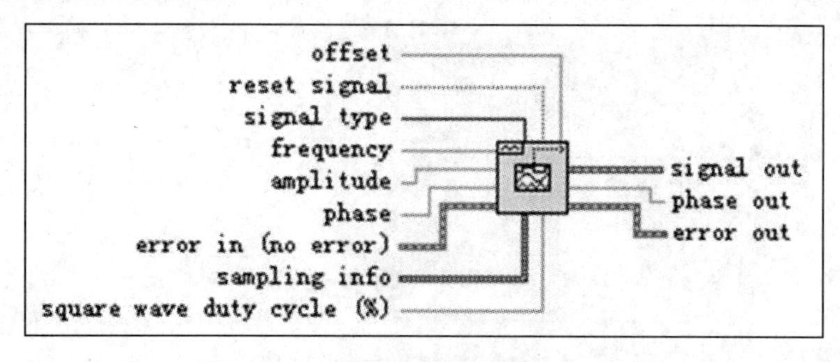

图 4-18-15 基本函数发生器的端口含义

一些常用参数的含义：

offset：波形的直流偏移量，缺省值为 0.0。数据类型 DBL。

signal type：产生的波形类型，缺省值为正弦波。

frequency：波形频率（单位：Hz），缺省值为 10。

amplitude：波形幅值，也称为峰值电压，缺省值为 1.0。

phase：波形的初始相位（单位：度），缺省值为 0.0。

duty cycle(%)：占空比，对方波信号是反映一个周期内高低电平所占的比例，缺省值为 50%。

signal out：信号输出端。

phase out：波形的相位，单位：度。

方法二：LabVIEW 7.0 还提供了仿真信号 Simulate Signal Express VI，它位于 Functions→Input 或 Functions→Signal Analysis 选项板中，这个 VI 可以仿真正弦波、方波、三角波、锯齿波以及噪声信号。

与使用所有的 Express VI 相同，为了使用 Simulate Signal VI，首先要将其置入框图中，这时会自动出现配置该 VI 的对话框。按照预期配置后，单击 OK 按钮返回到框图。

编程 SY2-2 制作一个李萨如图形演示仪

如果 X、Y 方向的两个信号分别按正弦规律变化（假设其幅值相同），则示波器会显示李萨如图形。李萨如图形有三方面的特点：

1.如果它们的频率相同，当它们的相位相同时，则李萨如图形是一条 45 度的斜线；当它们之间的相位差为 90 度时，图形为圆；其他相位差时，图形为椭圆。

2.如果 X、Y 方向的频率不同，X 和 Y 方向的频率与其在轴上的切点存在如下关系：

$$\frac{f_x}{f_y}=\frac{\text{图形在 Y 轴上的切点数}}{\text{图形在 X 轴上的切点数}}$$

3.如果 X、Y 方向的频率不同，相位差只会改变图形的形状和切点数，但不会改变切点数的比值。

提示：

1.利用坐标图（XY Graph）来完成。

2.正弦函数 Sine Waveform.vi 位于 Functions→All Functions→Analyze→Waveform Generation 选项板中。

附录：虚拟仪器知识（供初学者参考）

虚拟仪器技术基础

自20世纪90年代以来，随着计算机技术的迅猛发展，虚拟仪器技术在自动测试和测量领域得到了广泛应用，促进和推动测试系统和测量仪器的设计方法与实现技术发生了深刻的变化。“软件就是仪器”已经成为测试与测量技术发展的重要标志。美国国家仪器公司（National Instruments，简称 NI）是虚拟仪器技术的主要倡导者和贡献者，其创新软件产品 LabVIEW 自1986年问世以来，不断升级更新，已经成为虚拟仪器软件开发平台事实上的工业标准，在研究、制造和开发等众多领域得到了广泛采用，从简单的仪器控制、数据采集到尖端测试和工业自动化，从大学实验室到大型厂矿企业，从探索研究到技术集成，人们都可以发现虚拟仪器技术应用的成果和开发的产品。

一、实验目的

1.了解虚拟仪器的概念。

2.了解 LabVIEW 的基本构成及其基本编程方法。

二、基本知识

1.虚拟仪器的概念

计算机和仪器的密切结合是目前仪器发展的一个重要方向。粗略地说这种结合有两种方式：一种是将计算机装入仪器，其典型的例子就是智能化仪器。随着计算机功能的日益强大以及其体积的日趋缩小，这类仪器功能也越来越强大，目前已经出现含嵌入式系统的仪器。另一种方式是将仪器装入计算机，以通用的计算机硬件和操作系统为依托，实现各种仪器功能。虚拟仪器指的是后一种方式。

常见的虚拟仪器实施方案如附图1-1所示。

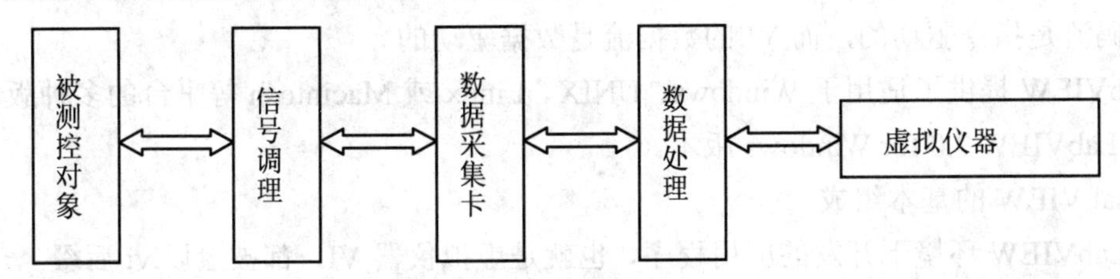

附图1-1 虚拟仪器结构框图

虚拟仪器实际上是一个按照实际需求组织的数据采集处理系统，所以，虚拟仪器研究中涉及的基础理论主要是计算机数据采集和数字信号处理及分析技术。

虚拟仪器的主要特点有：

（1）尽可能采用了通用的硬件。各种仪器的差异主要是软件。

（2）可充分发挥计算机的能力。有强大的数据处理功能，可以创造出功能更强大的仪器。

（3）采用图形化编程软件，开发周期极短。使用它进行科学研究、项目设计以及功能测试等系统开发时，可大大提高工作效率。

（4）用户可以根据自己的需要定义和制造各种仪器。

目前在虚拟仪器技术领域内，使用较为广泛的计算机语言是美国NI公司的LabVIEW。

2.LabVIEW的概念

LabVIEW是实验室虚拟仪器集成平台（Laboratory Virtual Instrument Engineering Workbench）的简称，是NI公司的创新软件产品，也是目前应用最广、发展最快、功能最强的图形化开发集成软件，它广泛地被工业界、学术界和研究（实验）室所接受，是一个标准的数据采集和仪器控制软件。利用它可以方便地建立自己的虚拟仪器，其图形化界面使得编程及使用过程更加生动有趣。

LabVIEW以图形化程序语言为基础，用于进行数据采集、自动控制、数据分析和数据表示。图形化程序语言，又称为“G”语言，是一种适合应用于任何编程任务、具有扩展函数库的通用编程语言，它定义了数据模型、结构类型和模块调用规则等编程语言基本要素，在功能完整性和灵活性上不逊于任何高级语言，同时，G语言丰富的扩展函数库还为用户编程提供了极大的方便。这些扩展函数库主要面向数据采集、GPIB和串行仪器控制等。G语言还包括常用的程序调试工具，比如允许设置断点、单步调试、数据探针和动态显示执行程序流程等。使用这种语言编程时，基本上不写程序代码，取而代之的是框图或流程框图。

同时，LabVIEW是分析信号和系统的极佳环境。G语言非常适合于曲线拟合、求解线性代数方程组和常微分方程组、计算函数零点、函数求导、函数积分、生成和分析信号、计算离散傅里叶变换以及信号滤波等编程。这些编程在其他软件中是很繁琐的。

G语言编辑的程序就是虚拟仪器VI（Virtual Instruments）。控制VI运行的机制是数据流。在运行时，仅当VI的可执行元素接收到所有必需的输入数据时，这些元素才执行；另一方面，仅当代码执行完成后，数据才流出可执行元素。数据流的概念与常规程序运行时的控制方法不同。在常规程序中，指令是按编程者指定的顺序执行。换句话说，传统的顺序代码流是指令驱动的，而VI的数据流是数据驱动的。

LabVIEW提供了适用于Windows、UNIX、Linux或Macintosh等平台的多种版本。本书采用LabVIEW 7.0 for Windows版本。

3.LabVIEW的基本组成

在LabVIEW环境下开发的应用程序，也就是虚拟仪器VI，都被冠以.vi后缀。一个VI可作为独立程序，也可将其作为子VI（SubVI），被其他VI程序调用。

所有的VI（包括子VI）程序都由三个部分组成：前面板（Front Panel）、框图（Block Diagram）和图标/连接端口（Icon/Terminal）。如果将VI与传统仪器相比较，那么前面板就是仪器面板，框图相当于仪器的内部线路，而端口对应于仪器的接插件。

3.1 前面板

前面板是VI的交互式用户界面——即用户与程序代码发生关系的窗口，如附图1-2

所示。

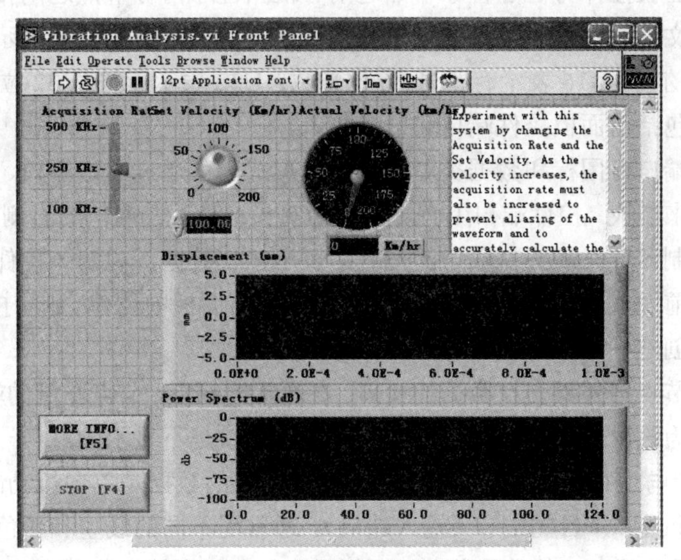

附图 1-2　虚拟仪器前面板示例

前面板包含有控制器件（Controllers，类似于“输入”，如旋钮、按钮等）、显示器（Indicators，类似于“输出”，如图形、表头等）和修饰器件（Decorations，有线条、箭头、矩形、圆形、三角形等，可将前面板点缀得直观逼真）。一般将控制器件和显示器统称为控件或对象。

3.2 框图

框图提供 VI 的图形化源程序，是实际的可执行代码，它用 G 语言编程，以控制和操纵定义在前面板上的各种输入和输出控件，如附图 1-3 所示。

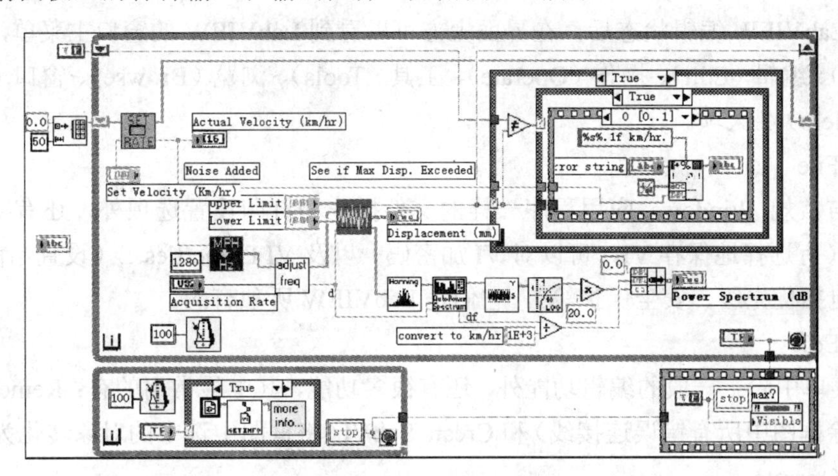

附图 1-3　与附图 1-2 前面板关联的虚拟仪器框图

框图由节点（Nodes）、端口（Terminals）和数据连线（Wires）组成。

节点：是 VI 程序中的执行元素，类似于通常编程语言的语句、函数或者子程序。它包括：功能函数（Functions）、结构（Structures）、子 VI（SubVI）以及外部代码接口节点等。

端口：是前面板控件与框图程序节点之间、框图程序内各节点之间传输数据的接口。在端口上有一英文缩写字符串以标明该端口的数据类型，例如：DBL 表示是双精度浮点型数据；TF 表示布尔数；I16 表示有符号 16 位整数；U32 表示无符号 32 位整数；ABC 表示是字符串。端口包括前面板控件端口和节点端口。

前面板控件端口有图标和数据类型两种显示形式，可通过右击端口、在快捷菜单中选择 View As Icon 来切换。控件端口上有个向右的箭头：箭头在端口的右侧，表示输出数据，说明该控件为控制器件；箭头在端口的左侧，表示接收数据，说明该控件为显示器件。控件端口分别属于前面板的控制器件和显示器件。当在前面板中创建、删除控件时，LabVIEW 会自动在框图中创建、删除与之相对应的控件端口。

节点端口是节点与外界交换数据的接口。在通常情况下，节点左侧的端子为输入端口；节点右侧的端子为输出端口。在默认情况下，节点端口是不显示的。

连线：是端口与端口之间的数据传输通道。连线中的数据是单向流动的，从源端口（输出端口）流向一个或多个目的端口（输入端口）。通常用不同的线型和颜色代表不同的数据类型，如：浮点数为橙色；整数为蓝色；逻辑量为绿色；字符串为紫色；文件路径为青色；细线表示标量；粗线表示一维数组；平行线表示二维数组等等。

3.3 图标/连接端口

图标和连接端口指定了数据流进、流出 VI 的路径。它处于前面板或框图的右上角。图标是 VI 的图形符号，而连接端口则定义了输入和输出。所有的 VI 都有自己的图标和连接端口。

4. LabVIEW 的窗口主菜单及工具条

4.1 窗口主菜单

进入 LabVIEW 编辑状态后，在界面上方可以看到 LabVIEW 的窗口主菜单，它包括：文件（File）、编辑（Edit）、操作（Operate）、工具（Tools）、浏览（Browse）、窗口（Window）和帮助（Help）7 大项。

（1）File

除了与常规 Windows 应用程序一样的文件操作和打印设置选项外，还有 Save with Options…（有选择地保存 VI，可以对 VI 加密码）以及 VI Properties…（设置当前 VI 的各种属性，包括优先级、安全保护等），它们是 LabVIEW 所独有的。

（2）Edit

Edit 菜单中除了一般的编辑功能外，还有很多功能，其中最常用的有：Remove Broken Wires（删除框图中所有错误连接线）和 Create SubVI（将框图中选中的对象转化为 SubVI）。

（3）Operate

Operate 菜单中包含有 Run 和 Stop 等十余个选项。

（4）Tools

除了通用的查找功能外，Tools 菜单还提供了十余项专门功能，其中：Measurement & Automation Explorer…（配置仪器和数据采集硬件）最为常用。

（5）Browse

Browse 菜单提供了多种浏览 VI 信息的方法，包括：显示 VI 包含的 SubVI（This VI's SubVIs…）、查看 VI 中所设置的断点（Break Points）等。

（6）Window

Window 菜单有多种用途，并且功能意义明确。可以用来在前面板和框图窗口之间切换，也可以排列两个窗口（上下排列或左右排列）以便同时观察；还可以调用各种模板。

（7）Help

Help 菜单类似 Window 菜单，所列功能意义清晰。这里不再详述。只特别说明一个对初学者常用的选项：Show Context Help，它是上下文相关图标的帮助窗口。只要打开了该功能，把光标置于某个功能函数或者 VI 上，就可提示其基本的参考信息，包括：图标的含义和应用、对应连接端口以及各端口的信号特征等。

4.2 窗口工具条

LabVIEW 窗口主菜单下方是窗口工具条，如附图 1-4 所示，各图标的功能如附表 1-1 所注。

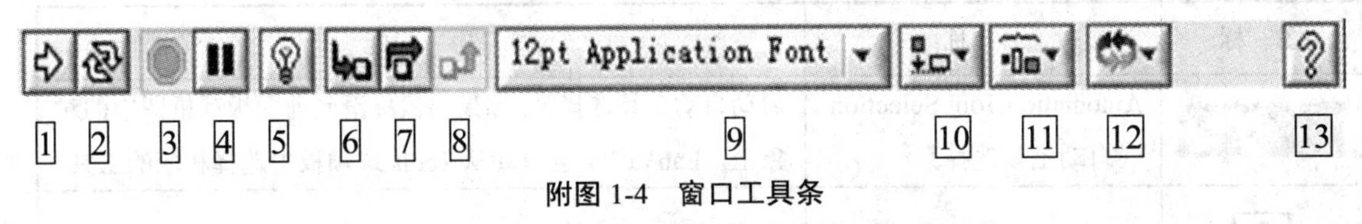

附图 1-4 窗口工具条

附表 1-1 窗口工具条常用功能一览表

代号	名 称	功 能 说 明
1	执行按钮	单击此按钮，运行 VI。当执行按钮消失、错误提示按钮（执行按钮变为破裂状）出现时，表明 VI 有错，不能运行。单击该按钮，可弹出 Error List 对话框，为用户提示 VI 中的错误。
2	连续运行按钮	单击此按钮，可循环运行 VI。
3	停止运行按钮	单击此按钮，可强行停止 VI 的运行。
4	暂停按钮	单击此按钮，可暂停 VI 执行，再单击此按钮，VI 又继续执行。
5	指示灯按钮	单击此按钮，可动态显示 VI 执行时数据流动的画面。选择后，灯泡会发光。
9	文本设置按钮	可设置文本字符的类型、大小、字形以及颜色等。
10	对准列表框	分布列表框。为选定的两个或多个对象提供左、右、上、下、中等对准选项，以美化界面。
11	间隔列表框	为选定的两个或多个对象提供间隔排列选项。可进行顶端、垂直中心线、底端、左边、右边以及水平中心线均匀分布；水平、垂直的等间距分布和无缝隙分布等。
6 为单步（入）按钮；7 为单步（跳）按钮；8 为单步（出）按钮；12 为重新排序列表框；13 为帮助按钮。这里不再赘述。		

5．操作模板

在用户编程界面上，LabVIEW 提供了 3 个浮动的图形化操作模板，分别是工具（Tools）模板、控制（Controls）模板和功能（Functions）模板。这 3 个模板功能强大、使用方便、表示直观，是用户编程的主要工具。

5.1 工具模板（Tools Palette）

工具模板如附图 1-5 所示，其常用功能如附表 1-2 所述。该模板提供了各种用于创建、修改和调试 VI 程序以及操作前面板对象的工具。当从模板内选择了任一种工具后，鼠标箭头就会变成该工具相应的形状。

如果该模板没有出现，可以在 Windows 菜单下选择 Show Tools Palette 命令以显示该模板。

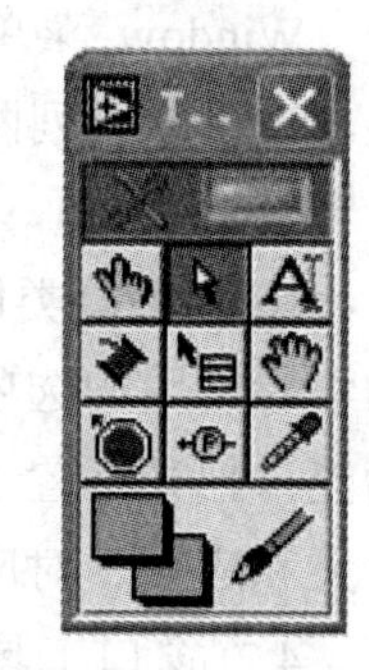

附图 1-5 工具模板

附表 1-2 常用工具说明

图 标	名 称	功 能
	Automation Tool Selection（自动工具选择）	启动自动工具选择时，如果将鼠标滑到前面板或框图中的对象上，LabVIEW 会自动从 Tools 选项板中选择相应的工具。
	Operate Value（操作值）	用于操纵控制器件或向数字或字符串控件中赋值。
	Position/Size/Select（选择）	用于选定、移动或改变对象的大小。
	Edit Text（编辑文本）	用于输入标签文本或者创建自由标签。
	Connect Wire（连线）	用于在框图程序上连接对象。如果联机帮助的窗口被打开，把该工具放在任意一条连线上，就会显示相应的数据类型。
	Probe Data（数据探针）	可在框图程序内的数据流线上设置探针。通过控针窗口来观察该数据流线上的数据变化状况。
	Get Color（颜色提取）	使用该工具来提取颜色以便编辑其他的对象。
	Set Color（颜色设置）	用来给对象定义颜色。它同时显示出对象的前景色和背景色。

5.2 控制模板（Controls Palette）

注意：只有打开前面板时才能调用该模板。

该模板用来给前面板设置各种所需的输入控制器件和输出显示器件，并按前面板对象的数据类型分类，每个图标代表一类器件。所以，该模板是多层的，每一个子模板下还可能包括多个对象。控制模板中各对象的功能在模板上方有注释条。

控制模板中第一层的前 8 个子模板为 Express 子模板，只存放 Express 前面板对象，如附图 1-6 所示；第 9 个子模板，即 All Controls 子模板，存放 LabVIEW 所有的前面板对象，如附图 1-7 所示。

控制模板的常用功能如附表 1-3 和附表 1-4 所述。

如果控制模板不显示，可以用 Windows 菜单的 Show Controls Palette 功能打开它，也可以在前面板的空白处，点击鼠标右键，以弹出控制模板。

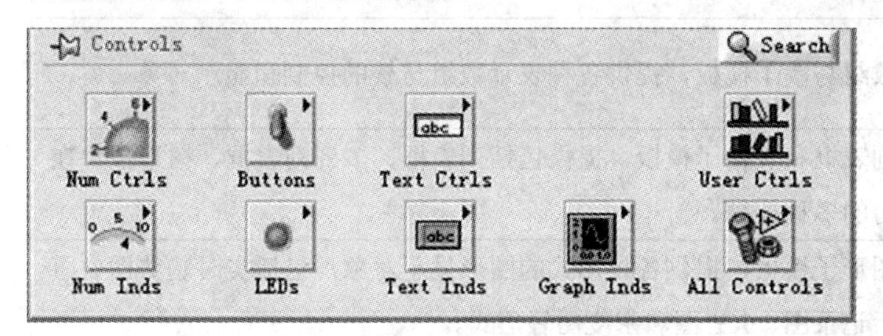

附图 1-6 控制模板

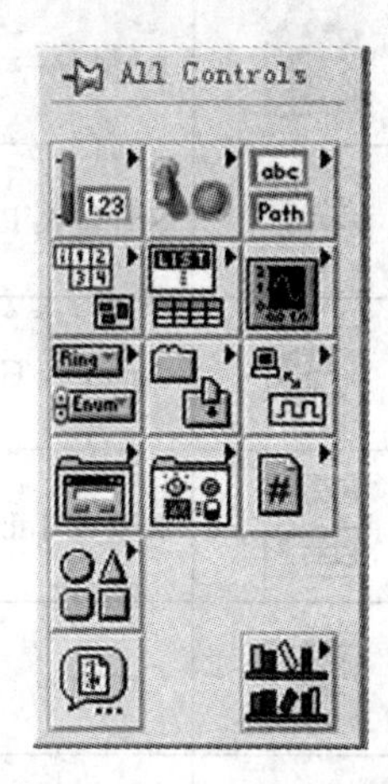

附图 1-7 All Controls 子模板

附表 1-3 Controls 模板常用功能一览表

图 标	名 称	功 能
	Numeric Controls	数字控制子模板。包括滚动条、按钮和颜料盒等。
	Numeric Indicators	数字显示子模板。包括进程条、表头、水箱和温度计等。
	Buttons & Switchs	按钮和开关子模板。包括滑动开关、拨动开关和按钮开关等。
	LEDs	LED 指示灯子模板。包括方形 LED 指示灯和圆形 LED 指示灯等。
	Text Controls	文本控制子模板。包括字符串控制和路径控制等。
	Text Indicators	文本显示子模板。包括字符串显示和路径显示等。
	Graph Indicators	波形显示子模板。存放 Waveform Chart、Waveform Graph 和 Express Waveform XY Graph 等 3 个 Express 前面板对象
	All Controls	所有控件子模板。存放 LabVIEW 所有的前面板对象。

附表 1-4　All Controls 子模板常用功能一览表

图 标	子模板名称	功　能
	Numeric	数字子模板，提供各种表示数字量的控制与显示对象，包括数字量、温度计、刻度盘和旋钮等多种形式。
	Boolean	布尔量子模板，提供各种表示布尔量的控制与显示对象，包括各种类型的布尔开关、按钮以及指示灯等。
	String & Path	字符串和文件路径子模板，提供字符串、路径与组合列表框等各种控件。
	Array & Cluster	数组与簇子模板，提供各种表示数组与簇的控制和显示对象。
	List & Table	列表框和表格子模板，提供包括列表框、多列列表框、树形控件在内的多种控件。
	Graph	图形子模板，提供各种形式的图形显示对象，包括实时趋势图、事后记录图、XY 图和密度图等形式。
	Ring & Enum	下拉列表框和枚举控件子模板，提供文本下拉列表框、选单形式的下拉列表框、枚举列表框、图形列表框以及图形和文字组合列表框等。
	Containers	包容器子模板，提供页框控件、子面板控件和 ActiveX 包容器控件。
	I/O	提供与仪器 I/O 相关的控件，包括波形控件、数字波形控件、数字数据控件、传统 DAQ 通道控件、DAQ_{mx} 名称控件、VISA 资源名称控件、IVI 逻辑名称控件、现场总线 I/O 节点控件、IMAQ 回话控件和 Motion 资源控件等。
	Dialog Controls	对话框子模板，提供各种 Windows 标准对话框控件。
	Classic Controls	经典控件模板。LabVIEW 7 Express 版本以前的 LabVIEW 控件均可在此子模板中找到。

5.3 功能模板（Functions Palette）

注意：只有打开了框图窗口，才能出现功能模板。

功能模板包含了 LabVIEW 中所有的功能节点，这些节点用于创建 LabVIEW 框图程序。所有功能节点按照功能分类，分布在功能模板的各个子模板里。所以，该模板也是多层的。类似控制模板，所选节点的功能在模板上方有注释条。

功能模板中第一层的前 7 个子模板为 Express 风格的子模板，用于存放各种 Express 节点，如附图 1-8 所示；第 8 个子模板，即 All Functions 子模板，存放了 LabVIEW 所有的功能节点，如附图 1-9 所示。

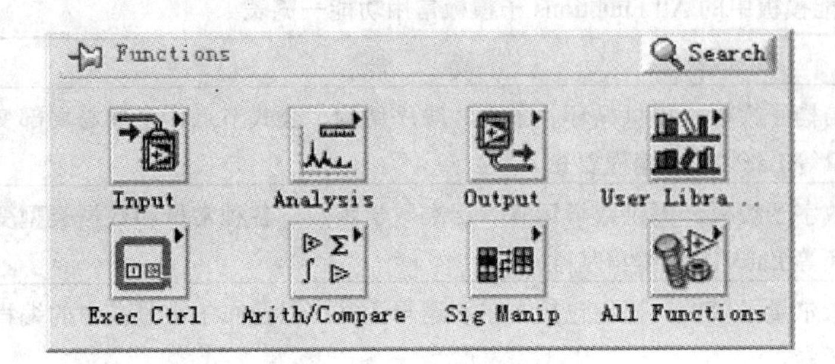

附图 1-8 功能模板

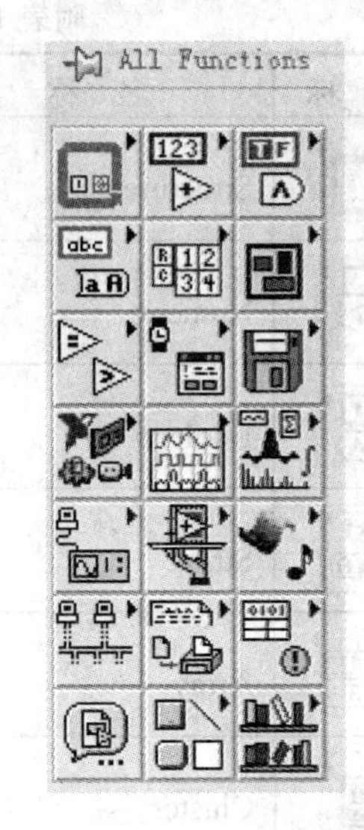

附图 1-9 All Functions 子模板

若功能模板不出现，则可以用 Windows 菜单下的 Show Functions Palette 功能打开它，也可以在框图窗口的空白处点击鼠标右键以弹出功能模板。

常用功能模板的含义如附表 1-5、附表 1-6 所述。

附表 1-5 功能模板中的常用 Express 子模板功能一览表

图 标	名 称	功 能
	Input	Express 输入子模板。存放用于控制各种仪器输入的 Express 节点。
	Signal Analysis	Express 信号分析子模板。存放用于对数字信号进行各种分析的 Express 节点。
	Output	Express 输出子模板。存放用于控制各种仪器输出的 Express 节点。
	Excution Control	Express 运行控制子模板。存放用于控制 VI 运行的各种结构、延时的 Express 节点。
	Arithmetic & Comparision	Express 运算和比较子模板。存放用于数学运算、布尔运算及比较的 Express 节点。
	Signal Manipulation	Express 信号操纵子模板。存放用于对波形数据操纵的 Express 节点。
	All Functions	所有功能子模板。存放 LabVIEW 所有的功能节点、VI。这个子模板不是 Express 子模板。

附表 1-6 功能模板中的 All Functions 子模板常用功能一览表

图标	名称	功能
	Structures	结构子模板。提供循环、条件、顺序结构、公式节点、全局与局部变量等 LabVIEW 编程要素。
	Numeric	数字子模板。提供数学运算、标准数学函数、各种常量和数据类型变换等 LabVIEW 编程基础模块。
	Boolean	布尔量子模板。提供包括布尔和逻辑运算符以及布尔常量在内的编程元素。
	String	字符串子模板。提供包括字符串运算与转换函数、字符常量和特殊字符在内的编程元素。
	Array	数组子模板。提供数组运算函数、数组转换函数以及常数数组等。
	Cluster	簇子模板。提供簇的运算和转换等处理函数以及簇常数等。
	Comparison	比较子模板。提供用于数字量、布尔量和字符串变量的各种比较运算函数，如大于、小于、等于等。
	Time & Dialog	时间和对话子模板。提供各种定时、时间数据处理、对话框和出错处理模块等。
	File I/O	文件 I/O 子模板。提供文件管理、变换和读/写操作模块。
	NI Measurements	提供各种与数据采集相关的 VI（需要单独安装）。
	Waveform	波形生成子模板。提供波形数据生成 VI，包括波形数据创建、通道信息设置、波形提取、波形存储等 VI。
	Analyze	分析子模板。包括信号分析和数学分析两部分。信号分析包括时域、频域、逐点分析、滤波器设计和信号发生等功能模块；数学分析包括线性和非线性方程求解、微积分、统计分析、优化分析和线性代数等高级功能。
	Instrument I/O	仪器 I/O 子模板。提供用于串行、GPIB(488、488.2)和 VISA 仪器控制的 VI 模块以及仪器驱动 VI。
	Application Control	应用程序控制子模板。提供外部程序或 VI 调用、打印和帮助等辅助功能。
	Graphics & Sound	图形和声音子模板。进行 3D 图形处理、绘图及声音播放等处理。
	Communication	通信子模板。提供支持 TCP、UDP、DDE、OLE、ActiveX 和启动外部程序的处理模块。

附表 1-6（续）

图 标	名 称	功 能
	Report Generation	报表生成子模板。用于生成各种报表。
	Advanced	高级子模板。提供库函数调用、代码接口节点、数据管理、内存管理和程序标志管理等高级功能。
	Decorations	修饰子模板。提供文字注释、箭头、线条等工具，用于在框图中添加注释说明等。
	Select a VI	选择 VI 子模板。插入从对话框中选择的 SubVI 或者全局变量。

三、实验操作

1.练习部分

练习 SY1-1 建立一个 VI，用于演示欧姆定律（$I=\dfrac{U}{R}$）。

（1）启动 LabVIEW

双击 LabVIEW 快捷方式图标可运行 LabVIEW。按照要求输入相关信息（大多数可为空），可进入如附图 1-10 所示的 LabVIEW 7 Express 启动界面。

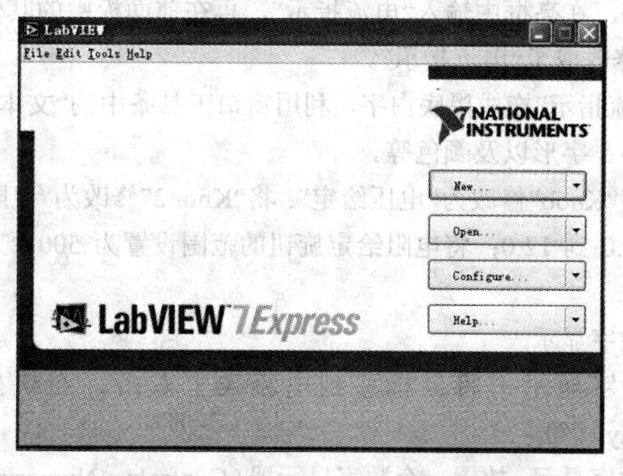

附图 1-10 LabVIEW 7 Express 的启动界面

界面右侧有 4 个按钮，其功能如附表 1-7 所示。每个按钮都包含按钮主体和下拉菜单。

附表 1-7 LabVIEW 启动界面上的按钮功能表

按 钮	功 能 说 明
New…	创建一个空白 VI 或者用模板生成一个 VI。
Open…	打开一个最近操作过的 VI 或者打开一个例程。
Configure…	设置 Measurement and Automation Explore 或 LabVIEW。
Help...	查看包括 VI 说明、查找例程、错误代码说明、网络资源等帮助消息。

（2）建立空白 VI

点击“New…”，进入 New 对话框；在提示界面选择“Blank VI”并点击 OK，即可打开并编辑一个新的 VI。

进入编辑状态将显示两个窗口：一个是前面板窗口（Front Panel），用于编辑和显示前面板对象；另一个是框图窗口（Block Diagram），用于编辑和显示框图程序。

（3）配置前面板

①放置控件于前面板中

右击鼠标，从 Controls→Numeric Indicators 选项板中左击仪表 Meter 后，在前面板的欲放置处左击，即可将一个仪表控件放到前面板中。

用同样的方法，在前面板中放置两个旋钮控件 Knob（位于 Controls→Numeric Controls 选项板中）。

②修改控件标签的内容、字体和颜色以及量程范围

在将控件放到前面板中时，一般会在图标的（左）上方自动显示控件标签，例如：目前前面板中的仪表和旋钮控件的上方会显示“Meter”和“Knob”、“Knob2”；如没该显示内容，可右击该控件，在快捷菜单中选择 Visible Items→Label 即可。

在 Windows 菜单下选择 Show Tools Palette 命令以显示工具模板。选择文本编辑工具 A（Edit Text），单击仪表的标签“Meter”，使它高亮显示，进入可修改状态（这时在“run”工具按钮左侧出现“√”）。在亮框中输入“电流指示”，再在前面板中的其他地方单击一下。这时，其标签“Meter”修改成了“电流指示”。

应用左键将“电流指示”拖成黑底白字，利用窗口工具条中的“文本设置按钮（9）”，可设置文本字体的大小、字形以及颜色等。

用同样的方法将“Knob”修改为“电压给定”；将“Knob2”修改为“电阻给定”；将电压给定旋钮的范围设置为 0.0 到 12.0；将电阻给定旋钮的范围设置为 500 到 10000；将电流表的量程设置为 30.0。

③给控件配置数字显示

给电流表配数字显示：将鼠标移到电流表上右击，在快捷菜单中选 Visible Items→Digital Display 即可。

给电压给定配数字显示：放置一个数字显示器（Controls→Numeric Indicators→Numeric Indicator），右击数字显示器图标，在快速菜单中点击 Visible Items→Label 隐去显示标签，通过连线编程的方法实现（见后述）。

给电阻给定配数字显示：用上述“给电压给定配数字显示”的方法完成。

选中每个控件，右击并在下拉菜单中选择属性 Properties，可对其进行各种设置。现设置电压给定、电阻给定和电流表的数字显示分别取 3 位、0 位和 2 位小数。

在所建电压给定、电阻给定和电流表的适当位置，配置计量单位文本标签“V”、“Ω”和“mA”。

④控件的大小调整及排列

利用工具模板中的“Position/Size/Select”按钮，可以选定、移动控件或改变其大小。

对于各个控件，可以利用窗口工具条中的“对准列表框（10）”和“间隔列表框（11）”，进行界面美化、排列设计。

对于每个控件的附带部分（如：控件标签、数字显示等），利用工具模板中的按钮，同样可以对其选定、移动或改变其大小。

⑤修饰前面板

在 Controls→All Controls→ Decorations 中调用 Flat Frame 增加外框进行美化，最后，得到如附图 1-11 所示的前面板。

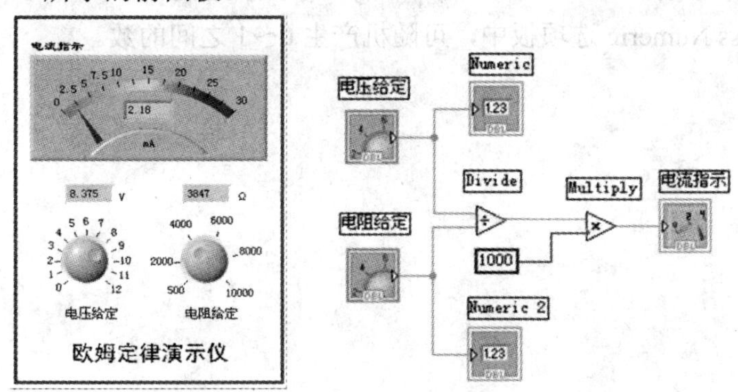

附图 1-11　“练习 SY1-1.vi”的前面板和框图

（4）编辑框图

①通过点击 Window→Show Block Diagram 切换到框图窗口。

②在框图窗口中放置需要的控件。

在现框图中，如附图 1-11 所示已有“Numeric”、“Numeric2”、“电压给定”、“电阻给定”和“电流指示”端口图标，它们是由前面板配置时自动带出来的，以便编程连线。

根据编辑目的，需新增一个除法器（Divide）、一个乘法器（Multiply）和常数 1000，它们均可从功能模板 Functions→Arithmetic & Comparison→Express Numeric 中拖出。

常数 1000 可由 Num const 修改而得；也可通过创建数值常数的方法而得：用连线工具在某个功能函数或 VI 的连线端子上右击，再从弹出的菜单中选择 Create Constant，就可以创建一个具有正确数据格式的数值常数对象，修改具体数值即可。

③用工具模板中的连线工具将各对象如附图 1-11 所示连接。

当需要连接两个端口时，需将连线工具在第一个端口上点击一下，然后移动到另一个端口，再点击一下。点击的先后次序不影响数据流动的方向。

当把连线工具放在端口上时，该端口区域将会闪烁，表示连线将会接通该端口。

接线头是为帮助正确连接端口而设置的标志。当把连线工具放到端口上时，接线头就会弹出。接线头还有一个标识框，显示该端口的名字。

线型为虚线、并出现叉形符号的连线表示不正确连线。出现坏线的原因有很多，例如：源端子和终点端子的数据类型不匹配；连接了两个控制端口等等。可以通过双击该坏线，再按下 Delete 键或通过 Edit→Cut 来删除它。

（5）试运行

点击 Windows→Show Front Panel 切换到前面板。单击连续运行按钮（Run

Continuously)，运行该 VI。用鼠标(这时自动处于赋值状态)多次旋转“电压给定”和“电阻给定”旋钮，观察电流表的变化情况以及数字显示器的对应情况。

2.编程部分

编程 SY1-1 新建一个完成 $y=3x^2+2x+5$ 的专用计算器 VI。

编程 SY1-2 新建一个在给定值附近（±0.5 的范围内）任意摆动的仪表 VI。要求：使用水平滑动条控件 Slide 作为给定值输入，使用仪表指示器 Meter 作为输出指示。

提示：利用随机函数 Random Number(0-1)，该函数位于 Functions→Arithmetic & Comparison→Express Numeric 选项板中，可随机产生 0～1 之间的数。

实验 4-19 光学多道分析器

一、实验目的

1.掌握光学多道分析器的结构及工作原理。

2.用已知谱线波长定标测量未知谱线波长。

3.了解计算机在光谱学中的应用。

二、实验仪器

WGD-6 型光学多道分析器、低压汞灯、计算机处理系统、钠光灯。

三、实验原理

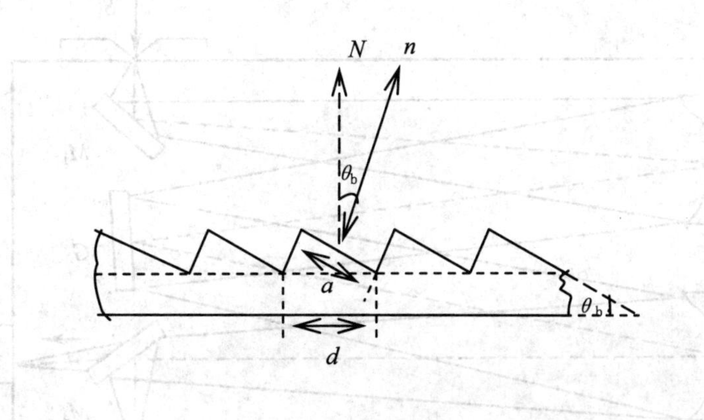

图 4-19-1 沿槽面的法线方向入射

平面反射光栅是在铝膜上刻上平行性很好的划线，划线的槽面是锯齿形状，它与透射光栅相比最大的优点在于可增加某一级光谱的强度。如图 4-19-1 所示，当平行光束沿槽面法线 n 方向入射时，对固定的闪耀角 θ_b 可得到光波的 k 级闪耀波长λ_k，即

$$2d\sin\theta_b=k\lambda_k$$

其中，N 为平面光栅的法线方向，n 为槽面的法线方向，闪耀角 θ_b 是槽面与光栅平面之间的夹角，a 为衍射单缝，d 为光栅常数，λ_k 为入射光波的闪耀波长，k 为级序。由上式可知，通过对光栅闪耀角的改变，可使光栅适用于某一特定波段的某级光谱。

当入射平行光方向与平面光栅法线间以θ_i 角入射时，见图 4-19-2，则衍射方程为：

图 4-19-2 任意角入射

$$d（\sin\theta_i-\sin\theta_k）=k\lambda,\quad k=0,\pm1,\pm2,\cdots$$

θ_k 为 k 级衍射角。若已知光栅常数 d，对固定的入射角θ_i，由于不同波长的同级谱线衍射角θ_k不同，长波的衍射角大，短波的衍射角小，可求出对应的波长λ。

四、光学多道分析器系统组成

光学多道分析器由反射式光栅光谱仪、计算机、显示器、打印机、键盘和电源控制箱组成，如图 4-19-3 所示：

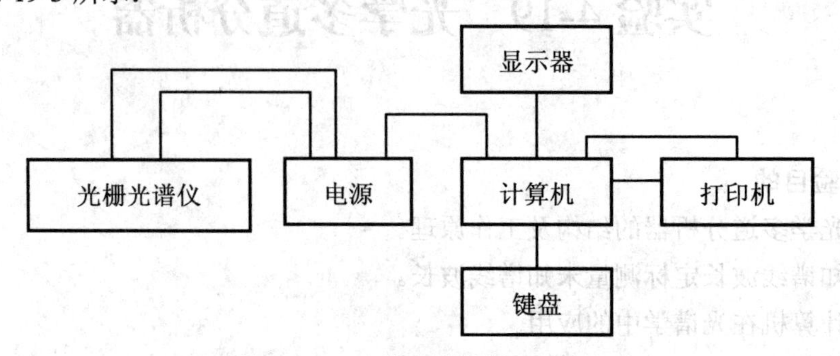

图 4-19-3 光学多道分析器系统组成

反射式光栅光谱仪由准光系统、光色散系统、光接收系统组成，如图 4-19-4 所示：

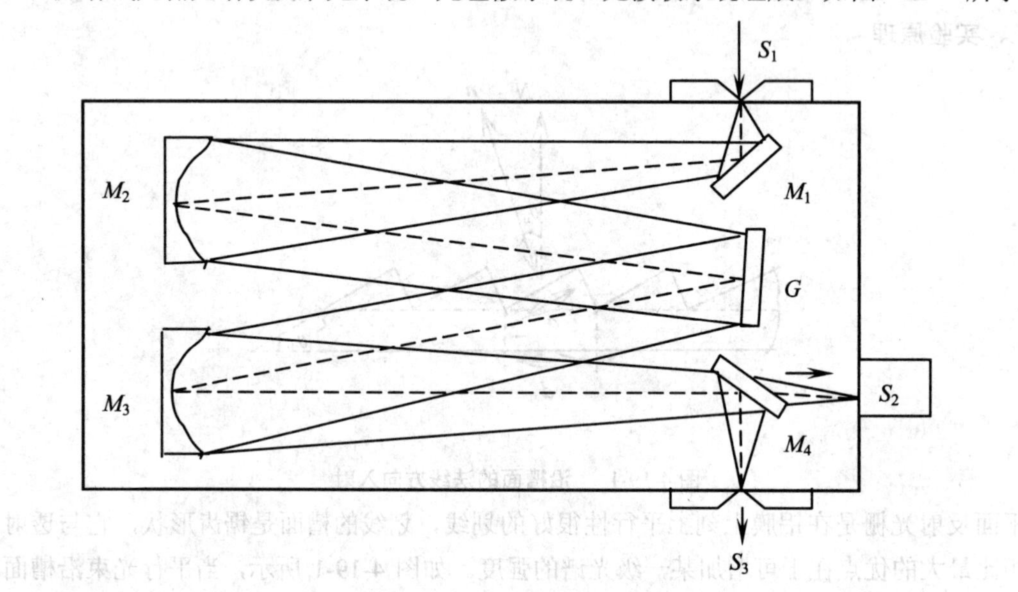

M_1.平面反射镜 M_2、M_3.凹面反射镜 M_4.转镜 G.平面反射光栅

S_1.入射狭缝 S_2.出射狭缝 S_3.观察窗

图 4-19-4 反射式光栅光谱仪结构

1.准光系统：由入射狭缝 S_1、平面反射镜 M_1 和凹面反射镜 M_2 组成。S_1 位于凹面镜 M_2 的焦平面上，复色光从狭缝 S_1 入射经 M_1、M_2 成为平行光射向平面反射光栅 G。

2.光色散系统：平面反射光栅 G 根据不同波长同级谱线的衍射角不同，将复色光分解为各单色平行光。本实验中平面反射光栅每毫米刻线 600 条，闪耀波长为 550 nm。

3.光接收系统：各单色平行光经凹面反射镜 M_3 反射后在一定范围内将不同波长的平行光会聚于出射狭缝 S_2（CCD）或观察窗 S_3 上。CCD 系统和观察窗之间通过转镜转换，将挡板置于观察窗，可观察到谱线；将挡板置于 CCD，若入射狭缝足够细，可得到按波长大小有序排列的明晰谱峰。

数据获取处理系统：将获得的谱线经 CCD、A/D 转化后进入计算机系统进行动态显示和离线处理，其原理如图 4-19-5 所示：

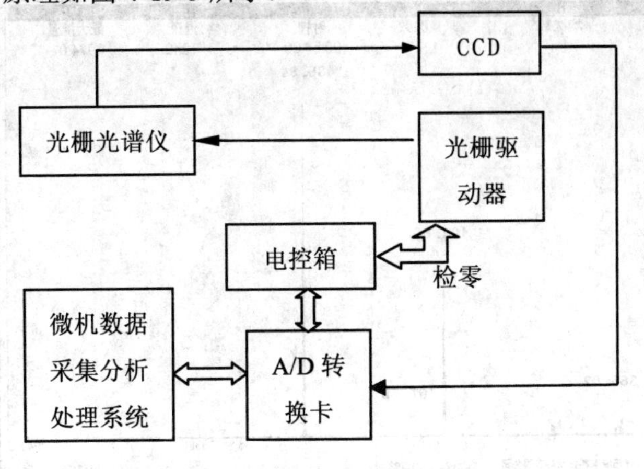

图 4-19-5 数据获取与处理系统原理

光电耦合器件 CCD 为光学多道分析器的主要探测器件，它由一系列线阵紧密排列的 MOS 电容阵元组成。当 CCD 器件曝光后，各 CCD 阵元内储存的电荷量与它的曝光量成正比，通过耦合方式把电荷传输出去，经模/数（A/D）转换成计算机可处理的数字信号，然后由计算机中相应的操作软件进行获取、显示、处理。由于该系统可实时采集光谱，对光强不断变化的光谱，可得到光谱相对强度随时间分布的三维谱图。

CCD 探测器件具有高灵敏度、低噪声、快速输出、高动态范围和宽光谱响应等优点。本实验所用的CCD有效单元数为2048个，光谱响应区间为300～900 nm，积分时间为40 ms～1800 ms，可满足微弱光谱测量的要求。

电控箱是数据采集与处理系统中的另一核心单元，它是操作系统和光栅光谱仪连接的中枢，可进行系统的控制和信号的传输。

五、光学多道分析器定标

光学多道分析器的定标是利用已知谱线的波长来标定波长和相应CCD单元道数的对应关系。在可见光波段，通常选用高压汞灯、低压汞灯等作为定标光源。

定标有线性定标和多次（二次、三次和四次）定标。

线性定标方式为：$Y=AX+B$，Y 代表道数，X 代表波长，选择两个已知波长（X_1 和 X_2）的谱线和它们相对应的通道（Y_1 和 Y_2），求得 A 和 B 值可将道数转换为相应的波长。

由于在测量中道数和波长的对应关系存在非线性，需采用多次定标方式。与线性定标相似，如二次定标为 $Y=AX^2+BX+C$，已知三条谱线波长才能定出系数 A、B 和 C，依此类推可知三次和四次定标。随着定标次数的提高，定标精度也相应提高。

本实验中我们采用低压汞灯作为标准定标光源，由于 CCD 接收区间有一定的限制，所以用分段测量的方法对可见光范围进行定标。在起始波长为 350 nm、500 nm、560 nm 时，其标准谱线如图 4-19-6、图 4-19-7、图 4-19-8 所示。

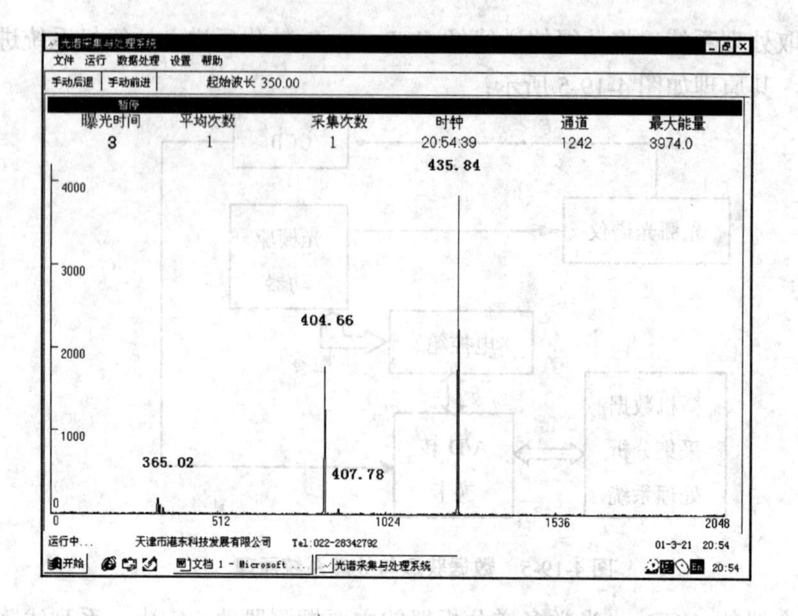

图 4-19-6 起始波长为 350 nm 的标准谱线

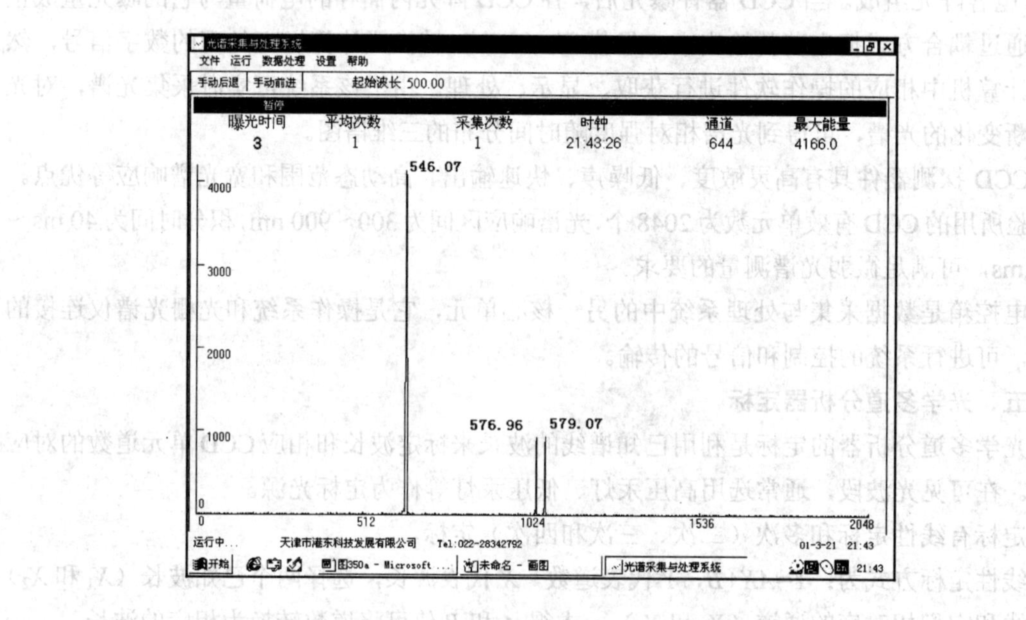

图 4-19-7 起始波长为 500 nm 的标准谱线

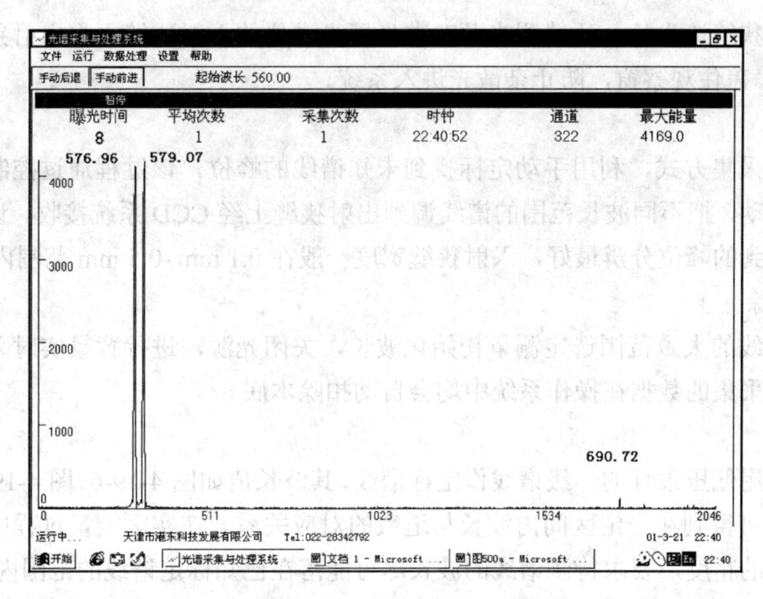

图 4-19-8　起始波长为 560 nm 的标准谱线

图 4-19-9 为利用低压汞灯在起始波长为 560 nm 时二次定标后测得钠光灯双线谱，其波长的实验值与理论值非常接近，说明在定标准确的情况下，该仪器精度小于 0.1 nm。

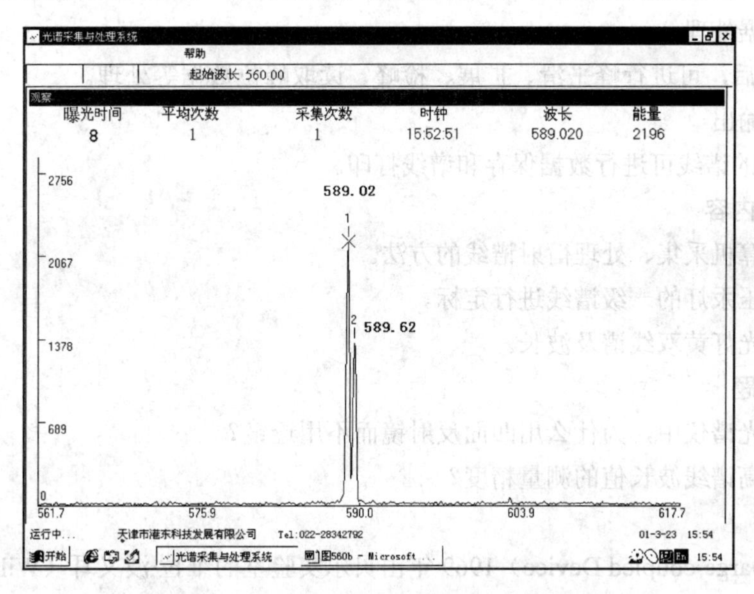

图 4-19-9　在 560 nm 定标后测定钠光灯谱线

六、操作步骤

测量可见光范围内未知谱线的波长，其测量步骤为：

1.进入系统

启动光学多道分析器的硬件系统，从计算机桌面进入 WGD-6 多道分析器的操作系统，再按任意键后可进入操作主界面。此时，计算机显示出对话框，询问起始波长的位置，初始化后波长位置为 300 nm，这是光学多道分析器能检测到的最小波长。

2.光栅光谱仪调整

取掉入射狭缝遮光片，让待测光源对准光栅光谱仪的入射狭缝，将出射狭缝的挡位置于 CCD 位置，盖住观察窗，防止杂散光进入系统。

3.找峰

启动实时采集方式，利用手动定标找到未知谱线的峰位，该过程通过控制系统来控制平面光栅的转动，把不同波长范围的谱线调到出射狭缝上经 CCD 系统接收。调节入射狭缝的宽度，使得到的峰位分辨最好，入射狭缝宽度一般在 0.1 mm~0.5 mm 范围内。

4.本底扣除

由待测谱线的大致范围选定测量初始化波长，关闭光源，进行背景实时采集。在测量状态不变时，采集的数据在操作系统中均会自动扣除本底。

5.定标

本实验选用低压汞灯的一级谱线作定标谱线，其波长值如图 4-19-6、图 4-19-7、图 4-19-8 所示，经定标可得到在一定区间内波长与道数的对应关系。在实际测量过程中，为了提高待测谱线波长的精度，要求待测谱线的波长尽可能落在已知标定谱线的范围内。

6.谱线测量

在已定标好的状态下，再次放入待测谱线的光源，进行实时采集，若待测谱线峰位太小，可通过增加曝光时间来解决。

7.离线数据处理

测量暂停后，可进行峰平滑、扩展、检峰、读取峰位数据等处理。

8.保存和输出

对已测量的谱线可进行数据保存和谱线打印。

七、实验内容

1.熟悉计算机采集、处理衍射谱线的方法。

2.利用低压汞灯的一级谱线进行定标。

3.测量钠光灯黄双线谱及波长。

八、思考题

1.在光栅光谱仪中，为什么用凹面反射镜而不用透镜？

2.怎样提高谱线波长值的测量精度？

九、附录

CCD（Charge-coupled Device）1969 年由贝尔实验室的维拉·波义耳（Willard S. Boyle）和乔治·史密斯（George E. Smith）发明。2009 年维拉·波义耳因“发明了成像半导体电路——电荷耦合器件图像传感器 CCD”与高锟 （Charles K. Kao，“在光学通信领域中光的传输的开创性成就”）共同获得诺贝尔物理学奖。

CCD 一般通过 TTL 工艺或 CMOS 工艺制成，可分为线阵 CCD 和面阵 CCD 两大类，CCD 是一种半导体器件，其上植入微小光敏物质称作像素（Pixel），能感应光线，可直接将光信号转换为模拟电流信号，电流信号经过放大和模数转换，实现图像的获取、存储、传输、处理和复现，一块 CCD 上包含的像素数越多，其提供的画面分辨率也就越高。其主要特点有：

1.体积小、重量轻；

2.功耗小，工作电压低，抗冲击与震动，性能稳定，寿命长；

3.灵敏度高，噪声低，动态范围大；

4.响应速度快，有自扫描功能，图像畸变小，无残像；

5.应用超大规模集成电路工艺技术生产，像素集成度高，尺寸精确，商品化生产成本低。

CCD广泛用于科学研究、工业生产、医疗卫生、民用产品等各个领域。

实验 4-20　磁天平

一、实验目的

1.了解磁天平的结构和工作原理。

2.利用磁天平测定样品的磁化率。

二、实验仪器

磁强计（特斯拉计）、古埃磁天平仪、实验样品及样品管。

三、实验原理

古埃磁天平由分析天平、磁强计（特斯拉计）和可调电磁铁组成。样品底部放置在电磁铁中心均匀磁场区域。样品顶端远离磁场中心，处于磁场强度很弱的区域，这样整个样品处于一个非均匀的磁场中。把样品管悬挂在分析天平左端，以便测出样品在竖直方向上受到的磁力。在竖直方向上，由于磁场是非均匀的，存在一个磁场梯度 $\partial H/\partial l$，这样在样品管长度为 dl 的一段上受到的磁力为

$$\mathrm{d}F=\mu_0\chi SH\frac{\partial H}{\partial l}\mathrm{d}l \qquad (4\text{-}20\text{-}1)$$

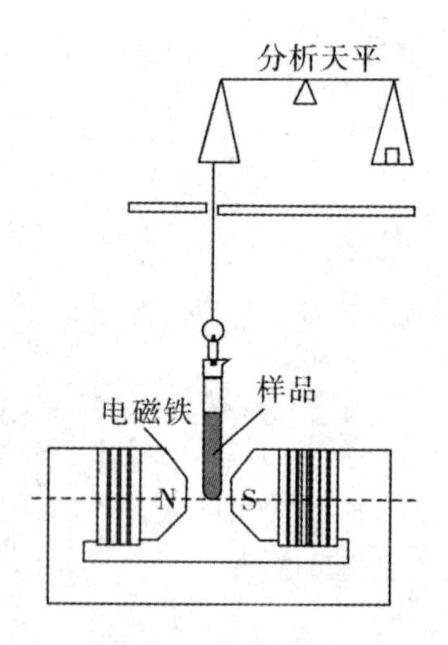

图 4-20-1　古埃磁天平原理

式中 H 为电磁铁中心的磁场强度，χ 为样品的体积磁化率，S 为样品的横截面积，μ_0 为真空磁导率，$\mu_0=4\pi\times10^{-7}\ \mathrm{N\cdot A^{-2}}$。

若不考虑样品管周围介质的影响，积分得到作用在整个样品管上的力为

$$F=\int_0^H \mathrm{d}F=\int_0^H \mu_0\chi SH\mathrm{d}H=\frac{1}{2}\mu_0\chi SH^2 \qquad (4\text{-}20\text{-}2)$$

通过分析天平测得空样品管的磁力 F_1 和装有样品的总磁力 F_2，则样品受到的磁力即为

$$F=F_2-F_1 \qquad (4\text{-}20\text{-}3)$$

由此可得样品的磁化率为

$$\chi=\frac{2(F_2-F_1)g}{\mu_0SH^2}=\frac{2(F_2-F_1)g\mu_0}{SB^2} \qquad (4\text{-}20\text{-}4)$$

如果测得磁感应强度 B 以及 F_1 和 F_2 的值，即可得到样品的体积磁化率 χ。实验中，磁感应强度 B 用特斯拉计测得，F_1 和 F_2 的值由分析天平得到。

四、实验内容

1.用特斯拉计测量磁场

（1）把特斯拉计的探头放在电磁铁的中央，戴上保护套，调节特斯拉计的示数为“0”。

（2）取下保护套，调节电流使磁场强度约为 0.3 T。调节探头位置使特斯拉计显示最大值 H，记下 H 的值和此位置。然后将探头向上移动至磁场为零的位置并记下所移动的高度 h，此即样品管内应装样品的高度。

2.用磁天平测量空样品管的磁力 F_1

取一支清洁干燥的空样品管悬挂在磁天平的挂钩上，使样品管正好与磁极中心线齐平（样品管不可与磁极接触，并与探头有适当的距离）。准确称出空样品管质量（此时 $H=0$），得 $m_1(H_0)$。调节旋钮，使特斯拉计显示为“0.300 T”(H_1)，迅速称量，得 $m_1(H_1)$；逐渐增大电流，使特斯拉计显示为“0.350 T”(H_2)，称量得 $m_1(H_2)$。然后略微增大电流并接着退至“0.350 T”(H_2)，称量得 $m_2(H_2)$；再将电流降至示数为“0.300 T”(H_1)，再称量得 $m_2(H_1)$；继续缓慢降低磁场示数为“0.000T”(H_0)，称得质量为 $m_2(H_0)$。最后计算为

$$\Delta m_{空管}(H_1)=\frac{1}{2}\left[\Delta m_1(H_1)+\Delta m_2(H_1)\right]$$

$$\Delta m_{空管}(H_2)=\frac{1}{2}\left[\Delta m_1(H_2)+\Delta m_2(H_2)\right]$$

式中

$$\Delta m_1(H_1)=m_1(H_1)-m_1(H_0)$$

$$\Delta m_2(H_1)=m_2(H_1)-m_2(H_0)$$

$$\Delta m_1(H_2)=m_1(H_2)-m_1(H_0)$$

$$\Delta m_2(H_2)=m_2(H_2)-m_2(H_0)$$

以上 Δm 的计算中已将样品管的质量扣除，空管上的磁力为

$$F_1=\Delta m_{空管}g=\frac{1}{2}\left[\Delta m_{空管}(H_1)+\Delta m_{空管}(H_2)\right]$$

3.用磁天平测量装有样品的总磁力 F_2

取下样品管，装入事先研磨并干燥过的莫尔盐，装入样品的长度为所记下的高度 h（用尺子准确测量）。按前述的方法将装有莫尔盐的样品管置于磁天平上称量，重复上一步的过程，得 $m_{1空管+样品}(H_1)$、$m_{1空管+样品}(H_0)$、$m_{2空管+样品}(H_1)$、$m_{2空管+样品}(H_0)$、$m_{1空管+样品}(H_2)$、$m_{1空管+样品}(H_0)$、$m_{2空管+样品}(H_2)$ 和 $m_{2空管+样品}(H_0)$，求出 $\Delta m_{空管+样品}(H_1)$ 和 $\Delta m_{空管+样品}(H_2)$。则空管和样品受到的总磁力为

$$F_2=\Delta m_{空管+样品}g=\frac{1}{2}\left[\Delta m_{空管+样品}(H_1)+\Delta m_{空管+样品}(H_2)\right]$$

五、数据处理

根据上面所测得的实验数据代入公式（4-20-4）中，计算莫尔盐的体积磁化率 χ（S 已知）。并估算磁化率 χ 的不确定度，其中各直接测量的物理量不确定度由仪器的不确定度

给出。

六、注意事项

1.霍尔探头易损，要防止受压、挤扭、弯曲和碰撞。

2.使用前应检查霍尔探头铜管是否松动，如有松动应拧紧后使用。

3.霍尔探头不宜在强光照射下或高于 60 ℃的环境下使用。

4.使用霍尔探头时应使磁场与探头表面垂直。

5.霍尔探头不使用时应套上保护金属套。

6.样品管的高度 h 正好是磁场强度 0 和 H 两个位置之间的距离。

七、问题

1.磁天平磁极间的样品管放置时，把样品的最下端置于磁场最强处，样品的最上端置于磁场为零处。若样品管再往下移，使样品上端位于磁场最强处，最下端位于磁场外，此实验是否可以进行？

2.为什么测量样品的质量时要在磁场强度上升和下降的情况下反复测量？

3.假若样品的最上端处磁场强度不为零，公式（4-20-4）是否还成立？

4.样品管中的样品装入高度是否可以为任意值？

5.实验中样品装入质量的多少对结果有影响吗？为什么？

八、附录

磁化率是表征物质在外磁场中被磁化程度的物理量，常用体积磁化率 χ 表示，是一个无量纲的参数。由于不同物质的磁化率 χ 值相差很大，所以通常根据 χ 的符号、量值以及量值随温度、磁场的变化关系对物质进行分类。如，铁磁性物质 $\chi>0$，且 χ 数值很大，一般为 $10^{-1}\sim10^{5}$；抗磁性物质 $\chi<0$（即它在外磁场中产生的磁化强度与磁场方向相反），且 χ 的绝对值很小，仅为 $10^{-7}\sim10^{-6}$；顺磁性物质 $\chi>0$，但 χ 数值很小，一般为 $10^{-6}\sim10^{-5}$。可见，磁化率的测量是磁学实验的重要组成部分。

磁化率的测量方法很多，而古埃法由于结构简单、测量灵敏度高被广泛应用，基本原理为对样品施加具有梯度的磁场，然后测量样品受到的作用力差值，代入相关公式，得到磁化率。

实验 4-21 转动动力学

一、实验目的

1.验证刚体定轴转动的转动定理。

2.验证刚体定轴转动的角动量守恒定律。

二、实验仪器

两个精密的空气轴承，电子计数器，两个钢制圆盘，铝盘，滑轮，重物等。

三、实验原理

1.转动定理

平动的物体运动规律遵守牛顿第二定律，物体所受合外力=质量（惯量）×加速度：

$$F = ma \tag{4-21-1}$$

做定轴转动的刚体遵守转动定理，刚体所受合外力矩=转动惯量×角加速度：

$$\tau = I\alpha \tag{4-21-2}$$

其中力矩 $\tau = Fr$，其中 r 是转轴到力 F 的作用线的垂直距离。

实验中在不同的转动惯量下通过测量受重力矩作用刚体角速度的变化，从而得到刚体角加速度的大小，测出圆盘转动惯量值，验证（4-21-2）关系，从而验证刚体的转动定理。

2.角动量守恒定律

平动物体的碰撞过程，当一个质量为 m_1 以速度 v_i 运动的物体与一个静止的质量为 m_2 的物体在同一直线上发生完全非弹性碰撞时，假设该方向无外力作用，由动量守恒定律可知，两个物体碰撞后会保持同一速度 v_f 运动，如图 4-21-1 所示。

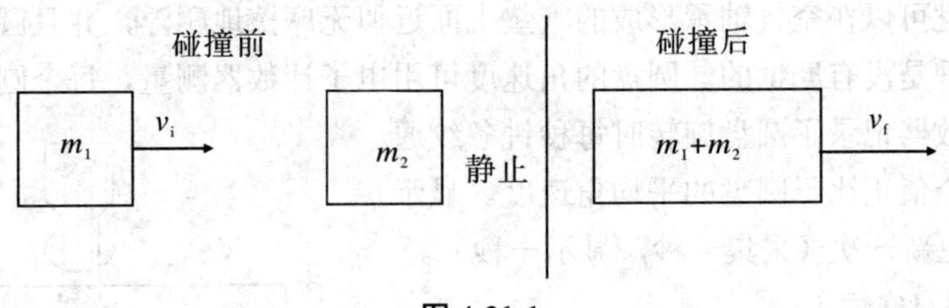

图 4-21-1

由动量守恒知：

$$m_1 v_i = (m_1 + m_2) v_f \tag{4-21-3}$$

在刚体做定轴转动时，如果它所受外力对轴的合外力矩为零（或不受外力矩作用），则刚体对该轴的角动量保持不变。

$$I\omega = 恒量$$

这就是刚体定轴转动的角动量守恒定律，其中 I 为刚体的转动惯量。

在定轴转动的角碰撞中，一个转动惯量 I_t 初始角速度 ω_i 的旋转圆盘与另一个转动惯量 I_b 初始静止的圆盘发生完全非弹性角碰撞，两个圆盘都在一个无摩擦的轴承上自由旋转，角动量守恒。发生完全非弹性角碰撞后，两圆盘一起转动，共同角速度为 ω_f。如图（4-21-2）所示。

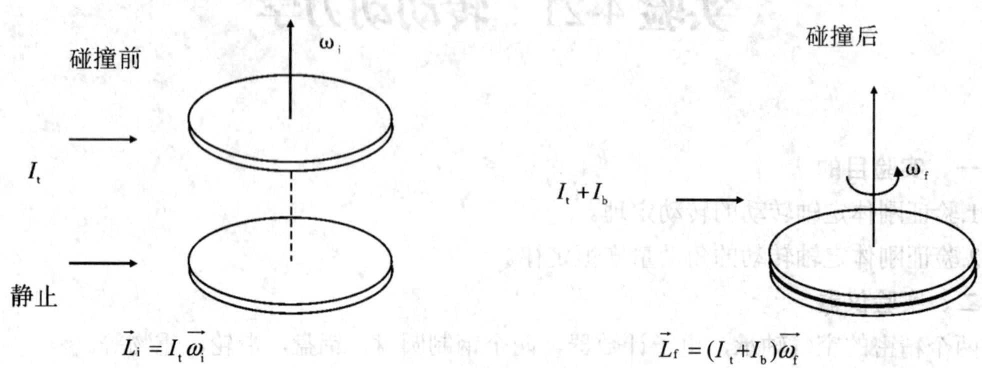

$\vec{L}_i$ 和 $\vec{L}_f$ 分别为角碰撞前后的角动量

图 4-21-2

由角动量守恒定律得：

$$I_t\omega_i = (I_b + I_t)\omega_f \tag{4-21-4}$$

具有内半径 r_1 和外半径 r_2 的环状圆盘的转动惯量由下式给出：

$$I = m(r_1^2 + r_2^2)/2 \tag{4-21-5}$$

上盘和下盘的转动惯量 I_t 和 I_b 通过测量它们的尺寸和质量，由式（4-21-5）得出。

由（4-21-4）可知：

$$\omega_i/\omega_f = (I_t + I_b)/I_t \tag{4-21-6}$$

实验中通过测量两个圆盘发生完全非弹性角碰撞前后角速度的比值，测量出两圆盘转动惯量值，验证（4-21-6）关系，从而验证两个角碰撞圆盘的角动量守恒。

四、实验内容

实验仪器由两个精密的空气轴承、电子计数器、两个钢制圆盘、一个铝盘、滑轮、重物等构成。圆盘可以在空气轴承形成的气垫上面近似无摩擦地飘浮，并且圆盘绕着空气轴承的旋转也几乎是没有摩擦的。圆盘的角速度可用电子计数器测量，每个圆盘的边缘有条纹状刻度。计数器记录了圆盘旋转时每秒钟条纹通过的次数。这个值正比于圆盘的平均角速度。显示的数据每两秒更新一次（采集一秒，显示一秒）。

1.验证角动量守恒

实验前利用气泡水准仪检测仪器水平状态，通过调节仪器的三个支脚，使仪器处于水平状态。

使两个圆盘均可各自独立地飘浮。将销栓插入底部圆盘阀中，底部的圆盘可以自由旋转，将“下降销栓”插入顶部圆盘的中心时，顶部的圆盘可以在底部圆盘的上方自由旋转，见图 4-21-3。

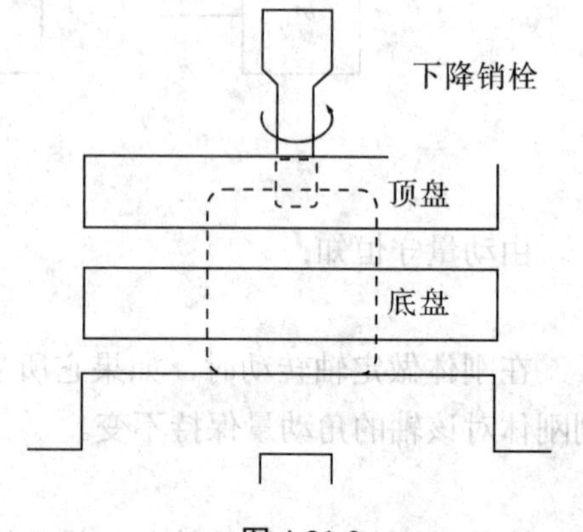

图 4-21-3

保持底部的圆盘静止不动，旋转顶部的圆盘，在10～12秒之内（5～6次读出计数）记录顶部圆盘的角速度ω_i。拔出“下降销栓”，使顶部的圆盘降落到底部圆盘上。两个圆盘经过非弹性角碰撞后，其角速度将会趋于一致。碰撞后，迅速记录在10～12秒之内（5～6次读出计数）两圆盘一起转动的共同角速度ω_f（注意，如果在记数中顶盘突然落下，经过碰撞后第一次显示的计数才是正确的最终速度）。本实验需要对初始计数值n分别为600条纹/秒、500条纹/秒、400条纹/秒这三种情况进行重复测量。

数据记录格式：

	质量M	r_1	r_2	I
下钢盘				
上钢盘				
铝盘				

N_i	ω_i	v_f	ω_f

2.验证转动定理

如图4-21-4，我们研究在砝码下降过程顶盘角速度的变化，以及顶盘和底盘结合后角速度的变化，通过实验确定角加速度的大小。通过理论分析和计算得到力矩的大小，比较二者是否相等。实验过程描述如下：

将仪器放在桌子上的合适位置，使砝码可以从桌子的边缘自由下落。使仪器处于水平状态，将销栓从底部圆盘阀中取出，底部的圆盘将稳固地静止在基盘上。取掉顶盘上的“销栓”，将带线槽的小滑轮固定在顶部圆盘中心的黑色实心螺杆上。将细线完全缠绕在滑轮的狭槽中，然后绕过柱状空气轴承的凹槽连接到砝码上。这样顶盘可以在底盘的上方自由飘浮，旋转滑轮将线缠紧到狭槽上。当松开手时，砝码就会使圆盘加速，直到所有的线从滑轮上松开，然后会再次将线缠到滑轮上，砝码也会被拉回去，系统减速直到最后停止。

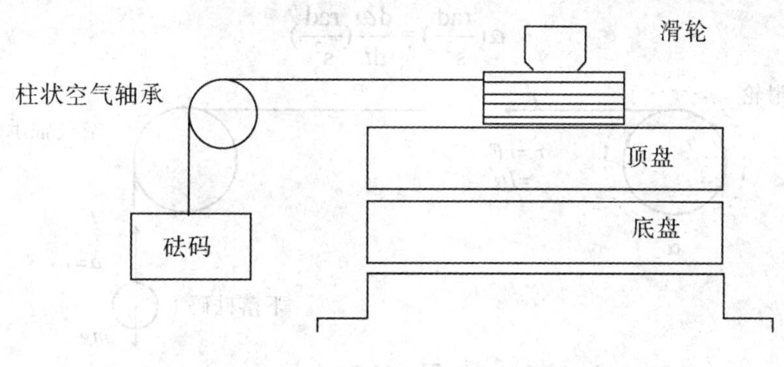

图4-21-4

圆盘的角加速度与所受力矩的关系用下述方法进行测量。开始时线应该完全缠到转轮上，而顶部的圆盘保持静止。释放顶部的圆盘，记录从释放砝码开始到它降落至最低的过程中计数器所显示的每一次读数。显示屏每两秒钟显示一次，在砝码落下的过程中可得到4~5次的计数（如果砝码在最后一次的计数之前结束了它的下落运动过程，最后的一个读数应当舍弃）。重复上述步骤，测量两次。

当完成上述测量之后，将销栓插入底部圆盘阀中，用空心的螺栓替代实心黑螺杆将滑轮固定在顶部圆盘上，这时两盘可以一起自由旋转。然后再重复测量重物下落过程中圆盘的角速度。注意当两个圆盘一起旋转时，由于转动惯量增加，重物的下落将会比较缓慢。在整个测量过程中将可以读出 5~6 个计数值。此实验过程也要进行两次。

然后利用大滑轮重复以上实验过程。

选做内容：可以通过改变砝码的质量以及利用质量较轻的铝盘重复上述实验过程。（由于实验台高度有限，用大滑轮和铝盘做实验时，请选择较轻的砝码，否则记录得到的数据很少。）

五、注意事项

1.要确保圆盘和转轴均已用实验室提供的软布擦拭干净。

2.每次移动装置后都要利用气泡水平仪调整使它保持水平。

3.整个实验过程中空气压强应该保持在 9 psi，当在转轴上取下或替换一个圆盘时，一定要注意保持圆盘平行于基平面。在没有打开气源时，绝对禁止旋转圆盘和空气轴承，只有这样才不会刮伤空气轴承的转轴。

4.任何不当的操作所导致的缺口或毛刺都将会减弱空气轴承的性能，从而增大实验误差，甚至损坏仪器。本实验所用仪器没有备件，请谨慎操作。

六、数据处理

做角速度—时间曲线关系图。对每一组实验点分别画出一条直线，平均的斜率就是系统的角加速度 α 的测量值。

由于角加速度 α 的单位是 rad/s^2，圆盘的周长上有 200±1 个条纹（bars），而记数器读数 n 的单位是“bar/s”。因此有：

$$\omega\left(\frac{\text{rad}}{\text{s}}\right)=n\frac{\text{bar}}{\text{s}}\frac{2\pi(\text{rad})}{(200\pm1)(\text{bar})}$$

$$\alpha\left(\frac{\text{rad}}{\text{s}^2}\right)=\frac{\mathrm{d}\omega}{\mathrm{d}t}\left(\frac{\text{rad}}{\text{s}^2}\right)$$

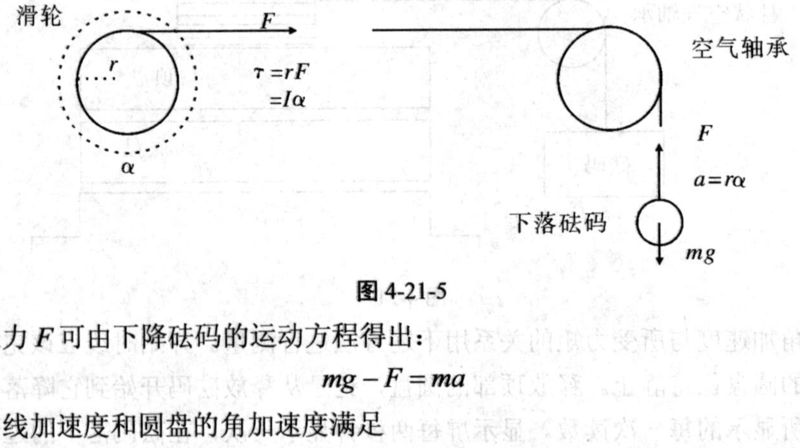

图 4-21-5

线的张力 F 可由下降砝码的运动方程得出：

$$mg-F=ma \tag{4-21-7}$$

重物的线加速度和圆盘的角加速度满足

$$a=r\alpha$$

则张力可以写成：

$$F=mg-rm\alpha \tag{4-21-8}$$

可以得到力矩：

$$\tau = rF = r(mg - rm\alpha) = I\alpha \qquad (4\text{-}21\text{-}9)$$

所以得到

$$\alpha = \frac{mgr}{I + mr^2} \qquad (4\text{-}21\text{-}10)$$

公式（4-21-10）的右边可以由测量重物的质量 m 和滑轮的半径 r 计算得出。第一组实验数据中，I 为顶部圆盘的转动惯量；第二组实验数据中，I 为两个圆盘总的转动惯量。

将由此计算出的角加速度 α 的理论值，分别和在两种实验条件下得到的角加速度 α 值进行比较。仔细进行误差分析，说明测量值与理论值在实验所允许的误差范围内是否一致。并分析误差的可能的原因。

数据记录格式：

$m_{重物}$=________，$r_{滑轮}$=________

N_1	N_2	N_3	N_4	N_5	N_6
ω_1	ω_2	ω_3	ω_4	ω_5	ω_6

七、附录（通过作图得到实验数据的方法）

1.作图求斜率，得到角加速度 α

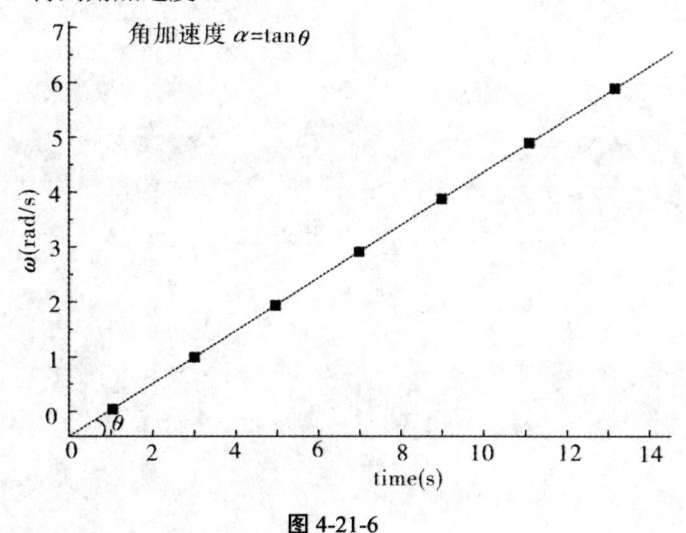

图 4-21-6

角加速度 α 的误差由两次实验结果得到：

$$\Delta\alpha_1 = \frac{\alpha_1 + \alpha_2}{2} - \alpha_1$$

$$\Delta\alpha_2 = \frac{\alpha_1 + \alpha_2}{2} - \alpha_2$$

2.实验中碰撞发生前后，初角速度 ω_i 和末角速度为 ω_f 的确定：

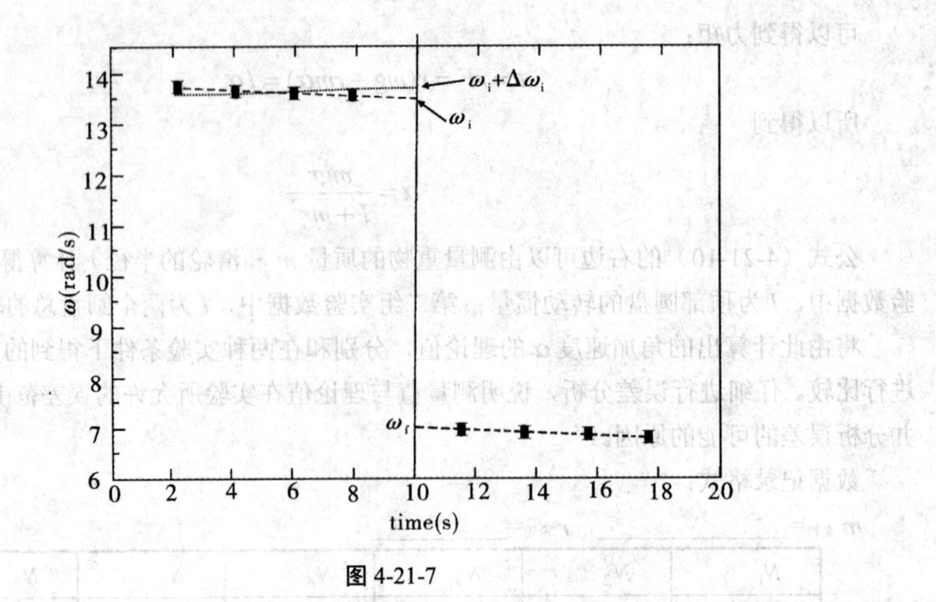

图 4-21-7

实验中，碰撞发生的那一时刻，瞬时角速度很难准确测量，因此，我们采取作图外推的方法，得出实验中不易测量的数据。在图 4-21-7 中，将测量点连成直线，与碰撞发生时的时刻（图中 t=10 s）的那条竖直线相交，从交点位置我们可以得出碰撞前后圆盘的初角速度 ω_i 和末角速度 ω_f。

实验 4-22　向心加速度的研究

一、实验目的

1.研究旋转水面上的水滴元的运动特点。

2.验证圆周运动的向心加速度与圆半径和角速度的关系。

二、实验仪器

电动转台、电源、秒表、气泡水平仪、水盆、装有激光笔的实验架、尺子、测角仪等。

三、实验原理

盛有水的水盆静止时水面是保持水平的。当水盆以固定的角速度 ω 在水平面内绕盆的中心轴旋转时，水面将不再保持水平，而是形成旋转曲面。

角速度定义为每秒旋转的弧度。如果旋转一周的时间是 T 秒，那么角速度是：

$$\omega=\frac{2\pi}{T} \tag{4-22-1}$$

我们分析水面上一个质量为 m、与盆中心的距离为 r 的水滴 P 点的运动规律。该水滴以角速度 ω 在半径为 r 的圆上运动，如图 4-22-1 所示，$\bar{r}$ 表示 P 点的位置矢量。

$$\bar{r}=x(t)\bar{i}+y(t)\bar{j}=r\cos(\omega t)\bar{i}+r\sin(\omega t)\bar{j} \tag{4-22-2}$$

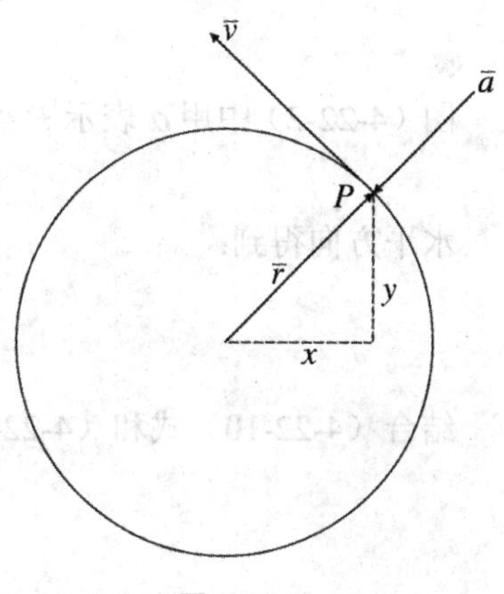

图 4-22-1

因为 $\bar{r}$ 是时间的函数，所以（4-22-2）式就是该水滴的运动方程。

$\bar{r}$ 的大小是：

$$|\bar{r}|=\sqrt{x(t)^2+y(t)^2}=r\sqrt{\cos^2(\omega t)+\sin^2(\omega t)}=r \tag{4-22-3}$$

因此水滴绕中心以半径 r 做圆周运动，水滴的速度 $\bar{v}$ 是：

$$\bar{v}=\frac{\mathrm{d}\bar{r}}{\mathrm{d}t}=\frac{\mathrm{d}x(t)}{\mathrm{d}t}\bar{i}+\frac{\mathrm{d}y(t)}{\mathrm{d}t}\bar{j}=-r\omega\sin(\omega t)\bar{i}+r\omega\cos(\omega t)\bar{j} \tag{4-22-4}$$

其大小为 v，

$$v=r\omega \tag{4-22-5}$$

因为水滴 P 以恒定速率 v 沿半径为 r 的圆周运动，速度 $\bar{v}$ 始终与圆相切。

水滴 P 的加速度为 $\bar{a}$，

$$\bar{a}=\frac{\mathrm{d}\bar{v}}{\mathrm{d}t}=\frac{\mathrm{d}^2x(t)}{\mathrm{d}t^2}\bar{i}+\frac{\mathrm{d}^2y(t)}{\mathrm{d}t^2}\bar{j}=-r\omega^2\cos(\omega t)\bar{i}+r\omega^2\sin(\omega t)\bar{j} \tag{4-22-6}$$

注意

$$\vec{a}=-\omega^2\vec{r} \tag{4-22-7}$$

（4-22-7）式说明点 P 的加速度总是指向圆心。

以恒定的速率在半径恒定的圆上的运动称为匀速圆周运动。点 P 做匀速圆周运动时，其加速度 $\vec{a}$ 的大小是

$$a=\omega^2 r \tag{4-22-8}$$

加速度 $\vec{a}$ 的方向垂直于速度 $\vec{v}$，沿半径指向圆心。

图 4-22-2 为 P 点水滴元受力示意图。除重力外，水滴元还受到周围其他水滴对该水滴元施加的附加力 W，附加力的方向垂直于水面。W 的竖直分量等于重力 mg，方向向上。水平分量为 $m\omega^2 r$，方向指向转轴，即向心力使质量为 m 的水滴以（4-22-8）式给出的向心加速度做圆周运动。由牛顿第二定律和（4-22-8）式，可以得向心力 F_c

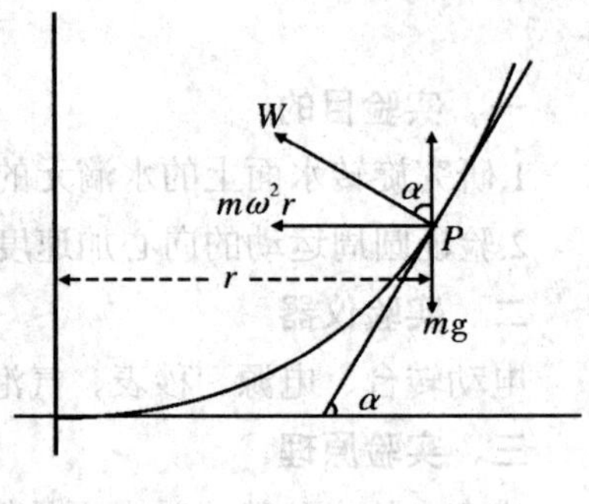

图 4-22-2

$$F_c=m\omega^2 r \tag{4-22-9}$$

图（4-22-2）中用 α 表示 P 点水面切线的倾斜角，运用牛顿第二定律，在竖直方向得到

$$W\cos\alpha=mg \tag{4-22-10}$$

水平方向得到：

$$W\sin\alpha=F_c=mr\omega^2 \tag{4-22-11}$$

结合（4-22-10）式和（4-22-11）式得到 P 点水面切线的斜率

$$\tan\alpha=\frac{r\omega^2}{g} \tag{4-22-12}$$

水面的中心（即 r=0 处）是平的，远离中心水面以较大的角度倾斜。从实验中测量水面不同旋转角速度和不同半径处的水面切线的倾斜角，与（4-22-12）式相比较，可以验证匀速圆周运动的理论。

水盆静止时，水面是保持水平的，实验中可以看做一个平面镜。将盛水的水盆沿盆中心竖直轴旋转时，盆里的水做起了圆周运动，水面可以看成凹面镜。我们用激光束反射的方法可以在不破坏水面的完整性的情况下测得水面形成凹面的情况，在水面保持水平和水面形成凹面这两种情况下，激光束均能被水面反射。实验中可由反射激光束的角度确定入射点处水面的倾斜度。

如图 4-22-3 所示，仪器主要由旋转水盆的转台和激光测角系统两部分组成。激光测角系统可以测量距盆中心一定径向距离处水面的倾斜度。电源驱动马达使转台以恒定的速度旋转，转速与电压成正比。激光笔竖直地装在水盆上方的实验架上，并可在水平方向移动，因此激光束能入射到水面上从中心到边缘的任意位置。激光笔移动的距离可被支架右上方的标尺测出，当激光束从水面中心位置移动到任意位置时，移动的距离就是该位置的水滴

元旋转半径。

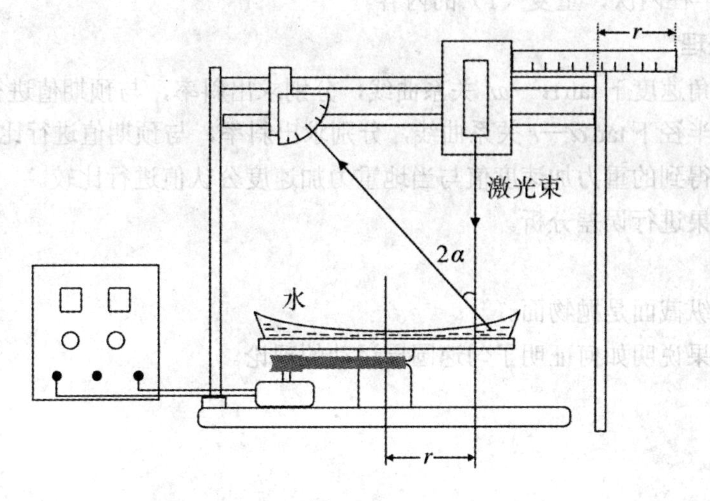

图 4-22-3

射向水盆的激光束被水面反射到测角仪上。（一部分光束透过水面，被盆底反射。由于盆底是漫反射，不会影响测量。）

调节测角仪的位置使反射光束恰好通过测角仪的圆心，从测角仪上可以直接读出水面倾斜角的两倍 x。图 4-22-4 是激光束在水面上发生反射的示意图，可以看到反射光与入射光的夹角是水面倾斜角的两倍。因此，水面的倾斜角是

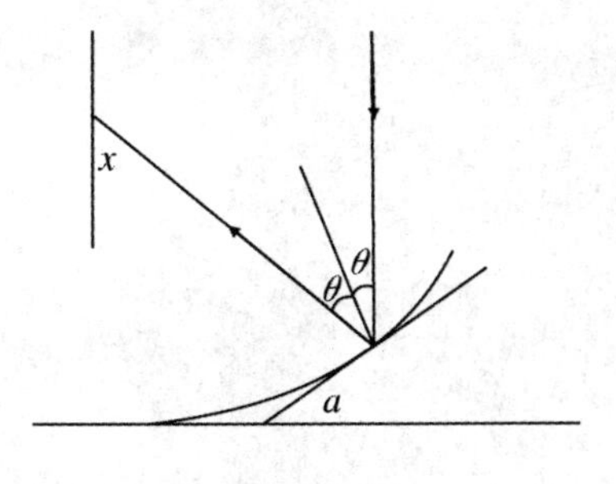

图 4-22-4

$$\alpha=\theta=\frac{x}{2} \tag{4-22-13}$$

四、实验内容

1.首先用气泡水平仪检测转台是否水平，将激光笔移动到水盆中心的上方，调整激光笔使激光束垂直于水面入射（在实验中加入肥皂可使水面更易反射和稳定）。可以通过一边观察反射光一边调节固定激光笔的夹子，直到反射光与入射光重合来实现。

打开电源，调整电压到 15 伏特，用秒表测量此时转台的转动时间，如转了 10 圈的时间为 T_{10}，则角速度 ω 为：

$$\omega=10\frac{2\pi}{T_{10}}$$

2. 验证固定角速度 ω 旋转时水面倾斜角的正切与半径 r 满足（4-22-12）式正比关系。

（1）设定电压 15 伏特，在恒定的转速下，测量 5 次不同半径 r 处水面的倾斜角。

（2）设定电压 20 伏特和 25 伏特，重复（1）的内容。

3. 验证固定旋转半径 r 时水面倾斜角的正切与角速度的平方满足（4-22-12）式正比关系。

（1）固定半径不变，测量 5 次不同角速度旋转的水面的倾斜角。

（2）改变半径两次，重复（1）的内容。

五、数据处理

1.作出不同角速度下 $\tan\alpha—\omega^2$ 关系曲线，分别求出斜率，与预期值进行比较。

2.作出不同半径下 $\tan\alpha—r$ 关系曲线，分别求出斜率，与预期值进行比较。

3.将实验中得到的重力加速度值与当地重力加速度公认值进行比较。

4.对实验结果进行误差分析。

六、问题

1.证明水的纵截面是抛物面。

2.从实验结果说明如何证明了匀速圆周运动的理论。

实验 4-23　磁性圆盘间的弹性碰撞

一、实验目的

1.研究碰撞过程中系统的质心运动规律。

2.验证系统的动量守恒。

3.验证弹性碰撞系统总能量守恒。

二、实验仪器

实验板，底部有可通气的小孔的磁性圆盘，记录纸，碳纸，打点计时器，气源等。

三、实验原理

在碰撞过程中，若系统所受的合外力等于零，则系统总动量守恒，即碰撞系统中所有物体的动量和不变。若碰撞是弹性碰撞，则系统总能量也守恒。本实验我们研究的"碰撞"是具有相同磁性的物体彼此靠近，受到磁力的作用磁性物体将相互排斥的过程。所受排斥力的大小不仅与两个磁性物体本身所具有的磁性大小有关，还与两个磁性物体之间的距离有关。这样的碰撞过程，能量守恒就意味着物体运动的动能和磁性物体相互作用的势能的总和在碰撞前后保持不变。

$$\begin{cases} E_{\text{碰前}}=E_{\text{碰后}} \\ P_{\text{碰前}}=P_{\text{碰后}} \end{cases} \tag{4-23-1}$$

在本实验中，我们将验证能量和动量守恒关系。

在实验中，为了实现弹性碰撞，必须做到水平、无摩擦和无物理接触三个实验条件。实验在一块水平的实验板上进行，两磁性圆盘的底部有可通气的小孔，通入气体后两圆盘悬浮在实验板上近似无摩擦地在实验板上运动。两磁性圆盘相距非常近时由于受到强磁性排斥作用，使两圆盘在"碰撞"过程中无物理接触，这样就确保了碰撞为弹性碰撞。

开始时，一个磁性圆盘处于静止状态，另一个相同质量的磁性圆盘向静止圆盘方向运动，当运动的磁性圆盘靠近静止的磁性圆盘时，两磁性圆盘间的磁性排斥作用使它们互相弹开。因为磁性圆盘悬浮在实验板上，可认为没有摩擦力，同时磁性圆盘间也无真正的物理接触，因此在整个碰撞过程中动量守恒，总能量也守恒。但由于磁力使系统磁性势能发生变化，碰撞过程中系统的总动能并不守恒。磁性势能与两磁性圆盘之间的距离有关，当它们分开距离相对较远时，磁力作用很弱，磁性势能很小，可以忽略。因此，在碰撞初态和终态，系统的动能守恒。

四、实验步骤

1.固定实验用碳纸和记录纸

擦拭实验板表面，在实验板表面先放上碳纸，碳纸紧靠发射端，两边分别与实验板两侧平行。把记录纸放在碳纸上面，使记录纸完全盖住碳纸，铺平纸面，使其尽可能平滑，用胶带纸固定。

2.检查水平状态

在此实验中，使实验板保持水平状态是非常重要的。首先进行粗查：将气泡水准仪放在记录纸中心，检查水准仪中的气泡是否位于中心。如气泡不在中心，调节实验板使气泡处于水准仪中心。然后进行细调：打开气源，压力指针大约指向 10 psi（0.8 atm），把一个圆盘（设为盘 A）放在记录纸中心，另一个圆盘（设为盘 B）暂时放实验板外，观察盘 A 飘移情况：在 5 秒钟内飘离初始位置的距离最多不超过 2 cm，则达到实验要求的水平。否则，重新调节实验板水平状态。使实验精确水平的意义在于：除了要求盘 A 在碰撞前初速度为零外，还要求从运动圆盘 B 发射到两盘相碰之前时间内盘 A 无移动。

3.选择入射圆盘位置

在实验板的一角，两侧有两颗钉子，一根橡皮筋横跨在这两颗钉子上，使其与该角的角平分线近似垂直；与发射圆盘高度相比，橡皮筋高度应超过圆盘的上表面。橡皮筋所在的位置就是入射圆盘的位置，发射时用橡皮筋弹出入射圆盘。由于两圆盘分别通过软管与气源连接，从该位置发射入射圆盘可避免橡皮管拖拉，以减小系统误差。

4.选择理想的发射位置和静止圆盘位置

正式实验之前，可以先做几次试验性的发射。首先把静止盘放在记录纸中心附近（气源仍保持在 10 psi），用一根手指抓住入射圆盘的后侧并使它接触到发射角两侧的缓冲线，使入射圆盘弹出。观察两磁性圆盘的磁撞过程，只有满足以下四个条件，我们才可以正式开始实验：

（1）入射圆盘中心的运动路线经过静止圆盘的边缘（见图 4-23-1）；

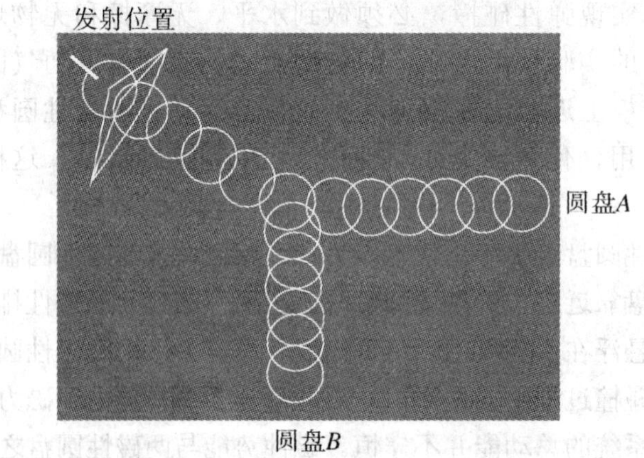

两个质量相等的磁性圆盘碰撞示意图。开始时，圆盘 A 位于图中心，处于静止状态，用一根橡皮筋将圆盘 B 从左上角弹出。

图 4-23-1

（2）每次发射后入射圆盘均沿同样的轨迹运动；

（3）磁撞后两个圆盘所滑过的距离大致相等；

（4）两圆盘运动方向大致呈直角。

这样我们认为找到了一个理想的发射位置，用笔在橡皮筋上做个记号；同时，静止盘找到了一个合适的初始位置，用铅笔在记录纸上画一个圆圈确定圆盘 A 的位置。

5.正式发射，记录数据

为了分析两圆盘的碰撞过程，在固定时间间隔内，用打点记录系统记录每个圆盘中心在每一瞬间的位置。把打点定时器置于 10（100 msec）挡上，气源保持不变，把静止圆盘 A 放在选好的位置。你的同伴用手指（或夹子）捏紧通气管，使静止圆盘暂时不动，把发射圆盘放在发射位置，准备发射。示意你的同伴按下打点发生器的按钮并松开通气管，同时你将入射圆盘发射出去。当第一个圆盘离开记录纸时，松开打点发生器按钮。让你的同伴抓住圆盘，以免它们与缓冲线相碰又反弹到记录纸上（如图 4-23-1 所示）。

6.实验数据

该实验要求每个学生获取各自的实验数据，实验报告中附上原始的碰撞记录。

五、实验内容

碰撞结束后，记录纸上记录了圆盘 A、B 的两条点状的运动轨迹。从记录纸上把最后一个记录点作为第一个点即位置 1，然后从位置 1 开始反方向计数，从两条轨迹上确定碰撞过程中两个圆盘在同一时刻的一一对应的位置 2、3、4……

1.验证碰撞过程中系统的质心运动规律

由于两圆盘质量相等，在同一时间间隔内，质心应位于两圆盘记录点连线的中点。连接所有的中点，就得到质心的运动路径（如图 4-23-2 所示）。从图中可以得出：

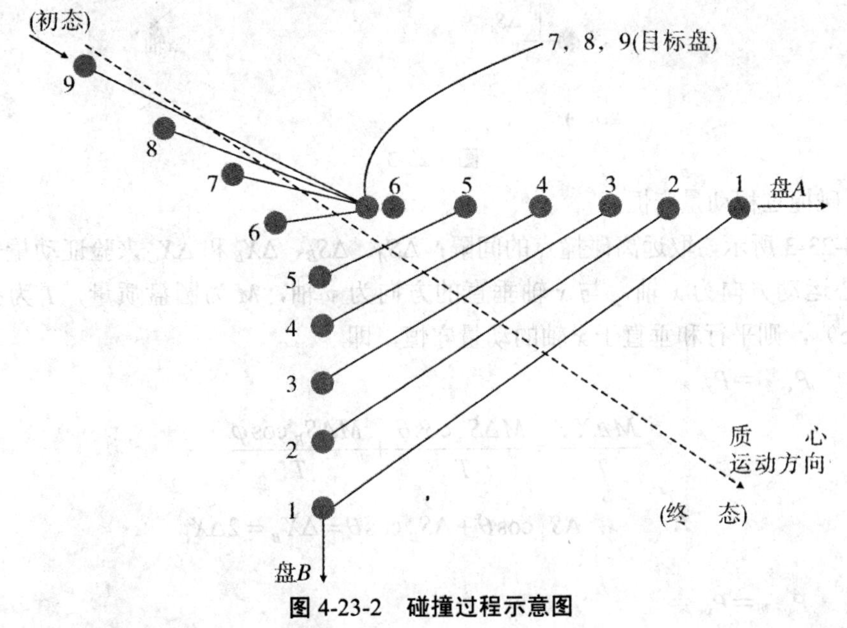

图 4-23-2 碰撞过程示意图

（1）质心运动路径是一条直线；

（2）质心运动速度 v_C 是常数（等间距）。

从而验证了质心运动规律。

2.验证碰撞过程是弹性碰撞

把记录纸上圆盘 A 和 B 的位置记录点反向延长（1、2、3……）使两线相交，测量两直线间的夹角。可以证明当两圆盘分开距离较大时运动方向互相垂直（如图 4-23-3 所示）。

如果角度在 90°±5°度范围内，那么碰撞是弹性的；否则为非弹性碰撞，须检查空气压力和其他实验条件后重做。

图 4-23-3 中 θ 和 φ 分别是圆盘 A、B 运动方向与 x 轴的夹角，ΔX_B 是在与 x 轴平行的直线上所取的间隔。

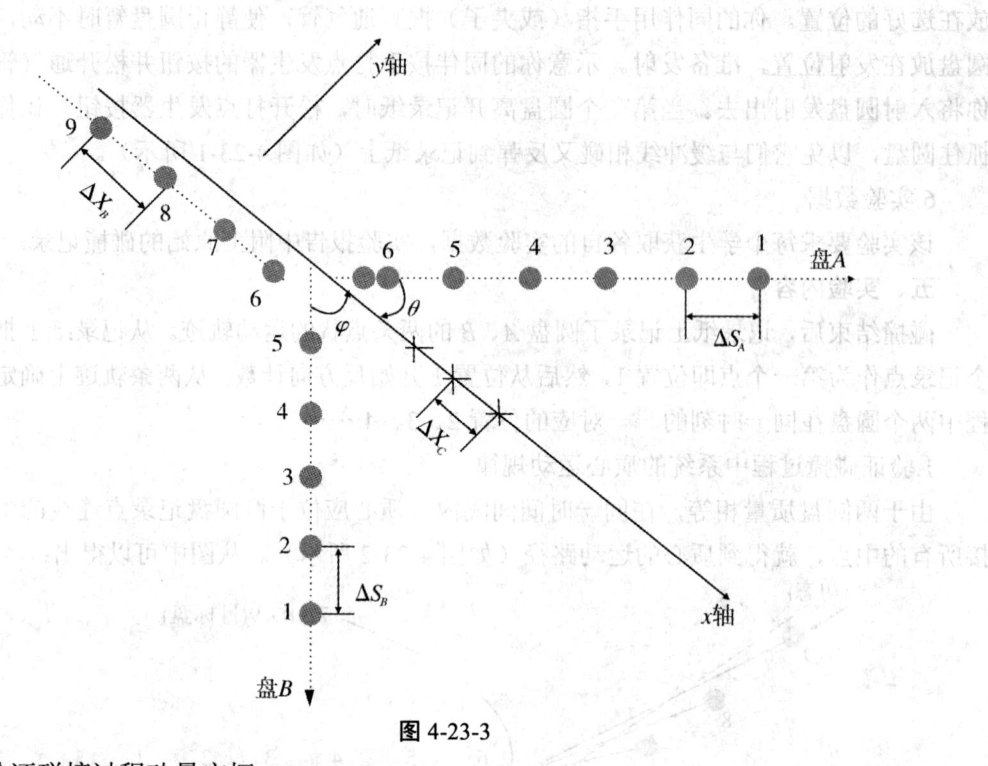

图 4-23-3

3.验证碰撞过程动量守恒

如图 4-23-3 所示，取远离碰撞点的间隔：ΔS_A、ΔS_B、ΔX_B 和 ΔX_C 来验证动量守恒。

设质心运动方向为 x 轴，与 x 轴垂直的方向为 y 轴，M 为圆盘质量，T 为打点间隔（100 msec），则平行和垂直于 x 轴的动量守恒，即

（a）　$P_{x,\text{初}}=P_{x,\text{末}}$

$$\frac{M\Delta X_B}{T}=\frac{M\Delta S_A\cos\theta}{T}+\frac{M\Delta S_B\cos\varphi}{T}$$

$$\therefore \quad \Delta S_A\cos\theta+\Delta S_B\cos\theta=\Delta X_B=2\Delta X_C$$

（b）　$P_{y,\text{初}}=P_{y,\text{末}}$

$$\frac{M\Delta S_A\sin\theta}{T}-\frac{M\Delta S_B\sin\varphi}{T}=0$$

$$\therefore \qquad \Delta S_A \sin\theta = \Delta S_B \sin\varphi$$

六、数据分析

1.在实验记录纸上标出图 4-23-2 和图 4-23-3 中要求的所有数据。

2.验证碰撞过程中系统的质心运动规律、系统碰撞是弹性碰撞及系统的动量守恒。

3.如果实验结果不能完全符合数据分析 2 的测量要求，讨论可能的误差来源。

七、附录

动量守恒定律、能量守恒定律和角动量守恒定律是现代物理学中的三大基本守恒定律。最初它们是牛顿定律的推论，后来发现它们的适用范围远远超出牛顿定律，是比牛顿定律更基础的物理规律，是时空性质的反映。其中，动量守恒定律由空间平移不变性推出，能量守恒定律由时间平移不变性推出，而角动量守恒定律则由空间的旋转对称性推出。

本实验和实验 4-21“转动动力学”的设计思路都是通过空气形成的气垫，将被研究物体悬浮在气垫之上，形成近似无摩擦的条件，验证碰撞过程动量守恒定律、能量守恒定律和角动量守恒定律。

实验 4-24　水波的观察与波速的测量

一、实验目的

1.通过实验观察水面传播的平面波和波脉冲的特点。

2.学会测量单色平面波的相速度与波脉冲的群速度。

3.研究平面波的相速度与波脉冲的群速度与频率的关系。

二、实验仪器

直流电光源、浅水槽、信号发生器、光电二极管探测器、示波器。

三、实验原理

1.单色平面波与相速度

在浅水槽中传播的平面波，对于水面上的任意一个点，我们可以用空间位置 x 和时间 t 的变化正弦函数 $y(x.t)$ 来描述。

假设在 $t=0$ 时 $x=0$ 处的水面高度为零，即 $y(0,0)=0$，那么在水中沿 x 正方向传播的平面水波可以用如下形式来表示：

$$y(x,t)=y_{\mathrm{m}}\sin(kx-\omega t) \tag{4-24-1}$$

其中 y_{m} 是水波的振幅，$k=\dfrac{2\pi}{\lambda}$ 是波数（λ 为波长），$\omega=2\pi f$ 为角频率，我们把这种频率单一且在传播过程中振幅保持恒定的简谐波称为单色平面波。

公式（4-24-1）描述了当单色平面波在水中传播时，不同时刻水面高度 y 随位置 x 的变化关系，即平面波的波动方程。

图 4-24-1 表示 $t=0$ 时刻和任意 t 时刻的波形的变化。

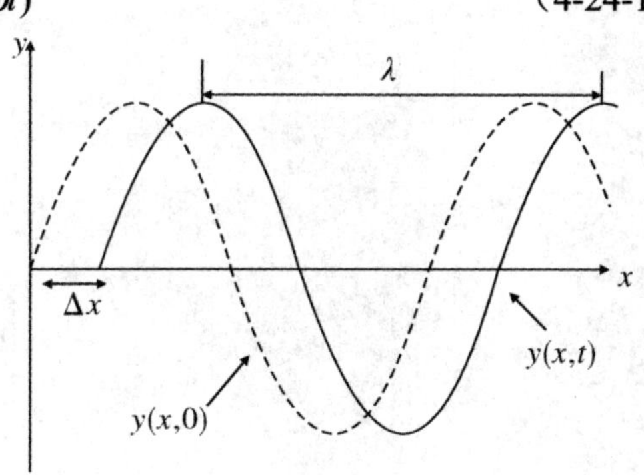

图 4-24-1

从图 4-24-1 中可以看出 t 时刻的波相对于 $t=0$ 时刻的波向右平移了 Δx，我们通过测量不同时刻波形上相位相同的两点之间的距离，可以得出波速。

$$kx=k\left(x+\Delta x-\frac{\omega}{k}t\right)$$

$$\Delta x=\frac{\omega}{k}t=vt$$

我们把这样求得的波速称为相速，用 v_p 表示：

$$v_p = \frac{\omega}{k} = f\lambda \tag{4-24-2}$$

公式（4-24-1）描述波在水槽中传播时不同位置的水面高度变化是满足正弦规律变化的（注意：实际水面上的任一点既有纵向运动又有横向运动，水面上每一点的运动轨迹是椭圆状的）。

本实验中我们通过水波运动研究相速随频率的变化关系。通常水波的相速与水的深度、波的频率以及水的表面张力等因素有关，图 4-24-2 实线给出了水深 1.0 cm、表面张力系数 7.2×10^{-2} N/m 时水波的相速随频率的变化曲线（虚线是水深 1.0 cm，表面张力系数 7.2×10^{-2} N/m 时水波的群速随频率的变化曲线，群速将在后面叙述）。本实验我们测量频率在 10 Hz～60 Hz 范围内水波的 f 和 λ，并得出相速随频率的变化关系。

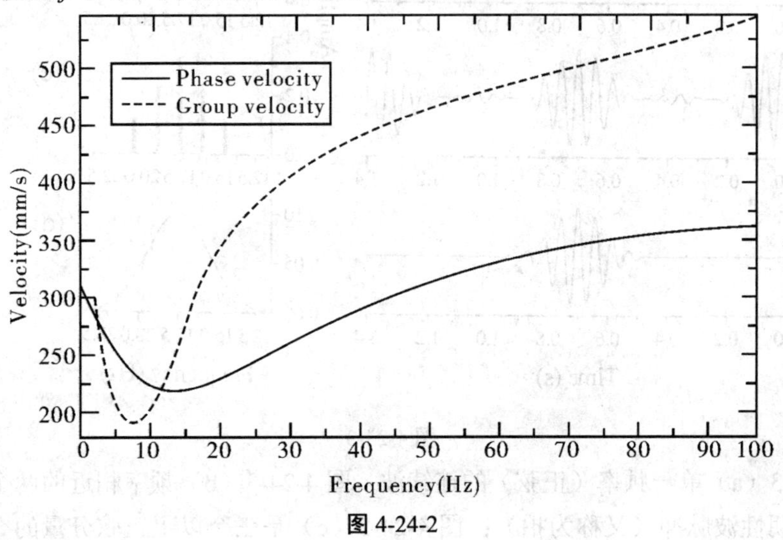

图 4-24-2

2.波脉冲与群速度

单色平面波 $y(x,t)=y_{\mathrm{m}}\sin(kx-\omega t)$，描述的是以相速 $v_p=\omega/k$ 传播的正弦波，它是一个在无限空间中扩展的函数，即在 $x=-\infty$ 到 $x=\infty$ 范围内以空间周期 $\lambda=2\pi/k$ 不断重复的、连续的正弦函数。然而自然界中实际发生的波动绝大多数只能在有限的空间范围内传播，且波源的振动只能持续一段有限的时间，这样就产生了波脉冲或者称为波群。

波脉冲或者波群以某一特征速度传播（离开波源），而这一特征速度通常与前面讨论的相速 v_p 不同，我们把它称为群速，用 v_g 表示。

由傅里叶定理我们知道任意波形都可以表示成不同频率的正弦波的线性叠加。通过调整不同频率分量的振幅，我们可以合成任意形状的波形；反之任意一个非正弦波也必定含有一系列不同频率的正弦分量。

当波脉冲在介质中传播时，其中的每个正弦分量都以各自的相速度传播。由于相速是频率的函数，所以波脉冲中包含的不同分量的单色波将以不同的速度传播，这样的结果造成脉冲的形状在传播过程中不断发生变化，也就是色散效应。在 $t=0$ 时刻产生的一个窄脉冲，在以后的传播过程中，受到色散效应的影响，宽度将逐渐增宽，振幅也随之逐渐减小。

由于在一个波脉冲中有许多频率分量，且各自传播的速度又不一样，我们如何确定这个脉冲传播的速度呢？

图 4-24-3 表示不同频率和波长的正弦波叠加形成的波脉冲。从图 4-24-3 中可以看到：一个波脉冲的频率分布在一个频带范围内，该频带的中心点是各频率的平均值。

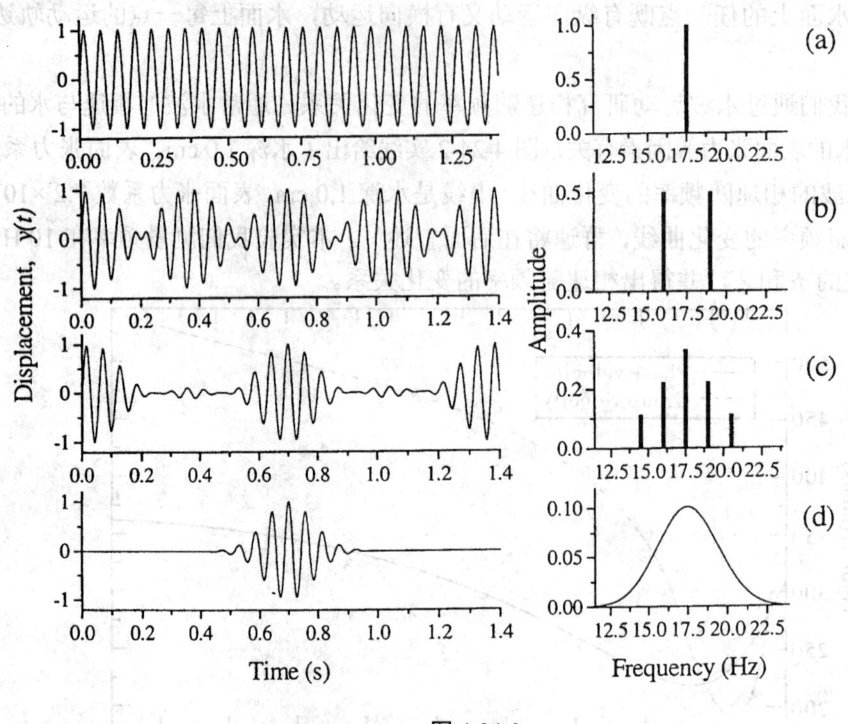

图 4-24-3

图 4-24-3（a）单一频率（正弦）的连续波；图 4-24-3（b）频率相近的两个正弦分量叠加形成的周期性波脉冲（又称为拍）；图 4-24-3（c）是三个以上正弦分量的叠加结果，虽然脉冲间的距离增大了，但仍然保持周期性重复的规律；图 4-24-3（d）各正弦分量的频率连续分布，形成一个孤立的波脉冲。

我们以图 4-24-3（b）为例分析，两列振幅相同但频率不同（相差不大）的正弦波叠加，叠加的结果就形成了拍现象。其中高频成分接近于各列波的频率，低频成分反映波叠加以后波脉冲的总体变化规律。如果两个或两个以上的多列波（频率不同）进行叠加，随着频率成分的增多，叠加以后的低频成分将逐渐演化成为一个波包，即波脉冲的包迹。我们下面所要研究的问题就是这个波包的传播速度。

以只有两列波频率相近的两个正弦分量叠加为例，如图 4-24-3（b），我们可以把波脉冲表示成：

$$y(x,t) = y_1(x,t) + y_2(x,t) = y_m \sin(k_1 x - \omega_1 t) + y_m \sin(k_2 x - \omega_2 t)$$

$$= 2y_m \sin\left(\frac{k_1 + k_2}{2}x - \frac{\omega_1 + \omega_2}{2}t\right)\cos\left(\frac{k_1 - k_2}{2}x - \frac{\omega_1 - \omega_2}{2}t\right)$$

$$= 2y_m \sin(\bar{k}x - \bar{\omega}t)\sin(\Delta kx - \Delta\omega t + \frac{\pi}{2}) \tag{4-24-3}$$

其中 $\bar{k} = \frac{k_1 + k_2}{2}$，$\bar{\omega} = \frac{\omega_1 + \omega_2}{2}$，$\Delta k = \frac{k_1 - k_2}{2}$，$\Delta\omega = \frac{\omega_1 - \omega_2}{2}$

我们可以看到两列波叠加后，形成的波由两个正弦波的乘积构成。

该波在色散介质中传播时，高频部分（亦称波纹）的传播速度为：

$$v_p = \bar{\omega}/\bar{k} \tag{4-24-4}$$

称为相速，低频部分（亦称波包）的传播速度为：

$$v_g = \Delta\omega/\Delta k \tag{4-24-5}$$

称为群速。

通常我们可以通过直接测量波脉冲在介质中的传播速度得到群速，在图 4-24-4 中给出了数字示波器记录下来的水槽中的波脉冲的传播情况，分别是示波器在三个不同的位置处记录的水波脉冲波形。图中的虚箭头指向波包的峰值，而实箭头则指向某个特定的波纹。从图 4-24-4 中可以估算 $f \approx 50$ Hz 时的相速和群速。群速约为 v_g =370 mm/s；相速 v_p =267 mm/s（请同学们思考是如何在图中算出的），相速 v_p 小于这一频率下的群速 v_g。

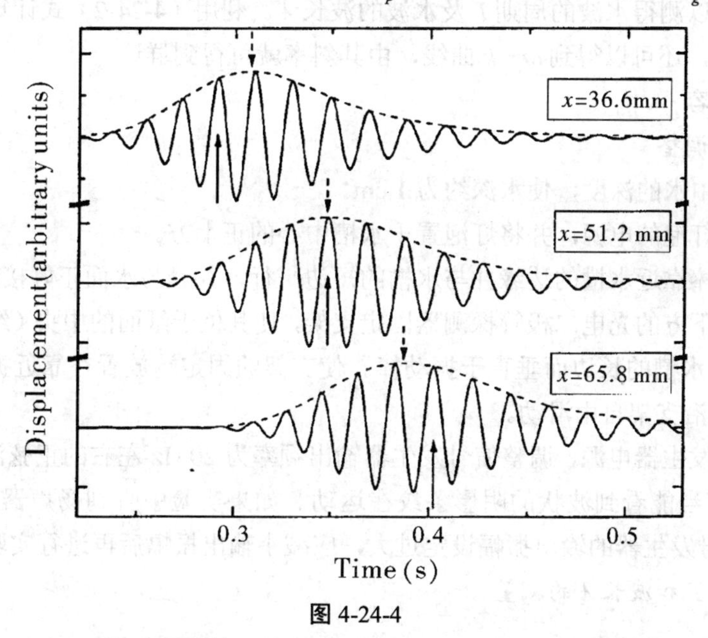

图 4-24-4

一般来说，v_p 和 v_g 是不一样的。这就意味着当一个波脉冲传播时，高频波纹将会相对于波包运动，即高频波纹与波包之间将有相对运动。如果 $v_p > v_g$，看起来高频波纹来自波包的后方并逐渐超过波包；如果 $v_p < v_g$，则看起来高频波纹由波包的前方向后运动（实际上波纹和波包都在向前运动）。我们可以从水槽中的波脉冲观察到这一现象。

本实验中我们还将采用另一种比上述测量更精确的方法得到群速。由式（4-24-5）可知

群速 $v_g = \Delta\omega/\Delta k$。我们可以将 $\Delta\omega/\Delta k$ 看成 ω—k 函数曲线（色散曲线）某点的斜率，即通过测量得到 ω 随 k 变化的色散关系曲线，见图 4-24-5，用该曲线的斜率 $d\omega/dk$ 来确定群速。

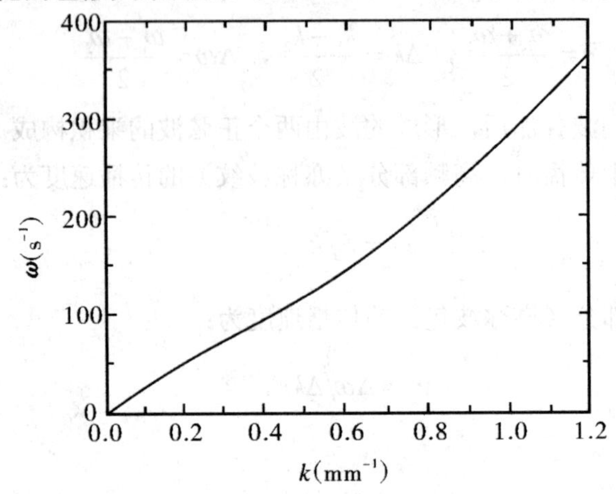

图 4-24-5　色散曲线：水深 1.0 cm 处水波的 ω—k 理论曲线

在本实验中，当水产生波动时，水槽上方的光源照射水面在水面下方形成了光强强弱不同的阴影图像，探测器把接收到的光强强弱变化信息转变成电压信号，该信号的大小正比于透过水槽到达探测器所在位置处的光强，将该信号接在示波器上就可以得到水波的变化波形，从而可以测得水波的周期 T 及水波的波长 λ。利用（4-24-2）式计算相速，对不同的频率进行测量，还可以得到 ω—k 曲线，由其斜率就可得到群速。

四、实验内容

（一）仪器调整

1.检查水槽中水的深度，使水深约为 1 cm。

2.打开直流灯泡的电源，并将灯泡置于水槽中心的正上方。

3.调整振动棒靠近水槽的边缘并与水槽的短边平行，并且与水面正好接触。

4.调整水槽下方的光电二极管探测器固定支架，使其位于纸面的中央（纸位于水槽的正下方），平行于水槽的长边而垂直于振动棒。使支架的固定端放置在靠近振动棒的这边，可动探测器能够沿支架自由滑动。

5.打开信号发生器电源，调整信号发生器输出频率为 20 Hz 左右的正弦波。此时在水槽下方的纸面上应当能看到波状的阴影条纹在运动。如果实验中听到扬声器发出较大的“咔嗒”声，说明信号发生器的输出振幅设定过大，应减小输出振幅后再进行实验。

（二）周期 T 和波长 λ 的测量

1.周期测量

利用示波器的屏幕所显示的波形，测量相邻完整波形间的时间间隔。将示波器的“触发源”置于“INT（内触发）”；信号发生器的选择开关置于“连续波”。调整“Time/div”旋钮，使得在示波器的整个屏幕上尽可能大地显示出正弦波的完整波形。记录一个完整波形所占的实际“格数”（divisions）和此时“Time/div ”旋钮的读数算出周期（注意：测量与水平参考轴交叉的两点之间的时间间隔，要比测量波形极值点之间的时间间隔容易得多，也准确得多，所以我们应选择前者来测量周期）。

2.波长测量

先将两个光电二极管尽可能地靠近，逐渐分开这两个探测器并同时观察示波器上两路信号的相对变化，直到两个信号在屏幕上首次完全同相为止。此时在纸上标记出可动探测器的位置。继续增大两探测器之间的距离，并仔细观察示波器显示的波形。每当可动探测器移动一个波长的距离时，示波器上的两个波形信号就会再一次严格同相。在逐步增大探测器之间距离的过程中，记下移动过的波长数目n；直到移动大约10 cm左右，且两波形信号又严格同相为止。此时，在纸上再一次标记出可动探测器的位置，并用尺子准确测量两次标记之间的距离。记录波长数目n和探测器移动的距离Δx，并计算波长。

在测量的过程中应尽可能地仔细，实验数据应精确到合理的有效位数，但对实验误差不要求进行详尽的分析。

在10～60 Hz内总共选取5～6个不同的频率，重复1和2的测量。

周期 T（ms）	波长数目 n	探测器位移 Δx （mm）	波长 λ（mm）

由式$v_p=\dfrac{\omega}{k}=f\lambda=\dfrac{\lambda}{T}$计算出每个频率下的相速。

（三）观察波脉冲的运动或测量群速（选做其中一个内容）

1.直接观察波脉冲的运动

将信号发生器的选择开关切换到“脉冲”挡，示波器的“触发源”置于“EXT（外触发）”。频率设定在20 Hz左右，“脉冲重复速率”（REPETITION）设置在满量程的中间位置。若此时听到扬声器发出较大的“咔嗒”声，就应当微调“脉冲宽度”（DURATION）使响声减小或消失。此时可以从水槽下面的纸面上看到下列现象：

（1）波纹和波纹比较，波长越短的成分运动越快；可看到靠近振动棒的阴影条纹最宽，远离振动棒的阴影条纹最窄。

（2）脉冲展宽：可看到两个相邻的阴影条纹之间的距离在运动过程中逐渐加大。

（3）波纹的运动比脉冲作为一个整体的运动（即波包的速度）慢；盯着脉冲的尾部看，很容易看到有很多小的波纹不断从脉冲的尾部出现。

如果你没有观察到这些现象，建议使用下列设置重新观察。频率：20 Hz；脉冲重复频率：置于第6个刻度处（从最小值开始沿顺时针方向数）；脉冲宽度：置于第3个或第4个刻度处；振幅：置于满量程的75%处。根据观察到的实验现象，回答下列问题：

（1）波纹和波包的运动速度是否相同？

（2）波包的运动速度随频率的变化有何特点？

（3）波纹的运动速度随频率的变化有何特点？

2.用示波器观察波脉冲的运动并测量群速度

将信号发生器的频率调整为 50 Hz 左右，保持其他设置与上面的设置相同。调节示波器，在屏幕上显示两路探测器的信号。此时在屏幕上能看到两个脉冲波形。改变两个探测器之间的距离，仔细观察两个脉冲波形的变化。回答上述 3 个问题。此时也可以直接在示波器上测量脉冲的群速度。

（四）放大因子测量

实验完成之后，将一不透明的物体放在水槽的中央，测量其本身及其在水槽下面的纸上阴影的长度，计算放大因子 M。

五、结果分析

1.由实验数据作出 v_p—f 函数曲线，并与图 4-24-2 理论曲线进行比较。

2.由实验数据作出 ω—k 函数曲线（色散曲线），并与图 4-24-4 理论曲线进行比较。

3.亦可由 ω—k 函数曲线计算各频率点的群速与示波器上测出的群速比较。

六、附录

（一）示波器／信号发生器常用旋钮的作用和设置

1.示波器

实验中所用示波器的常用旋钮的作用如下。

（1） TIME/DIV 旋钮：表示示波器屏幕上的横坐标每格代表的时间。调整该旋钮，可使波形变宽或变窄（但并不改变周期）。从 0.2 μs/div～0.5 s/div 共分为 20 挡，实验中一般设置在 20 ms/div 挡。

（2）VOLTS/DIV 旋钮：表示纵坐标每格代表的电压。调整该旋钮，可使波形的幅度增大或减小（但并不改变振幅）。每个信号通道有各自的 VOLTS/DIV 旋钮（共有 2 个），调节范围从 5 mV/div～5 V/div 共分 10 挡，一般测量时设置在 0.2 V/div 挡。

（3）POSITIOIN 旋钮：共有 3 个，调整标有左右方向的箭头可使两个通道的波形左右移动，调整另外两个可分别使通道 1 和通道 2 的波形上下移动。

（4）SWEEP MODE 选择按钮：用来选择扫描模式，置于 NORM。

（5）COUPLING 多掷开关：用来选择耦合方式，共有 3 个，均置于 AC（交流耦合）。

（6）VERT MODE 选择按钮：是垂直显示方式选择开关，当观察通道 1 的信号时，选择 CH1；同时观察两个通道的信号时，选择 CHOP。

（7）SOURCE 多掷开关：用来选择触发源，当观察正弦波时，置于 INT（内触发）；当观察脉冲时，置于 EXT（外触发）。

（8）VARIABLE 旋钮：用来进行微调，应置于关闭状态，不要使用。

2.信号发生器

各旋钮的作用如下。

（1）连续波（CW）／脉冲波（PULSE）选择开关：观察正弦波时，置于“连续波”挡；

观察脉冲时，置于“脉冲波”挡。

（2）脉冲重复（REPETITION）：用来设置脉冲重复的速率，即单位时间内发出脉冲的个数。只是在观察波脉冲时才用到。

（3）脉冲宽度（DURATION）：设置一个脉冲波形占用的时间。只是在观察波脉冲时才用到。

（4）触发延时（DELAY）：用来设置触发信号相对于送到扬声器的信号的延迟时间。只是在观察波脉冲时才用到。

（5）频率调节（FREQUENCY）：调节信号的频率，观察连续波和脉冲时都要用到。

（6）振幅调节（AMPLITUDE）：调节信号的振幅，观察连续波和脉冲时都要用到。

（二）用示波器测量脉冲群速的方法

1.将示波器和信号发生器的各旋钮和开关置于适当位置（参阅正文中的相关内容）。

2.调整探测器支架的位置，同时观察示波器上 CH1 信号的波形，使波形对称，且某个波纹位于脉冲正中央的峰值处（实验中，就是要利用两个脉冲峰值之间的时间间隔来测量群速）；然后将支架固定。此时，应能在屏幕上看到如图（4-24-6）（a）、（b）、（c）所示的 CH1 那样的波形。

3.沿着支架仔细调节第二个（可动）探测器的位置，使其尽可能地靠近第一个（固定）探测器，此时在示波器屏幕上能看到如图 4-24-6（a）所示的 CH2 脉冲波形。继续缓慢移动第二个探测器，就会看到 CH2 脉冲波形相对于 CH1 脉冲波形发生移动，如图 4-24-6（b）、（c）所示。其中，（c）的效果较好，因为 CH2 的波形对称，且某个波纹恰好位于脉冲的峰值处。

4.从示波器屏幕上读出两个脉冲峰值之间的时间间隔 Δt，测量两个探测器之间的距离 Δx，则脉冲的群速可由 $v_g = \Delta x/\Delta t$ 确定出来。

5.上述方法也可用来测量波纹运动的相速。在 CH2 波形中选择一个与 CH1 某一波纹相对应的波纹，在第二个探测器移动过程中，仔细观察它的位置变化。此时，可根据该波纹在两波形中的时间间隔 Δt 和两探测器的空间距离 Δx 计算波纹的相速 $v_p = \Delta x/\Delta t$。

图 4-24-6 是位于不同位置的两只探测器探测到的同一个脉冲的波形。当探测器之间的距离逐渐增大时，在示波器屏幕上看到两个信号（CH1 和 CH2）也逐渐错开，即从（a）变化到（b）再变化到（c）的情形。（c）显示的脉冲对称，有利于确定波包峰值的位置。根据两只探测器之间的距离和示波器上两脉冲峰值之间的时间间隔可求得脉冲的群速。用同样的方法，也可以确定波纹运动的相速。

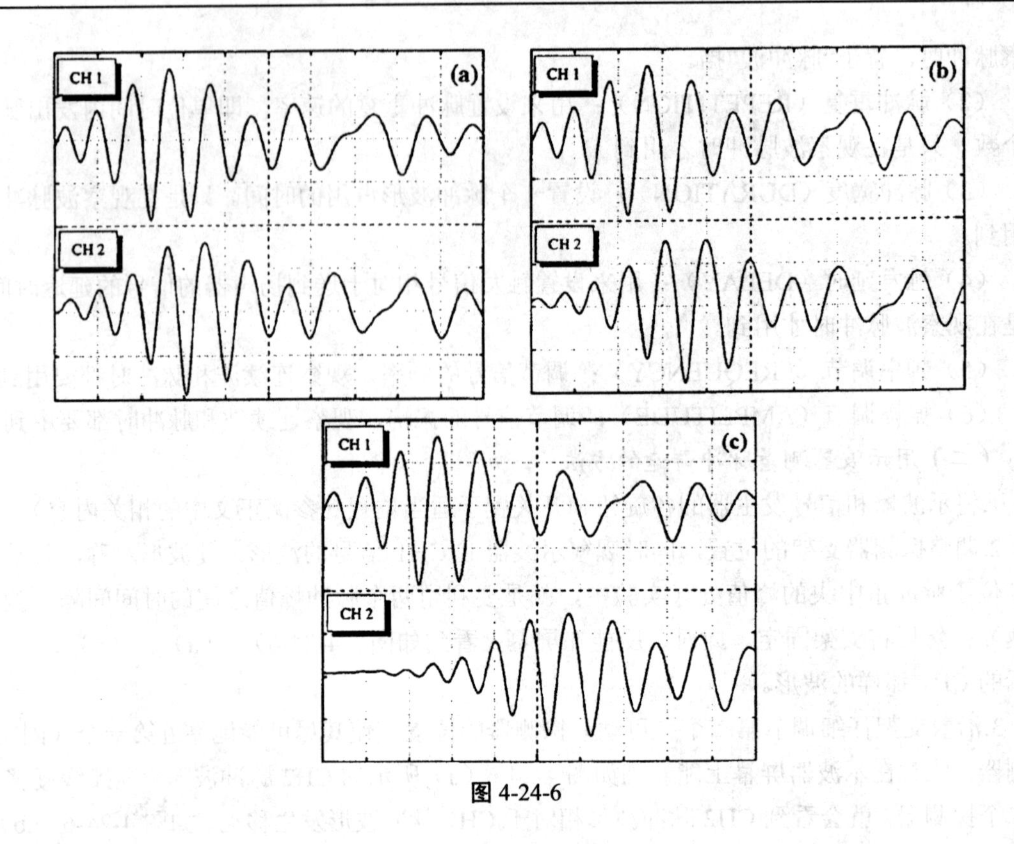

图 4-24-6

实验 4-25　旋转水面测量重力加速度

一、实验目的

1.通过旋转水面形成凹面镜验证成像规律。

2.学会用光学的方法测量重力加速度。

3.验证凹面镜焦距与曲率半径的关系。

3.通过实验加深对实像和虚像的理解。

二、实验仪器

旋转镜面装置、电源、导线、测试物、孤立变压器、屏幕、米尺、秒表等。

三、实验原理

由几何光学知识我们知道，用球面的内侧作反射面的称作做凹面镜。凹面镜成像的规律可表示为

$$\frac{1}{u}+\frac{1}{v}=\frac{1}{f}$$

式中 u 为物距，v 为像距，f 为透镜的焦距，可以证明 $f=\frac{R}{2}$，即凹面镜的焦距等于曲率半径的一半。

将盛水的水盆沿盆中心竖直轴旋转时，盆里的水做起了圆周运动，水面形状发生了变化，形成凹面，转速越高，水面形状变化就越大，形成凹面的曲率半径就越小。把水面形成的凹面可以看做凹面镜，凹面镜的焦距由水盆旋转的转速决定。

分析盆中任一点 P 处水滴元的受力情况可知，任一点的水滴元都要受到重力及附加力的作用（附加力是由周围其他水滴元共同作用所形成的）。图 4-25-1 给出了盆中某一点水滴元的受力情况，它受到重力和附加力 F 的作用。由图中的受力分析可知，为保持水滴元受力平衡，F 的竖直分量应等于重力，而其水平分量等于做圆周运动的向心力。由于不同的水滴单元位置不同，旋转的半径也就不同，因此不同位置的水滴元的向心力也是不同的。在合力的作用下，水面的形状发生了改变，形成凹面。盆中的每一个水滴元都以各自的半径做圆周运动。假设盆的中心轴到某一水滴元的距离为 r，水滴元的质量为 m，其转动的角速度为 ω。

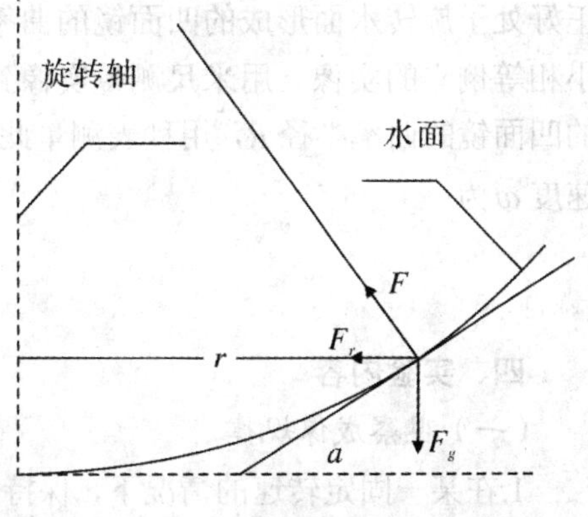

图 4-25-1

由于盆的中心位于转轴上，所以作用在水滴元上的向心力为：

$$F_r = m\omega^2 r$$

方向指向转轴。水滴元所受重力为：

$$F_g = mg$$

方向竖直向下。半径为 r 的某点的斜率为 $\tan\alpha$，由图中可知：

$$\tan\alpha = \frac{m\omega^2 r}{mg} = \frac{\omega^2 r}{g}$$

因此，可以得到水面的曲率半径为：

$$R = \frac{g}{\omega^2}$$

上式给出了凹面镜的焦距与水的转速之间的关系。

实验中可以作出 R—$1/\omega^2$ 图，通过直线斜率得到重力加速度 g。这是用光学的方法测出力学常量。

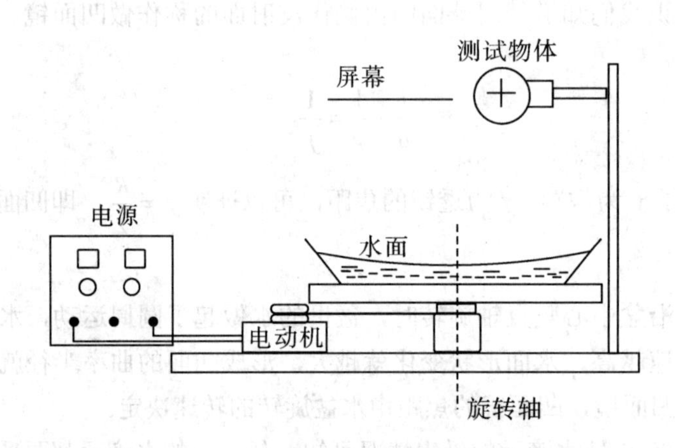

图 4-25-2

如图 4-25-2，实验中使盛水的水盆沿盆中心竖直轴旋转，调节使物（在支架的上方）正好处于旋转水面形成的凹面镜的曲率中心，此时所成的像也在凹面镜的曲率中心，为大小相等倒立的实像。用米尺测量实像到水面中心的距离，由此可以得到此时旋转水面形成的凹面镜的曲率半径 R，用秒表测量此时转台的转动时间，如转了 10 圈的时间为 T_{10}，则角速度 ω 为：

$$\omega = 10\frac{2\pi}{T_{10}}$$

四、实验内容

（一）观察成像规律

1.在某一固定转速的情况下，保持物和像在同一水平面，同时调节物和像的高度，当清晰地看到像出现时，此时物距和像距相等，等于水面到物或像的距离，这个距离就是此时旋转水面的曲率半径，可用米尺测出。

2.改变不同物距，观察成像规律。（像是实像还是虚像？倒立的还是正立的？放大的还是缩小的？）

（1）物距小于 1 倍焦距；

（2）物距和焦距相等；

（3）物距在 1 倍焦距和 2 倍焦距之间；

（4）物距和 2 倍焦距相等；

（5）物距大于 2 倍焦距；

（二）测量内容

1.在 10.0 V～25.0 V 之间选 5 个不同的电压（可得 5 个不同的转速）分别测出每次旋转角速度 ω 和旋转水面形成的凹面镜的曲率半径 R。

2.调节电源电压为 25 V，然后选 5 个不同的物距测量像距。必须使物距大于 1 倍焦距，这样才可以在屏幕上得到实像。测出物距和像距的数值。

五、数据处理

1.作出不同角速度下 R—$1/\omega^2$ 关系曲线，通过斜率得出重力加速度 g。

2.作一条 $1/u$—$1/v$ 的直线，得到其斜率和截距，验证成像规律。

3.将实验中得到的重力加速度值与当地重力加速度公认值进行比较。

4.对实验结果进行误差分析。

六、附录

光线由凹面镜的球心方向向球面传播，由于凹面镜起反射作用，根据凹面镜成像公式，以及凹面镜的焦距与曲率半径的关系 $f=R/2$，可以确定凹面镜成像的性质。

一般确定凹面镜焦距的方法是实验中使物体所成的像和物体重合，这时物距与像距相等，测出这时的像距（或物距），即得到了曲率半径 R，由此即可算出焦距 f。这种方法叫做物和像重合法。

实物位于无穷远时，发出的光线是平行于光轴的，经凹面镜反射后会聚于焦点，即 1/2 半径处，为倒立、缩小的实像；实物由无穷远向球心移动时，所成的像由焦点（1/2 半径处）向球心移动，像的移动方向与物的移动方向相反，为倒立、缩小的实像，放大率的绝对值在 0 和 1 之间；实物移动到球心时，像也在球心，为倒立、与物等大的实像，放大率的绝对值为 1；实物继续由球心向凹面镜焦点移动时，像由球心向反方向移动，成放大、倒立的实像，放大率的绝对值＞1；实物移动到凹面镜的焦点时，像在无穷远。

凹面镜应用中基本上分两类：一是利用凹面镜对光线的会聚作用，主要应用在太阳灶、电视卫星天线、雷达等；二是利用通过焦点的光线经反射后成为平行于主轴的平行光，主要应用在探照灯、汽车的大灯等。

实验 4-26　磁力及磁势能的研究

一、实验目的

1.研究磁相互作用力与间距的变化关系。

2.研究磁势能与间距的变化关系。

3.研究磁相互作用势能与其他能量的转换。

二、实验仪器

实验板、底部有可通气的小孔的磁性圆盘、记录纸、碳纸、打点计时器、气源等。

三、实验原理

具有相同磁性的物体彼此靠近，受到磁力的作用，磁性物体将相互排斥。所受排斥力的大小不仅与两个磁性物体本身所具有的磁性大小有关，还与两个磁性物体之间的距离有关。如果要使得两个磁性物体彼此靠近，外力必须克服两个磁性物体之间磁场力做功。假如在这个过程中可以忽略摩擦力等非保守力的影响，保持平衡的两个磁性物体之间受到的磁力就等于外力的大小，由能量守恒定律，外力做功的大小就等于两个磁性物体之间的磁势能。

1.磁势能研究

由于我们在实验中无法直接测出磁势能，所以我们设法在实验中找到磁势能与重力势能相互作用的平衡关系，运用能量守恒定律，通过重力势能的测量，得到磁势能$U(x)$。

实验是在一块实验板上进行的，磁性圆盘的底部有可通气的小孔，可以无摩擦地悬浮在实验板上，如图 4-26-1 所示。

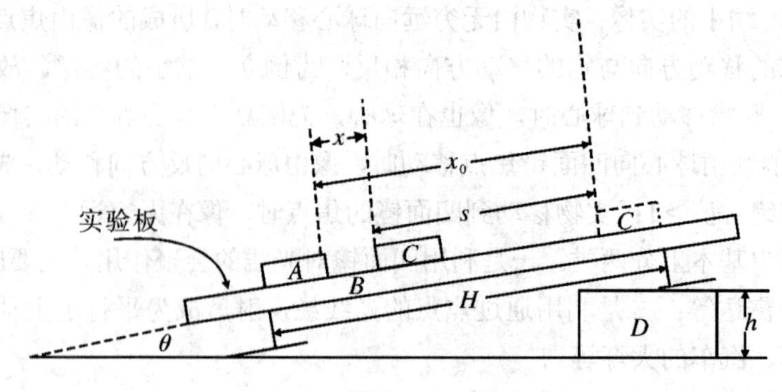

图 4-26-1

A 为固定的磁性圆盘；

B 为方形铝条，宽度为 x；

C 为可移动的磁性圆盘，质量为 m；

D 为圆形铝块，高度为 h；

x 为两圆盘的初始间距；

x_0 为两圆盘的最大间距；

s 为圆盘 C 在实验板上运动的最大位移。

磁性圆盘 A 和磁性圆盘 C 受磁力作用相互排斥，先使磁性圆盘 A 和磁性圆盘 C 保持间距 x，受磁力作用，磁性圆盘 C 沿着实验板斜面向上运动，在此过程中固定磁性圆盘 A 位置不变，磁性圆盘 C 到达斜面最高点时其位移为 s。由于圆盘 C 在起点和最高点时的动能均为零，假设运动过程中没有因摩擦而引起能量损失，

则：

磁势能的减少=重力势能的增加

即：

$$U(x)-U(x_0)=mgy_0=mgs\sin\theta=mgs\frac{h}{H}$$

其中 y_0 是与位移 s 对应的垂直高度。

可写成

$$U(x)-U(x_0)=\frac{mg}{H}(hs)$$

在实验中，$U(x_0)$ 相对于 $U(x)$ 数值比较小，且为常数。对于确定的 x 值需要正确地选择高度 h 完成实验。因此，我们选择了 5 组相互匹配的方形铝条和圆形铝块，用相同的颜色标志。

2.磁相互作用力的研究

我们也可以通过已知的重力与未知的磁相互作用力的平衡关系获得 $F(x)$ 的测量值。实验装置如图 4-26-2 所示。

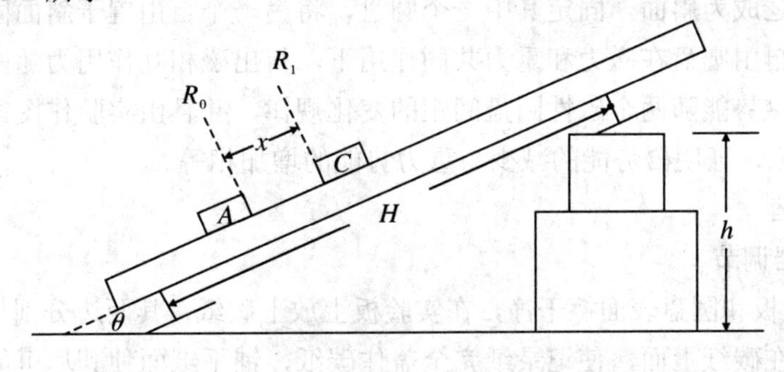

图 4-26-2

如图 4-26-3 所示，由受力分析可知，磁性圆盘 C 沿着斜面受到两个方向相反的力的作用，其重力分量 $mg\sin\theta$ 沿斜面向下，磁性排斥力 $F(x)$ 沿斜面向上，当这两个力大小相等时，磁性圆盘 C 处在平衡位置（磁性圆盘 A 是固定不动的）。平衡时磁性圆盘 A 和 C 的间距和重力分量 $mg\sin\theta$ 大小有关，$\sin\theta$ 是由所垫木块的高度 h 决定的。

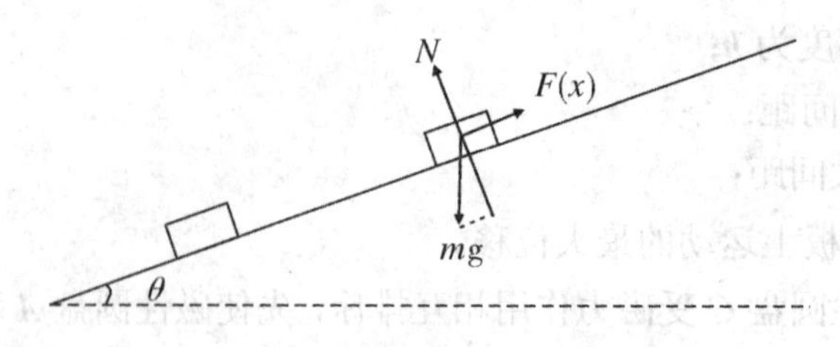

图 4-26-3

在平衡位置时，沿斜面作用在磁性圆盘上的两个力大小相等。

$$F(x)=mg\sin\theta=mgh/H$$

即

$$F(x)=\frac{mg}{H}(h)$$

3.$U(x)$ 和 $F(x)$ 之间的关系

实验中我们分别对磁性作用力和磁性作用能进行研究。

磁性能量研究	磁性作用力研究
$U(x)-U(x_0)$—x 或 $\frac{mg}{H}(hs)$—x	$F(x)$—x 或 $\frac{mg}{H}(h)$—x

由于两条曲线中都包含了常数 mg/H，它只是曲线图中的一个常数因子，我们需要研究 hs—x 和 h—x 之间的关系，也就是研究 $U'(x)-U'(x_0)$—x 和 $F'(x)$—x 之间的关系。注意，量 U' 和 F' 不同于 U 和 F，分别相差一个常数 mg/H。所以在实验中是不需要测量 m 和 H 的。

本实验中两个磁性圆盘底部有可通气的小孔，圆盘上端进气口通入一定量的压缩空气，使圆盘悬浮在实验板之上，近似认为是无摩擦地在实验板上运动。将事先调整好水平的实验板一端垫起使之成为斜面，固定其中一个圆盘，将另一个自由置于斜面固定圆盘的上方位置，通过研究自由圆盘在磁力和重力共同作用下，得出磁相互作用力随两个磁性圆盘间距的变化规律及磁势能随两个磁性圆盘间距的变化规律，并且由实验作图得到磁势能与重力势能的转化关系，证明磁势能的减少与重力势能的增加相等。

四、实验内容

1.测量前仪器调节

（1）将实验板和圆盘表面擦干净，在实验板上放上碳纸，其两边分别与实验板两侧平行。把记录纸放在碳纸上面，使记录纸完全盖住碳纸，铺平纸面使其尽可能平滑，用胶带纸固定。

（2）首先进行实验板的水平校准粗调：将气泡水准仪放在记录纸中心，检查水准仪中的气泡是否位于中心；如果不在中心，调节实验板各对应支脚的高度，使气泡位于中心。然后进行实验板的水平校准细调：打开气源，压力表指针大约指向 10 psi（0.8 atm），把一个磁性圆盘放在记录纸中心，另一个暂时放在实验板外，观察磁性圆盘的飘移情况：如在 5 秒钟内飘移初始位置的距离最多不超过 2 cm，则基本可以达到实验要求。否则，重新调节实验板各支脚的高度，使之达到水平状态。实验板水平调好之后，锁定实验板的每个支脚。

（3）检测实验板水平的状态，用圆形铝块将桌面一端垫起，使之成为斜面，将米尺平行固定于实验板上，用于测量磁性圆盘沿斜面向上运动的距离。先用可动的磁性圆盘试着作几次“发射”，仔细观察其运动情况。当磁性圆盘沿着斜面上升时，如果总是向米尺靠近，表明水平调得不合适，说明靠近米尺的实验板的一端偏低；如果总是远离米尺，说明靠近米尺的实验板一端偏高。上述两种情况都需要再次调整实验板的水平。实验板水平调整好的标准是磁性圆盘沿斜面向上运动时既不会向米尺靠近，也不会偏离米尺。在此条件下才能够完成实验的测量。

2.测量内容

（1）势能的测量

①选择一对方形铝条和与之匹配的圆形铝块，用游标卡尺测量铝条的宽度与铝块的高度。

②将一个磁性圆盘 A 用胶带纸固定在实验板上。并用圆形铝块垫起实验板的一端（使另一磁性圆盘 C 可以沿斜面向上运动）。

③打开打点计时器，将其置于 10（100 msec）挡上。打开气源，并调气压使其指在 10 psi（0.8 atm）。将铝条紧靠着圆盘 A，再用手将磁性圆盘 C 紧靠铝条另一侧。按下打点发生器，同时你的手松开，将运动的磁性圆盘 C 释放。观察磁性圆盘 C 到达最大位移时，松开打点发生器的开关。

④在纸上选取新的位置，重复②，③。注意，舍弃那些不满意的数据（也就是那些偏离过远及最高位置不确定的情况）。多重复几次，至少获得 5 组有效数据。

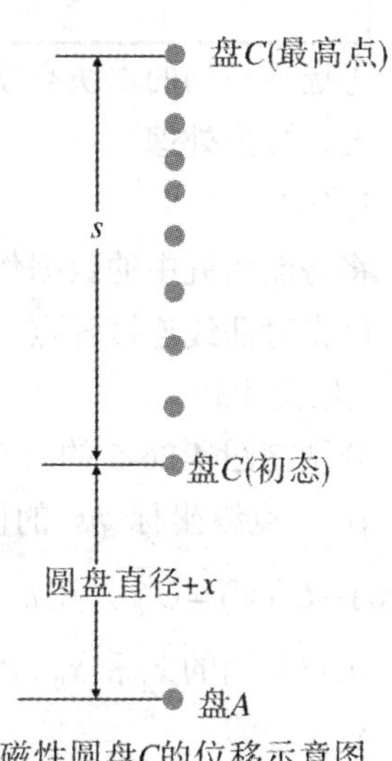

磁性圆盘C的位移示意图

图 4-26-4

⑤换一对方形铝条和圆形铝块，重复以上过程。

⑥取下记录纸和碳纸，在记录纸上用直尺测量圆盘 C 的最大位移 s，将所获得的实验数据填入下表。

颜色	铝块高度 h/cm	铝条宽度 x/cm	圆盘 C 的最大位移 s /cm					$\bar{s}$ /cm	$h\bar{s}$/cm^2

（2）力的测量

①将米尺平行于实验板的一边并固定于实验板上，固定磁性圆盘 A，从米尺上读出圆盘 A 的位置 R_0，可以用方形铝条辅助以获得精确的读数。

②用木块将实验板的一端垫起。需要选择合适的木块高度 h，使 x 与势能测量中的对应

值在相同的范围内，木块的高度 h 可用直尺测量。

③打开气源，并调气压使其指在 10 psi（0.8 atm）。将磁性圆盘 C 置于实验板上使之达到平衡。从米尺上读出磁性圆盘 C 的平衡位置 R_1，同样用铝条辅助以获得精确的读数。重复 5 次测量，由 R_1 的 5 个值确定 $\overline{R}_1$，由 $\overline{R}_1-R_0$ 计算出 x，将所得结果填入下表。

木块高度 h/cm	A 的位置 R_0/cm	磁性圆盘 C 的平衡位置 R_1 /cm					$\overline{R}_1$ /cm	计算 x/cm

④选择不同的木块高度 h，重复以上实验。

五、数据处理

1.作图

将势能研究中的数据作 hs—x 图，用光滑曲线连接各点；将力的研究中的数据作 h—x 图，用光滑曲线连接各点。

2.结果比较

分别在图 4-26-5 的两个图中选择有合适的距离 2 个数值相同的点 x_A 和 x_B。在 hs—x 图上，在 x_A 点纵坐标 hs 的值代表 $U'(x_A)-U'(x_0)$，在 x_B 点代表 $U'(x_B)-U'(x_0)$，两者之差为 $U'(x_B)-U'(x_A)=U_A^B$。在 h—x 图中，x_A 和 x_B 曲线下的面积为 $\int_A^B F'(x)\mathrm{d}x=A_A^B$。

比较相同的 x_A 和 x_B，“h”曲线下的面积是否等于“hs”高度的变化。

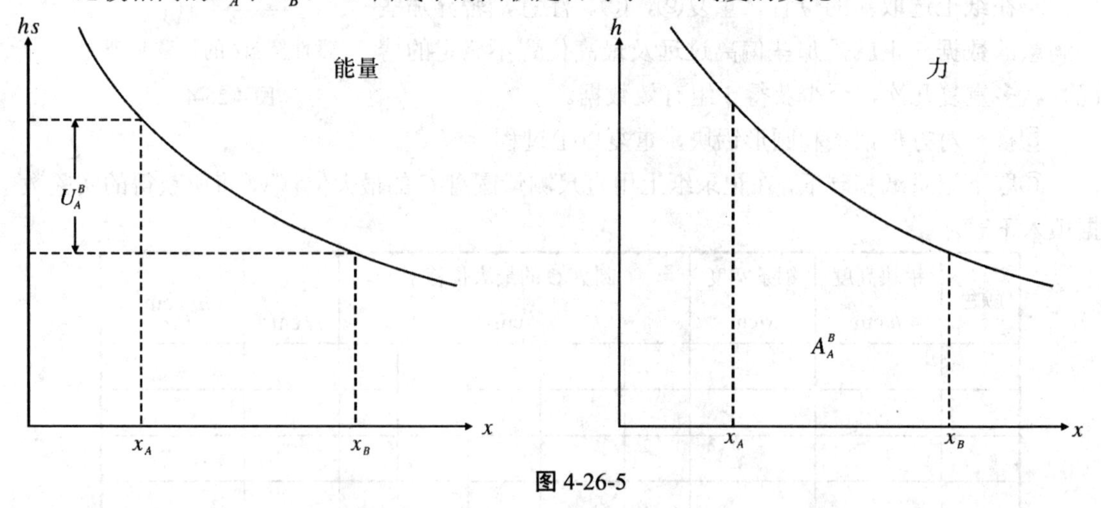

图 4-26-5

为了计算这些 x_A 和 x_B 曲线下的面积为 $\int_A^B F'(x)dx=A_A^B$，将曲线分成几个直线段，$A_A^B=S_{(1)}+S_{(2)}+S_{(3)}+S_{(4)}$（直线围成的面积和），每个直线段下的面积与曲线下的面积相等，如图 4-26-6 所示。

在面积计算中，注意需要的面积是曲线和 x 轴（$y=0$）之间的面积，而 x 轴（$y=0$）并不一定出现在所作的图中。注意，未表示在图纸上的那部分面积必须计算在内。

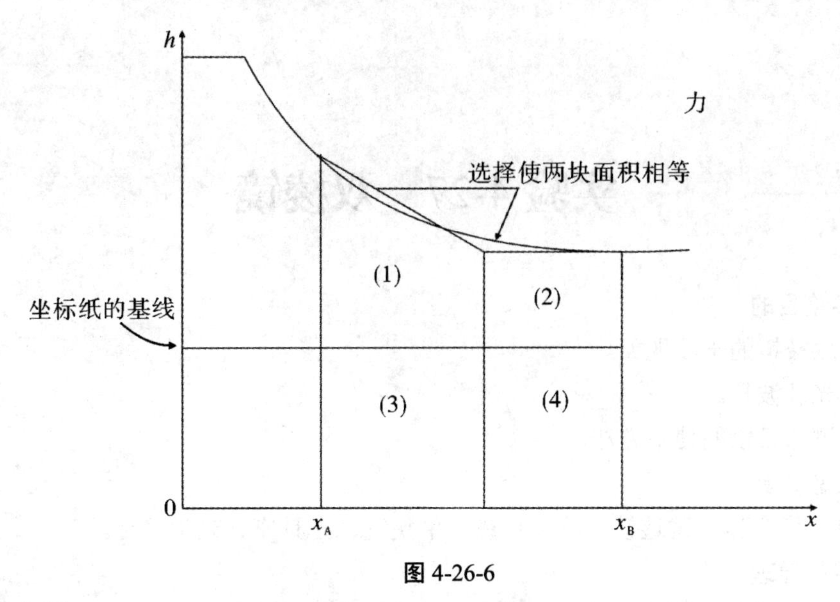

图 4-26-6

3.结果分析

比较U_A^B和A_A^B，并讨论这两个测量量是否一致。分析误差ΔU_A^B和ΔA_A^B的来源。

六、附录

磁性物质放入磁场中，将受到磁场力的作用。磁性相同的磁性物质受到磁力的作用相互排斥。为了研究这种磁性物质相互作用力和磁性物质相互作用的能量，我们设法使磁性物质相互作用力与其他作用力（如本实验中的重力）相平衡，通过对其他力的测量从而得到磁性作用力的大小；同样，我们设法使磁性物质相互作用产生的磁性能量与其他作用力产生的能量平衡，由能量守恒定律通过已知力做功的大小得到两个磁性物体之间的磁势能。引入磁势能对于加深理解磁性物质之间相互作用能量更深入了一步。

实验 4-27　双棱镜

一、实验目的

1.观察双棱镜的干涉现象。

2.测定光波波长。

3.掌握测微目镜的使用方法。

二、实验用具

钠光灯、激光器、薄透镜、测微目镜、单狭缝、光具座、光学平台。

三、实验原理

菲涅耳双棱镜是利用分波前的方法实现干涉的光学元件。它有两个很小的锐角（约 30′）和一个钝角，如图 4-27-1 中 B 所示。图中 S 是与双棱镜主截面垂直的狭缝，借助双棱镜 B 的折射，将由 S 发出的波阵面分为两个方向传播的波阵面，这两个波阵面好像自狭缝的两个虚光源 S_1、S_2 发出的一样。在两波阵面重叠区域发生干涉，在屏上形成明暗相间的直线状条纹。

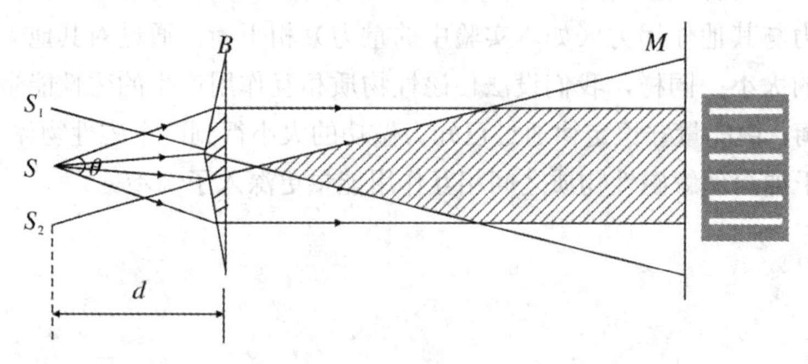

图 4-27-1

如图 4-27-2 所示，两个虚光源 S_1、S_2 间距为 l，它们与屏的距离为 D，屏中心点 O 在 S_1S_2 的中垂线上。在 O 点，两相干光光程差为零，形成亮纹，在屏上 X 轴方向上任一点 x，两相干光光程差近似为

$$\Delta = l\sin\theta \approx l\frac{x}{D}$$

当 Δ 满足亮纹条件时有

$$\Delta = l\frac{x_k}{D} = k\lambda$$

$$x_k = \frac{D}{l} = k\lambda$$

任意两相邻亮纹的间距 δ_x 为

$$\delta_x = x_{k+1} - x_k = \frac{D}{l}\lambda$$

$$\lambda = \frac{l}{D}\delta_x \tag{4-27-1}$$

因此，如在实验中测得 l，D，δ_x，即可间接测量光波长 λ。

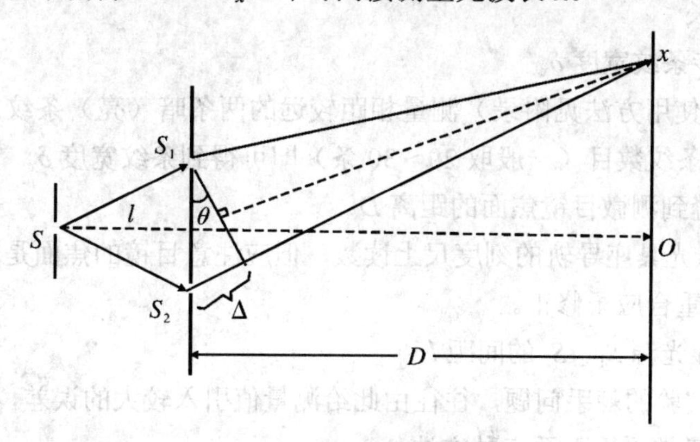

图 4-27-2

四、光路安排

如图 4-27-3 所示，将钠光灯 N，宽度可调的单狭缝 S，双棱镜 B，凸透镜 L，测微目镜 E 安排在光具座或光学平台上进行实验。各元件在光具座上的位置可由光具座导轨上的刻度尺读出。

（1）在光具座上先放上光源 N，狭缝 S，透镜 L 和接收屏，利用透镜两次成像的方法进行共轴调节（主要是使大小像左右重合），再用测微目镜取代接收屏，进一步调节共轴，让大小像与目镜中的叉丝交点重合。

（2）移出透镜 L，放进狭缝 B，使 B、S 间距处在 15.00 cm～20.00 cm 范围，且使 S、B 大体等高。调节 B 的横向位置，使狭缝 S 正对双棱镜棱脊，再调节棱脊与狭缝平行，即用眼睛正对棱脊观察狭缝时，看棱脊的黑影直线是否平行于狭缝。

（3）通过测微目镜观察，边观察边调节狭缝宽度，此时可观察到条纹。再细调狭缝的宽度和棱脊取向，使干涉条纹最清晰。

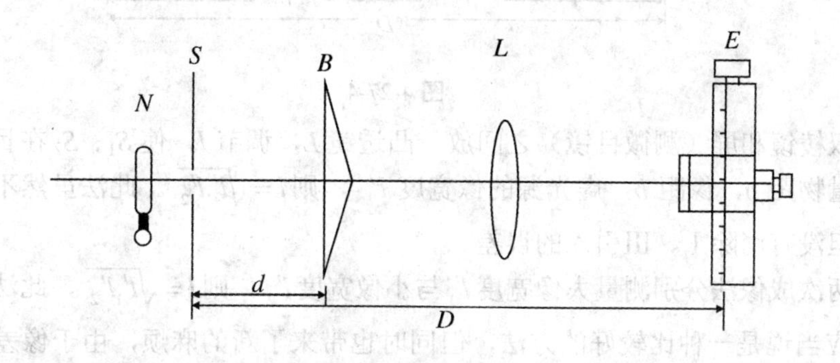

图 4-27-3

五、实验内容

1.观察干涉条纹宽度的变化

缓慢调节狭缝与双棱镜间的距离 d（即纵向移动双棱镜），记录干涉条纹宽度与 d 的关系。固定 d，移动目镜，改变狭缝与目镜间的距离 D，记录干涉条纹宽度与 D 的关系。

2.测量光源波长

（1）测量干涉条纹宽度 δ_x

用测微目镜（使用方法见附录）测量相距较远的两条暗（亮）条纹之间的距离，除以所通过的暗（亮）条纹数目（一般取 20～30 条）即可得到条纹宽度 δ_x。

（2）测量狭缝到测微目镜焦面的距离 D

此距离 D 可从光具座导轨的刻度尺上读数，但应注意目镜的焦面是否与目镜滑座上的标志线重合，如不重合应予修正。

（3）测量两虚光源 S_1、S_2 的间距 l

l 的测量是本实验的棘手问题，往往由此给测量值引入较大的误差，简言之，l 不易测准。目前对 l 的测量常采用下面三种方法。

①给定图 4-27-4 中的 θ 角，$l=\theta d$，把 l 的测量转化为对 d 的测量。此法引起的误差较大。这是因为：Ⅰ.狭缝和双棱镜都是嵌在特制的金属框内，它们在光具座上的投影位置很难准确测量。Ⅱ.双棱镜本身厚度为 2～3 mm，d 究竟从哪点量起不明确，实际上与棱镜的位置（正反）有关。Ⅲ.两个虚光源 S_1、S_2 的位置并不在狭缝平面上，计算表明，应在狭缝前面（远离光源一侧）$h/(1-\frac{1}{n})$ 处。式中 h、n 分别为双棱镜的厚度和折射率。由于以上原因，d 的误差可达 2 mm，相应波长测量的误差 $\Delta\lambda$ 超过 10 nm。

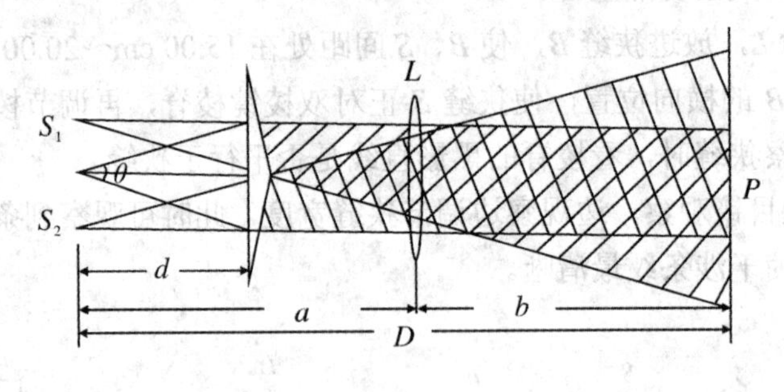

图 4-27-4

②在双棱镜和屏（测微目镜）之间放一凸透镜 L，调节 l，使 S_1、S_2 在目镜焦面上成一实像，测量物距 a，像距 b，虚光源的像宽度 l'，则 $l=\sqrt{l'_1 l'_2}$。此法虽然不必虑及上述Ⅱ的影响，但没有消除Ⅰ、Ⅲ引入的误差。

③用两次成像法分别测量大像宽度 l'_1 与小像宽度 l'_2，则 $l=\sqrt{l'_1 l'_2}$，此法避免了上述三种误差，应当说是一种比较好的方法，但同时也带来了新的麻烦，由于像差使狭缝像何时清晰难以准确判读，结果往往偏大。

在长期的教学实践中，我们总结出了测量 l 的第四种方法，即所谓“双棱镜位移法”，移动双棱镜在两个不同的位置 d_1 与 d_2（固定 D），分别测量相应两组干涉条纹的宽度 δ_{x1}，δ_{x2}

$$\lambda=\frac{d_1\theta}{D}\delta_{x2}$$

$$\lambda=\frac{d_2\theta}{D}\delta_{x2}$$

联立得

$$\lambda=\frac{\Delta d\theta}{D}\frac{1}{\left(\frac{1}{\delta_{x1}}-\frac{1}{\delta_{x2}}\right)} \qquad (4\text{-}27\text{-}2)$$

其中 $\Delta d=d_1-d_2$，Δd 的误差仅由光具座标尺的精度所决定，不引入上述三种误差。这样便于把一个不易测准的量 d 转化为易测准的相对差值 Δd。此法要求给定 θ 角应较为准确，实践证明，用这种方法测量 l 误差最小。在实验中可根据实际条件，选用后面三种方法中的任一种。一般地，第一种方法不可取。

将测得的 δ_x，l，D 值代入公式（4-27-1）或（4-27-2），即可计算光波长 λ。同时计算 λ 的不确定度。

六、思考题

1.双棱镜产生清晰干涉条纹的条件是什么？

2.为什么双棱镜棱脊与狭缝不平行时，条纹可见度下降，甚至看不到条纹？

3.测微目镜在光具座上前后移动时，发现条纹往左或往右移动，原因何在？应如何调节使条纹不发生上述移动？

4.干涉条纹的宽度与哪些因素有关？干涉条纹数的多少与什么因素有关？

5.目镜中所看到的干涉条纹的可见度是否均匀？为什么？

6.如果用小孔代替狭缝，干涉条纹的形状有什么变化，为什么本实验用狭缝而不用小孔？

7.如果用激光做光源，在实验中有哪些方便之处？

8.本实验用钠光源，钠双线对干涉条纹可见度有无影响？为什么？

9.在进行光路布局及参数选取时，如何考虑尽可能减小波长的测量误差？

七、附录

测微目镜

测微目镜是一种测量微小长度的仪器，其外形和内部结构如图 4-27-5 所示。

毫米刻度分划尺固定在目镜的前焦面上，如图 4-27-6（a），分划板如图 4-27-6（b），两者相距仅有 0.1 mm，因此在目镜中观察到如图 4-27-6（c）所示的图案。当读数鼓轮转动时，竖直双线和十字叉丝沿垂直于目镜光轴的平面横向移动，读数鼓轮每转动一周，竖直双线和十字叉丝移动 1 mm；由于鼓轮上又细分为 100 小格，所以每转过 1 小格，叉丝移动 0.01 mm。测微目镜叉丝移动的距离，可以从分划尺上的数值加上读数鼓轮上的读数得到。

使用测微目镜时应注意以下几点：

（1）测微目镜型号不同，可能精度不同。使用时首先要了解其分格精度，如有的测微目镜读数鼓轮每转一周，分划板移动 0.05 mm，而鼓轮上有 100 小格，则其精度为 0.005 mm。

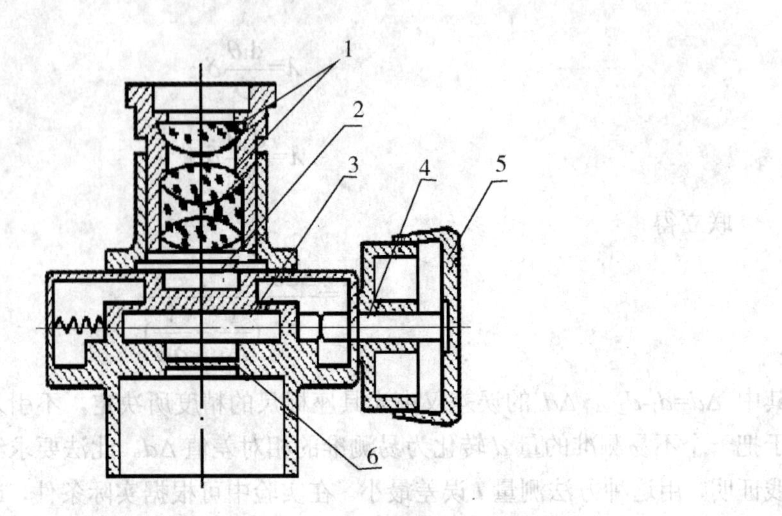

1.复合目镜；2.分划尺；3.分划板；4.测微螺旋；5.读数鼓轮；6.防尘玻璃

图 4-27-5

（2）为了消除空程差，每次测量时，鼓轮应沿同一方向旋转，中途不能反转。

（3）旋转鼓轮时，动作要平稳、缓慢，如已到达一端，不能再强行旋转，否则会损害螺旋。

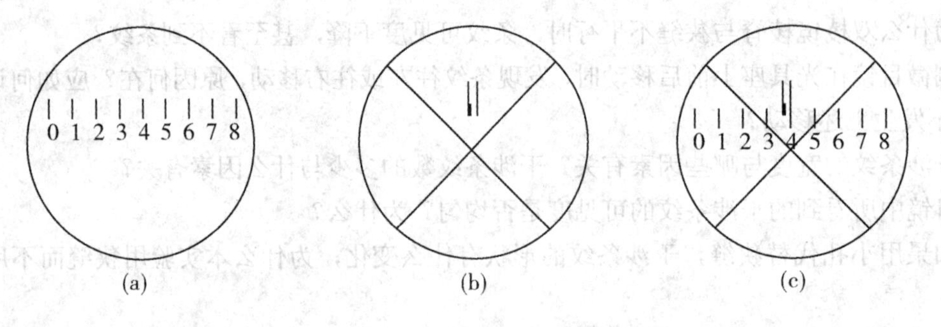

图 4-27-6

实验 4-28 法布里-珀罗干涉仪

一、实验目的

1.掌握多光束干涉的原理；学会法布里-珀罗干涉仪的调节方法，观察干涉锐环。

2.测量法布里-珀罗干涉仪的几个光学参量。

二、实验仪器

法布里-珀罗干涉仪、激光器、钠光灯、扩束镜、凸透镜、测微目镜、光具座。

三、实验原理

法布里-珀罗干涉仪可以实现多光束干涉的锐细条纹，成为研究光谱线超精细结构的有效手段，也是干涉滤光片的理论基础。下面先介绍多光束干涉原理。

1.多光束干涉

为简便起见，先考虑一块平行平面透明板，其折射率为 n' ，周围媒质的折射率为 n，设一束单色平面光波以 θ 角入射到板上，在每个界面上，入射光波都分为透射波与反射波两部分，从而在介质板上表面得到反射光束（1′），（2′），（3′）……在介质板下表面得到透射光束（1），（2），（3）……当两个面的反射率很低时，仍为双光束等倾干涉。如果板的反射率很高，就可得到多光束干涉。

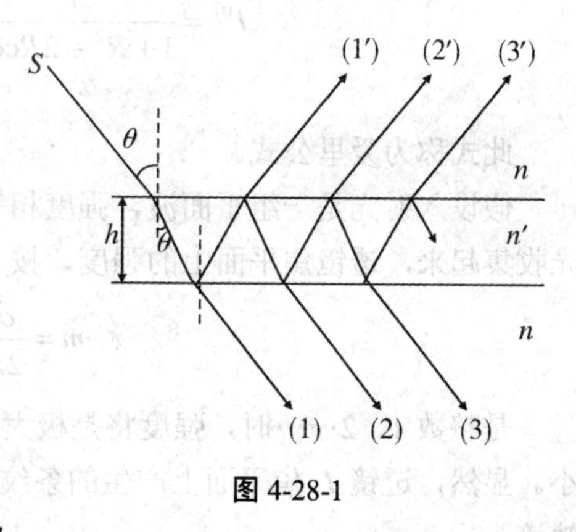

图 4-28-1

设 $A^{(i)}$是入射光波电矢量的复振幅，令其相位为波函数相位的常数部分，并假定入射波是线偏振光，电矢量平行或垂直于入射面。任一组平行光波中，不论是反射光还是透射光，每个光波和它的前一个波的光程差为

$$\Delta = 2n' h\cos\theta'$$

h 为平行板厚度，θ' 为板内折射角，相应的相位差为

$$\delta=\frac{4\pi}{\lambda_0}n' h\cos\theta' \qquad (4\text{-}28\text{-}1)$$

λ_0 为真空中波长。

设光波自周围媒质进入介质板时，振幅反射系数为 r，振幅透射系数为 t；当波从介质板传播到周围媒质时，相应的系数为 r'，t'。于是从板上面反射回来的各个波，如图 4-28-1 中的（1′），（2′），（3′）……复振幅依次为：

$$iA^{(i)}、tt'r'A^{(i)}e^{i\delta}、tt'r'^{3}A^{(i)}e^{2i\delta}\cdots\cdots tt'r'^{(2p-1)}A^{(i)}e^{i(p-1)\delta}\cdots\cdots$$

式中 p 表示项数；同理，从介质板透射出来的各个光波，如图 4-28-1 中的（1），（2），（3）……复振幅依次为：

$$tt'A^{(i)}、tt'r'^2A^{(i)}e^{i\delta}、tt'r'^4A^{(i)}e^{2i\delta}\cdots\cdots tt'r'^{2(p-1)}A^{(i)}e^{i(p-1)\delta}\cdots\cdots$$

对任一偏振分量，根据斯托克斯定律有

$$r^2+tt'=1,\quad r'=-r$$

且有

$$tt'=T,\ r^2=r'^2=R$$

R 和 T 代表平板表面反射率与透射率，并有

$$R+T=1 \tag{4-28-2}$$

在法布里-珀罗干涉仪中，我们要观察的是透射光，故以下只讨论透射光的问题。将透射光前 p 个光波相叠加时，其电矢量振幅为

$$A^{(t)}(p)=tt'(1+r'^2e^{i\delta}+\cdots+r^{2(p-1)}e^{i(p-1)\delta})A^{(i)}$$

$$=\left(\frac{1-r'^{2p}e^{ip\delta}}{1-r'^2e^{i\delta}}\right)A^{(i)}\cdot tt' \tag{4-28-3}$$

当 $p\to\infty$ 时有极限

$$A^{(t)}=A^{(t)}(\infty)=\frac{1-r'^{2p}e^{ip\delta}}{1-r'^2e^{i\delta}}=A^{(i)}=\frac{T}{1-Re^{i\delta}}A^{(i)} \tag{4-28-4}$$

相应的透射光强度 $I^{(t)}=A^{(t)}\cdot A^{(t)*}$ 为

$$I^{(t)}=\frac{T^2}{1+R^2-2R\cos\delta}I^{(i)}=\frac{T^2}{(1-R^2)+4R\sin^2\dfrac{\delta}{2}}I^{(i)} \tag{4-28-5}$$

此式称为爱里公式。

假设入射光是一组平面波，强度相等，而入射角分布在某一范围。用一透镜 L 将透射光收集起来，透镜焦平面上的强度，按（4-28-5）式，当干涉序

$$m=\frac{\delta}{2\pi}=\frac{2n'\ h\cos\theta'}{\lambda_0} \tag{4-28-6}$$

是整数 1、2……时，强度将是极大，当 m 是半整数 1/2、3/2、5/2……时，强度将是极小。显然，透镜 L 焦平面上产生的条纹是等倾条纹，各沿着 $\theta'=C$（即 θ=常数）的一条轨迹。

透射图样的强度分布由式（4-28-5）给出，利用（4-28-2）式将其改写成

$$\frac{I^{(t)}}{I^{(i)}}=\frac{1}{1+F\sin^2\dfrac{\delta}{2}} \tag{4-28-7}$$

式中参数 F 定义为

$$F=\frac{4R}{(1-R)^2} \tag{4-28-8}$$

透射与入射光强比$\frac{I^{(t)}}{I^{(i)}}$随相位差δ变化，如图 4-28-2 所示。当R增高时，透射图样的极小强度下降，而极大则变锐。当$R\to1$时，F很大，则除这些极大的区域外，其他各处透射光的强度都非常小。这时透射光的干涉图样由一系列很窄的亮条纹组成，背景几乎完全黑暗。

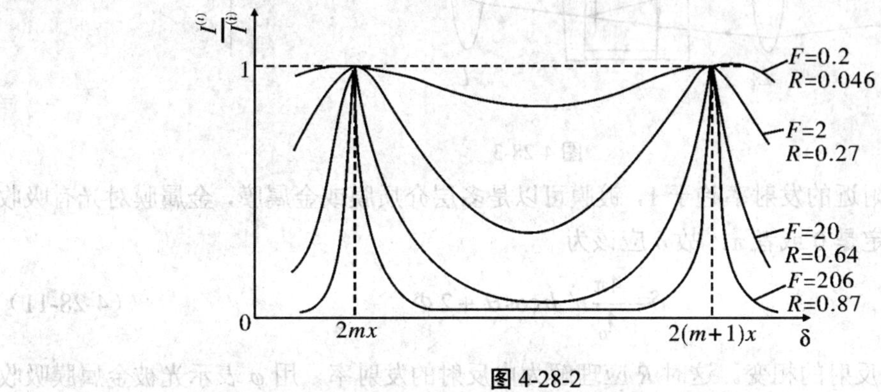

图 4-28-2

条纹的锐度用它的半强度宽度（简称半宽度）来度量，即在透射光情况下，光强极大两边下降到峰值一半时两点间的距离。相邻条纹的间距与半宽度之比，称为条纹锐度，以字母F表示。对整数序m的条纹，强度等于峰值之半的两点位于

$$\delta=2m\pi\pm\frac{\varepsilon}{2}$$

由（4-28-7）式ε应满足

$$\frac{1}{(1+F\sin^2\frac{\varepsilon}{4})}=\frac{1}{2}$$

当F足够大时，ε很小，可令$\sin^2\frac{\varepsilon}{4}=\frac{\varepsilon}{4}$，得到半宽度为

$$\varepsilon=4/\sqrt{F}\tag{4-28-9}$$

因为相邻条纹的间隔相当于δ改变2π，故锐度

$$F=\frac{2\pi}{\varepsilon}=\frac{\pi\sqrt{F}}{2}\tag{4-28-10}$$

2.法布里-珀罗干涉仪

法布里-珀罗干涉仪采用平行平面板产生多光束干涉条纹，光的照射接近正入射。主要由两块平面玻璃板或石英板P_1、P_2组成，两面板朝里的表面镀有高反射率的部分透射膜，并且互相平行，两板间形成平行平面空气层。两块板做成楔形以减小未镀膜的外表面上反射产生的干涉。当两镀膜表面的间隔用某些热膨胀系数很小的材料做成的环固定起来时，就叫法布里-珀罗标准具；当两镀膜表面的间隔可调时，叫做法布里-珀罗干涉仪。

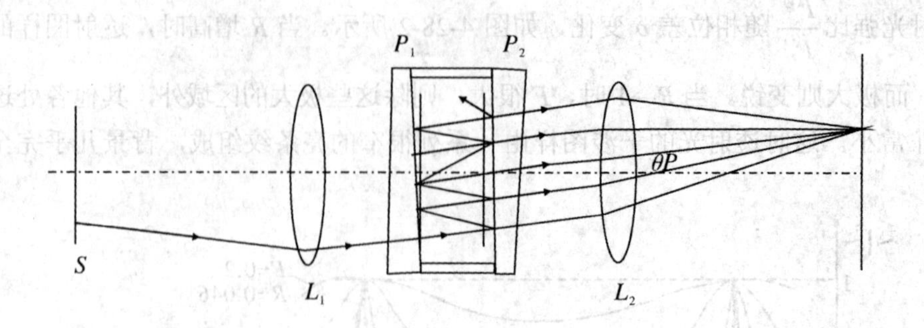

图 4-28-3

为使正入射附近的发射率趋于 1，镀膜可以是多层介质膜或金属膜，金属膜对光有吸收且发射相变不一定是 0 或者 π，故 δ 应该为

$$\delta=\frac{4\pi}{\lambda_0}n'\ h\cos\theta'+2\Phi \tag{4-28-11}$$

式中 Φ 为内反射的相变。这时 R 应理解为内反射的发射率，用 φ 表示光被金属膜吸收的部分，则应有

$$R+T+\varphi=1 \tag{4-28-12}$$

利用式（4-28-8），从（4-28-5）式得到

$$\frac{I^{(t)}}{I^{(i)}}=(1-\frac{\varphi}{1-R})^2\frac{1}{1+F\sin^2\dfrac{\delta}{2}} \tag{4-28-13}$$

因为因子 $(1-\dfrac{\varphi}{1-R})^2$ 小于 1，可见 F 一定时，吸收时透射图样的强度减小。

由式（4-28-11）干涉级序可写成

$$m=\frac{\delta}{2\pi}=\frac{2n'h\cos\theta'}{\lambda_0}+\frac{\varphi}{\pi} \tag{4-28-14}$$

透镜的光轴通常与板垂直，对应于各整数 m 的亮条纹是一组同心圆，而圆心在正入射透射光的焦点上。这一点 m 的值最大，设为 m_0，则

$$m_0=\frac{2n'h}{\lambda_0}+\frac{\varphi}{\pi} \tag{4-28-15}$$

m_0 不一定是整数，可写成

$$m_0=\ m_1+e \tag{4-28-16}$$

m_1 是最里边亮环的整数序，e 小于 1，是中心的小数序。对于由中心数起的第 p 个亮环，设其角半径为 θ，参看图 4-28-3，干涉序为 m_p，由式（4-28-14）得

$$2n'h\cos\theta'_p+\frac{\phi\lambda_0}{2\pi}=m_p\lambda_0=[m_1-(p-1)]\lambda_0 \tag{4-28-17}$$

θ'_p 是平行板内相应于 θ_p 的折射角，由（4-28-15）式有

$$2n'h+\frac{\varphi\lambda_0}{\pi}=m_p\lambda_0$$

由此式减去（4-28-17）式，得到

$$2n'h(1-\cos\theta'_p)=(p-1+e)\lambda_0 \tag{4-28-18}$$

如果 θ'_p 很小，由折射定律，$n'_p\approx n\theta_p/\theta'_p$，而 $1-\cos\theta'_p\approx\frac{\theta'^2}{2}\approx\frac{n'\theta_p^2}{2n'^2}$，故由上式解出

$$\theta_p=\frac{1}{n}\sqrt{\frac{n'\lambda_0}{h}}\cdot\sqrt{p-1+e} \tag{4-28-19}$$

其中 n 为板外空气折射率，而该条纹的直径 D_p 为

$$\theta_p^2=(2f\theta_p)^2=\frac{4n'\lambda_0 f^2}{n^2h}(p-1+e) \tag{4-28-20}$$

式中 f 是透镜 L 的焦距。

3.法布里-珀罗干涉仪条纹的特点及两个参数

（1）已知环直径由式（4-28-20）表示，由此

$$D_p^2-D_{p\text{-}1}^2=\frac{4n'\lambda_0 f^2}{n^2h} \tag{4-28-21}$$

可见平行板厚度 h 不变时，环直径平方差是一个不变量。可用实测数据加以验证。

（2）在实验测得 $D_p^2-D_{p\text{-}1}^2$ 是不变量之后，由（4-28-21）式可算出平行平面板的厚度

$$h=\frac{4n'\lambda_0 f^2}{n^2(D_p^2-D_{p\text{-}1}^2)}$$

（3）若测出 p 环与 q 环直径，则

$$\frac{D_p^2}{D_q^2}=\frac{(p-1+e)}{(q-1+e)}$$

算出中心小数序 e

$$e=\frac{[(q-1)D_p^2-(p-1)D_q^2]}{D_q^2-D_p^2} \tag{4-28-22}$$

当入射法布里-珀罗干涉仪的不是单色光，而是有两个单色成分的准单色光时，考虑两者波长差逐渐增大，而两者强度相差不大，就会在干涉图样中出现两套相互错开的极大，就证明了两条谱线的存在，亦即两个波长成分被干涉仪分辨。法布里和珀罗在 1899 年用这种方法，直接观察了以前迈克尔逊干涉仪只能间接推断的光谱线精细结构。从此以后，法布里-珀罗干涉仪在光谱学这一分支中占有统治地位。

（4）法布里-珀罗干涉仪的分辨本领

为了比较不同仪器对光谱结构的分辨本领，常考虑两个强度相等的成分，规定两个成分“刚刚能分辨开”时，两个极大应错开的距离。设两个成分的波长为 $\lambda_0\pm\Delta\lambda_0/2$，则 $\lambda_0/\Delta\lambda_0$ 叫做仪器的“分辨本领”。在此略去由瑞利判据所做的推导，结果为

$$\frac{\lambda_0}{\Delta\lambda_0}=0.97\ mF \tag{4-28-23}$$

在正入射附近，$m \approx \dfrac{2n'h}{\lambda_0}$，故分辨本领写作

$$\frac{\lambda_0}{\Delta\lambda_0} = \frac{2Fn'h}{\lambda_0} \tag{4-28-24}$$

（5）法布里-珀罗干涉仪的光谱范围

如果两个成分的波长间隔足够大，以致两套图样的移错大于各图样中相邻极大的间距，就发生了序的“交叠”，产生移错 1 序，相当于$|\Delta\delta|=2\pi$的波长差，称为干涉仪的光谱范围，以$(\Delta\lambda)_{S.R}$表示。在相位差公式（4-28-11）中，当n'与波长无关，h很大，以致Φ与δ相比可以忽略时，两边求微分，并取绝对值，即有

$$|\Delta\delta| = \frac{4\pi n'h\cos\theta'\ \Delta\lambda_0}{\lambda_0^2} = \frac{2\pi m\Delta\lambda_0}{\lambda_0^2} = 2\pi$$

令

$$|\Delta\delta| = \frac{2\pi m\Delta\lambda_0}{\lambda_0^2} = 2\pi$$

则在正入射附近就有

$$\Delta\lambda_0 = (\Delta\lambda)_{S.R}\frac{\lambda_0}{m} \approx \frac{\lambda_0^2}{2n'h}$$

四、实验内容

1.调节法布里-珀罗干涉仪，使激光束大致垂直入射干涉仪。先将两镜面间距调到$h\approx 2$ mm，将激光束扩束，以球面波入射，眼睛正对法布里-珀罗镜片，可看到一排光点，细心调节镜片背面压脚螺丝，使光点向一点重合，最后得到干涉圆条纹。

2.放入毛玻璃屏，使成扩展面光源，调成等倾条纹。

3.缓慢调节镜片M_1，使间距增至 10 mm 以上。同时细心调节镜片背后的微调螺丝，使保持等倾条纹。用已知焦距f的会聚透镜接收透射光，使其光轴垂直于镜片。将测微目镜置于透镜焦平面处，观察细锐的干涉环。

4.用测微目镜测定由中心数起 1~10 环的直径，用逐差法求出不变量$D_p^2 - D_{p\text{-}1}^2$的平均值；测出镜面间距h、中心小数序e。

5.观察钠光的干涉条纹变化。

6.先测镜面间距$h = \dfrac{4n'\lambda_0 f^2}{n^2}\dfrac{(p-q)}{(D_p^2 - D_{p\text{-}1}^2)}$，算出仪器的分辨本领及光谱范围$(\Delta\lambda)_{S.R}$。

7.用焦距仪测透镜焦距。R=0.9。

五、思考题

1.仔细观察法布里-珀罗干涉仪条纹，与牛顿环、迈克尔逊干涉仪条纹比较，说明有何异同。

2.眼睛左右上下移动时，为什么要求环的直径不变？

3.法布里-珀罗干涉仪中，设$R\approx 0.8$，$h\approx 2.0$ mm，钠黄双线能被分开吗？若能分开，那么

被分开的钠黄双线的两套条纹间发生错序吗？

六、附录

1897年，法国物理学家C. Fabry和A. Perot发明了具有实用价值的多光束干涉仪即法布里-珀罗干涉仪，此后法布里-珀罗干涉仪一直是长度计量和研究光谱超精细结构的有力工具，其分辨率可达 5×10^7，同时它也是激光谐振腔的基本构型。基于法布里-珀罗干涉仪的干涉滤光片广泛应用于激光光源、照相器材、通信制导及卫星传感等领域。

现代精确测量超精细结构的光谱仪器有傅里叶变换光谱仪（Fourier-transform spectroscopy）、共线快离子束激光光谱仪（collinear fast-ion-beam spectroscopy）、激光射频双共振光谱仪（laser-rf double resonance spectroscopy）等。共线快离子束激光光谱仪利用聚速效应和共线束相互作用，极大地提高了分辨率，从而可以精确测量元素的同位素移位和超精细结构，图4-28-4为一个典型的测量装置。

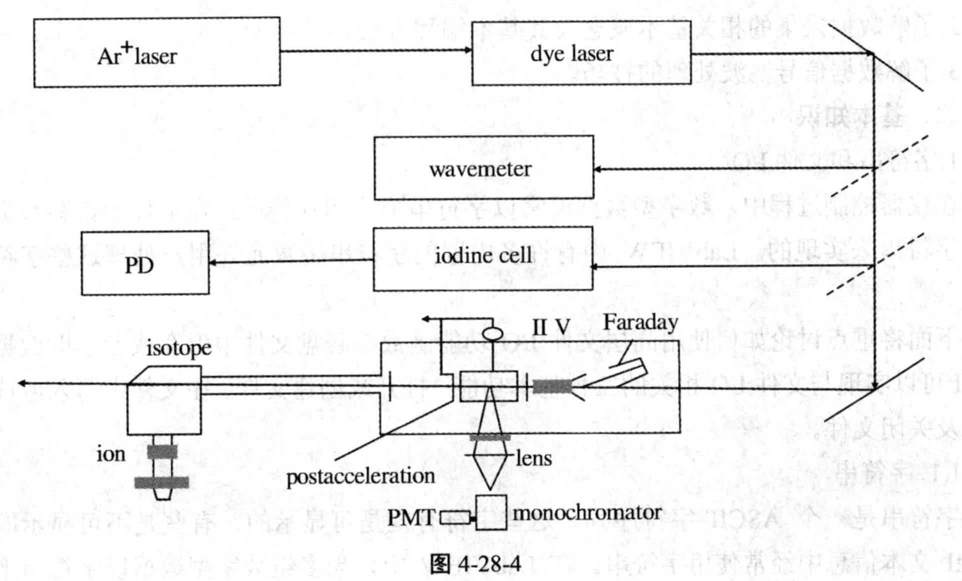

图 4-28-4

实验 4-29 虚拟仪器（二）

——虚拟仪器技术的一般应用

一、实验目的

1. 了解 LabVIEW 中字符串和文件 I/O 的基本编程技巧。

2.了解数据采集的相关基本概念及其基本编程方法。

3.了解数据信号滤波处理的技巧。

二、基本知识

1.字符串和文件 I/O

在仪器控制过程中，数字型数据通常以字符串形式相互传送；在文件中读写数据也是通过字符串来实现的。LabVIEW 中有许多内置的字符串函数允许用户处理这些字符串数据。

下面将重点讨论如何使用高层文件 I/O 功能函数在磁盘文件中保存或者读取数据。高层 VI 可以实现与文件 I/O 相关的三种基本功能：打开或创建文件、在文件中写入或读出数据以及关闭文件。

1.1 字符串

字符串是一个 ASCII 字符序列。这些字符有些是可显示的，有些是不可显示的。在 ASCII 文本信息中经常使用字符串。在 LabVIEW 中，当多组数字型数据以字符串形式传送并随后被转换回数字时，也要在仪器控件中使用字符串。另一种需要使用字符串的情况是存储数字型数据，在将数字写入磁盘文件之前首先需要将其转换为字符串。

字符串控件（String Control）和字符串显示器（String Indicator）位于 Controls→All Controls→String & Path 子选项中，也可以通过 Controls 中的 Text Controls 和 Text Indicator 选项板访问。

字符串控件和显示器可以显示和接收那些通常不可显示的字符，如退格键、回车键、制表键等；从快捷菜单中选择'/'Codes Display 可显示这些字符，它们将被显示为紧跟在反斜杠之后与其对应的编码。下表列出了编码的完整清单：

编码	\00~\FF	\b	\f	\n	\r	\t	\s	\\
解释	8 位字符的十六进制值，必须大写。	退格键	换页	换行	回车	制表	空格	反斜杠

字符串的一些常用处理和操作函数均位于 Functions→All Functions→String 子选项板中：

Format Into String 函数：将数字和字符串串接并合并为单个输出字符串；

Match Pattern 函数：从指定偏移处开始在字符串中搜索表达式，当发现匹配字符串后，将该字符串分割为三个子串：匹配之前的部分、匹配字符串和匹配之后的部分。

Scan from String 函数：扫描字符串并将有效数字符号（0 到 9、+、-、e、E 和循环节）转换为数字。

相关函数还有 String Length、String Subset、Concatenate Strings、Search and Replace String、Replace Substring、Array To Spreadsheet String 和 Spreadsheet String To Array 等。

1.2 文件输入/输出（I/O）

文件 I/O 功能函数是一组功能强大、伸缩性强的文件处理工具。它们不仅可以读写数据，还可以移动、重命名文件与目录，并且可创建电子表格格式的、由可读的 ASCII 文本组成的文件以及为了提高读写速度和压缩率采用二进制的格式写入数据等。

LabVIEW 一般采用下面三种文件格式存储或者获得数据：

● ASCII 字节流——如果希望让其他的软件（譬如：字处理程序或者电子表格程序）也可以访问数据，就需要将数据存储为 ASCII 格式。为此，您需要把所有数据都转换为 ASCII 字符串。

● 数据记录文件——这种文件采用的是只有 G 语言可以访问的二进制格式。数据记录文件类似于数据库文件，因为它可以把不同的数据类型存储到同一个文件记录中。

● 二进制字节流——这种文件的格式是最紧凑、最快速存储文件的格式。您要把数据转换成二进制字符串的格式，还必须清楚地知道在对文件读写数据时采用的是哪种数据格式。

其中，ASCII 字节流格式是最常用的数据文件格式。

文件 I/O 函数库包括高层和中层两部分。高层文件 VI 可调用中层文件 VI，实现完整的、易于使用的文件操作。高层 VI 均先打开或者创建文件、读写文件再关闭文件。

高层文件 VI 函数位于 Functions→All Functions→File I/O 选项板的顶端，主要有：

Write Characters To File：将字符串写入一个新的字节流文件或者将字符串添加到现存文件中。

Write To Spreadsheet File：将由单精度数值组成的一维或者二维数组（SGL）转换成文本字符串，再将其写入一个新的字节流文件或者添加到现存文件中。它可以用于创建能够被大多数电子表格软件读取的文本文件。

Read Characters From File：从指定的字符偏移量开始，读取字节流文件中指定数目的字符。

Read From Spreadsheet File：从某个文件的特定位置开始读取指定个数的行和列，再将数据转换成二维、单精度数组。它可以用于读取用文本格式存储的电子表格文件。

Read Lines From File VI：用于从某个文件的特定位置开始读取指定个数的行内容。

Binary File Vis：一个子选项板，包括能够从二进制文件中读取或向二进制文件中写入 16 比特（1 个字）整数及单精度浮点数的 VI。

中层文件 VI 一次只能执行一种文件操作，如 Open/Create/Replace File 创建一个新的文件或替换现存文件；最常使用的中层文件功能 VI 位于 Functions→All Functions→File I/O

选项板的第二行，其余的函数位于其中的 Advanced File Functions 子选项板中。

使用文件 I/O 时，用户需要定义文件路径。

处理文件时，经常会遇到 end-of-file、refnum、not-a-path 和 not-a-refnum 这些术语。end-of-file（EOF）是相对于文件起点的文件末尾字符偏移量；refnum 是与打开文件相关联的标志；not-a-path 与 not-a-refnum 是预先定义的，分别表明路径无效和与打开文件相联系的 refnum 无效的值。

1.3 测量数据文件

前面说的函数都是当采集好整个数组之后，数据才可以被转换或者写入文件。在从 DAQ 设备采集测量数据时，往往需要在数据产生的同时把它们永久性地写入到硬盘，并记录采集时的相关信息（如时间等），这时，应采用测量数据文件。测量数据文件考虑了以后访问数据的方式等要素。访问测量数据文件，应使用下面的两个 Express 文件 I/O 函数：Read LabVIEW Measurement File（在 Functions→Input 选项板中）和 Write LabVIEW Measurement File（在 Functions→Output 选项板中）函数。它们也可在 Functions→All Functions→File I/O 选项板中找到。它们作为 LabVIEW Measurement Express VI，读写.lvm 文件——LabVIEW 测量数据文件。

测量数据文件（.lvm）是可以很容易地在 LabVIEW 中创建并被其他应用程序使用，这些应用程序包括电子表格应用程序（比如 Microsoft Excel）或文本编辑应用程序（比如 Notepad）。除了 Express VI 生成的数据外，.lvm 文件还包含相关的数据信息，例如：数据生成的日期和时间等。

2.数据采集

在计算机广泛应用的今天，数据采集的重要性是十分显著的。在下面的内容中，将提出与模拟 I/O 和数字 I/O 相关的基本概念以及常用术语，重点介绍 DAQ Assistant 的使用等。

2.1 基本概念

2.1.1 数据采集系统的构成

从最基本的角度出发，数据采集（Data Acquisition，以下简称 DAQ）系统的任务就是测量或生成物理信号，图 4-29-1 表示了数据采集系统的结构。从中可以看出：DAQ 板卡仅仅是系统的一个组成部分，要组成一个完整的 DAQ 系统还应具有一套用于获取、处理原始数据，分析和调节传感器（或转换器）信号，控制数据显示和存储的软件等。

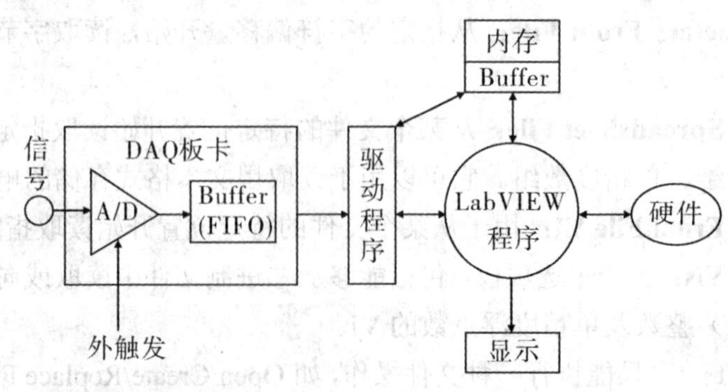

图 4-29-1 数据采集系统结构

DAQ 板卡的基本功能包括：模拟量输入（A/D）、模拟量输出（D/A）、数字 I/O（Digital I/O）和定时（Timer）/计数（Counter）等。不同型号的 DAQ 板卡可以实现不同的功能要求。

2.1.2 信号类型

任何一个信号都是随时间而改变的物理量。一般情况下，信号所承载的信息是很广泛的，比如：状态（state）、速率（rate）、电平（level）、形状（shape）、频率成分（frequency content）。根据信号运载信息方式和内容的不同，可以将信号分为数字信号和模拟信号。

数字（二进制）信号分为开关信号和脉冲信号。模拟信号可分为直流信号、时域信号和频域信号，如图 4-29-2 所示。数字信号仅有两种可能的离散电平：高电平（通）和低电平（断）；而模拟信号包含相对于一个自变量（比如时间）连续变化的信息。

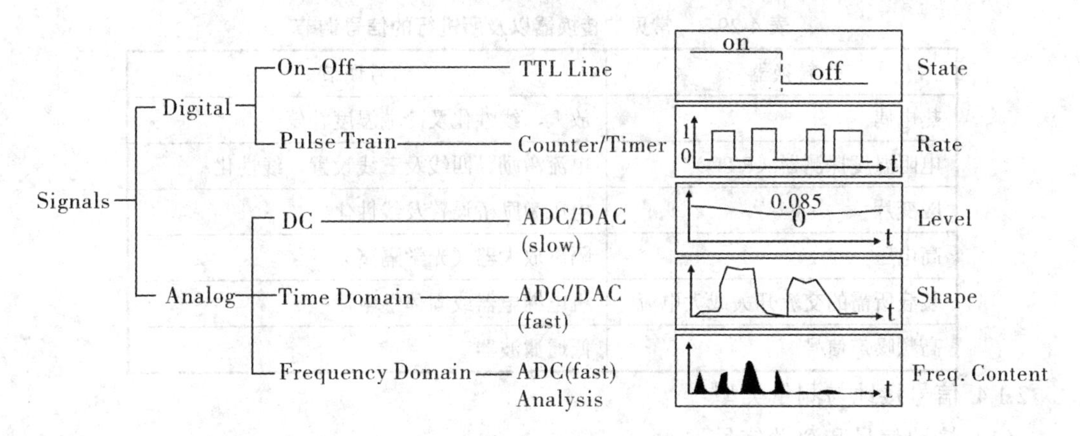

图 4-29-2 信号分类

上述信号分类不是互相排斥的。一个特定的信号可能承载有不止一种信息，可以用几种方式来测量它；用户所选择的测量手段取决于需要从信号中提取的信息。

2.1.3 常见的转换器和信号调节

计算机系统在测量物理信号（比如温度或压强）之前，需要通过传感器将物理信号转换为电信号（如：电压或电流）。表 4-29-1 列举了物理信号的一些常用传感器。

表 4-29-1 物理现象的一些常用传感器

物理现象	常用传感器
温度	热电偶、电阻温度探测器（RTD）、热敏电阻、集成电路传感器
光	电子管感光器、光导器件
声音	麦克风
压力或压强	应变片、压电转换器、荷载器件
位置或位移	电位计、线性电压差接变压器（LVDT）、光学编码器
液流	落差流量计、旋转式流量计、超声波流量计
pH	pH 电极

所有的传感器都输出电信号，但是，并非所有的输出电信号都能像使用其他独立仪器

那样，直接将其接入计算机上的 DAQ 卡中，因为在许多情况下，所测量的物理信号是非常低的，并且对噪声敏感。需要转换器等信号调节设备对信号进行放大和滤波等调理，以适应计算机对信号的要求。

信号调节主要包括放大、隔离、滤波、激励、线性化等。由于不同传感器有不同的特性，有时除了上述通用调节外，还要根据具体传感器的特性和要求来设计特殊的信号调节功能。

某些信号调节（比如线性化和比例换算）可以由软件来实现。为此，LabVIEW 在 Functions →All Functions→NI Measurements→Data Acquisition 选项板中提供了一些调节 VI。

表 4-29-2 列出了一些常见的转换器以及所进行的信号调节。

表 4-29-2　常见的转换器以及所进行的信号调节

转换器	信号调节
热电偶	放大、线性化及冷端温度补偿
电阻温度探测器（RTD）	电流激励、四线及三线设置、线性化
应变片	电压激励桥设置及线性化
高电压	隔离放大器（光学隔离）
装载所需的交流开关或大电流	机电继电器或固体继电器
高频噪声信号	低通滤波器

2.1.4 信号接地与测量类型

（1）接地信号和浮动信号

电压信号可以分为两种类型：基准的和非基准的。基准信号通常称为接地信号，而非基准信号则称为浮动信号或未接地信号。

接地信号：就是将信号的一端与系统的地线连接起来。

浮动信号：不与任何地连接的电压信号。浮动信号的每个端口都与系统的地独立，也不与大地相连。常见的浮动信号有：电池、热电偶、变压器和隔离放大器等。

（2）测量系统分类

测量系统可以分为差分（或微分，DIFF）、参考地单端（RSE）、无参考地单端（NRSE）三种类型。

差分测量系统：在差分测量系统中，信号的两个输出端分别与一个模拟输入通道相连接，而无需连接到固定的基准点上。带有放大器的 DAQ 设备卡可配置成差分测量系统。图 4-29-3 描述了一个 8 通道的差分测量系统，AIGND（模拟输入地）是测量系统的地。

一个理想的差分测量系统，仅能测出（+）和（-）两个输入端口之间的电位差，它完全抑制了测量放大器两个输入端上相对于放大器地线的任何电压。换句话说，一个理想的差分测量系统完全抑制了共模干扰电压。

参考地单端测量系统：一个 RSE 测量系统，也叫做接地测量系统，被测信号一端接模拟输入通道，另一端接系统的地 AIGND。图 4-29-4 描绘了一个 16 通道的 RSE 测量系统。

无参考地单端测量系统：DAQ 设备经常使用无参考地单端测量系统（NRSE），它是 RSE 测量系统的一种变形。在 NRSE 测量系统中，信号的一端接模拟输入通道，另一端接一个公用参考端，但这个参考端电压相对于测量系统的地来说是不断变化的。图 4-29-5 说明了一个 NRSE 测量系统，其中 AISENSE 是测量的公共参考端，AIGND 是系统的地。

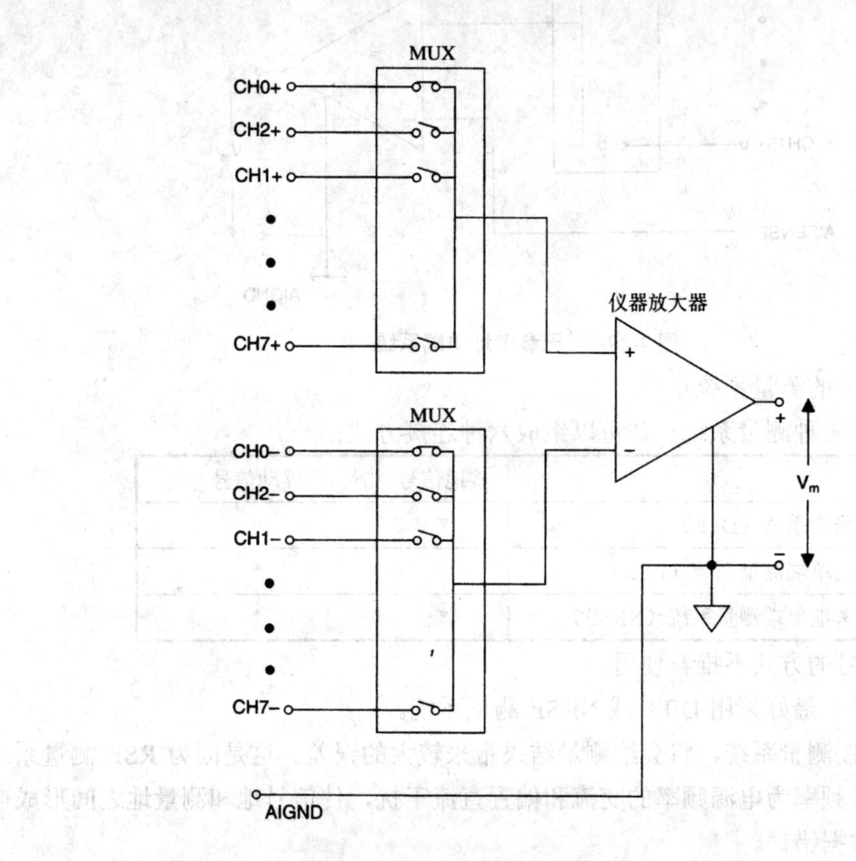

图 4-29-3　差分系统

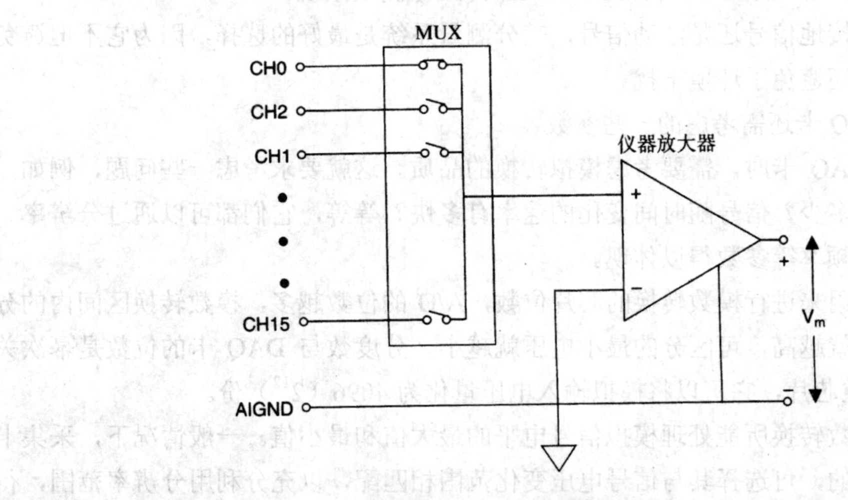

图 4-29-4　参考地单端系统

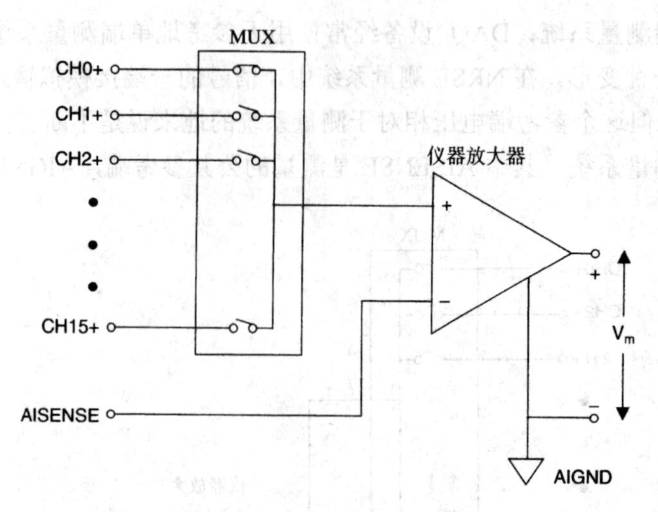

图 4-29-5 无参考地单端系统

（3）选择合适的测量系统

两种信号源和三种测量系统一共可以组成六种连接方式：

	接地信号	浮动信号
差分测量系统（DEF）	*	*
参考地单端测量系统（RSE）		*
无参考地单端测量系统（NRSE）	*	*

其中，不带*号的方式不推荐使用。

测量接地信号：最好采用 DIFF 或 NRSE 测量系统。

如果采用 RSE 测量系统，将会给测量结果带来较大的误差。这是因为 RSE 测量系统的接地回路引入了频率为电源频率的交流和偏置直流干扰，使信号地和测量地之间形成电位差，导致测量数据错误。

测量浮动信号：可以用 DIFF、RSE、NRSE 方式等测量系统。

通常，不管是接地信号还是浮动信号，差分测量系统是最好的选择，因为它不但避免了接地回路干扰，还避免了环境干扰。

2.1.5 配置 DAQ 卡还需考虑的一些参数

当准备配置 DAQ 卡时，需要考虑模拟转换的品质。这就要求考虑一些问题，例如，信号幅度的极限是多少？信号随时间变化的速率有多快？等等，它们都可以通过分辨率、区间、增益、采样频率等参数得以体现。

分辨率：就是用来进行模数转换的芯片位数，A/D 的位数越多，模数转换区间内的分度数越多，分辨率就越高，可区分的最小电压就越小。分度数与 DAQ 卡的位数是幂次关系，例如对于 12 位芯片，它可以将模拟输入电压量化为 4096（2^{12}）份。

区间：表示模数转换所能处理模拟信号电平的最大值和最小值。一般情况下，采集卡的电压范围是可调的，可选择其与信号电压变化范围相匹配，以充分利用分辨率范围，得到更高的精度。

增益：主要用于在信号数字化之前对幅值较小的信号进行放大。使用增益，可以等效地降低 A/D 的输入范围，使它能尽量将信号分为更多的等份，这样可以更好地复原信号。一般通过选择合适的增益，使得增益后输入信号动态范围与 A/D 的电压范围相适应。

NI 公司的采集卡选择增益是在 LabVIEW 中通过设置输入信号极限幅度集合（input limits）来实现的。LabVIEW 会根据选择的输入信号极限幅度集合和区间范围的大小来自动选择增益的大小。

DAQ 卡的分辨率、区间以及信号极限幅度集合决定了输入信号中可以检测到的最小变化量。

采样频率:是 DAQ 卡采集输入模拟信号的速率。选取采样频率需要知道输入信号的最大频率，还需要知道影响输入模拟信号的噪声及硬件特性。

采样定理：最低采样频率必须是信号最高频率的两倍。反过来说，如果给定了采样频率，那么能够正确测量信号的变化而不发生畸变的最大信号频率是采样频率的一半，这个频率叫做恩奎斯特频率。如果信号中包含频率高于恩奎斯特频率的成分，测量信号将发生畸变。为了避免这种情况的发生，通常在信号被采集（A/D）之前，经过一个低通滤波器，将信号中高于恩奎斯特频率的信号成分滤去。

也许你可能会首先考虑用采集卡支持的最大频率。但是，较长时间使用很高的采样频率可能会由于采集数据太多导致存储数据过慢。理论上设置采样频率为被采集信号最高频率的 2 倍就够了，实际上工程中选用 5～10 倍；有时为了较好地还原波形，甚至还会选择更高一些。

采样方式：多数通用采集卡都有多个模拟输入通道。但是并非每个通道配置一个 A/D，而是大家共用一套 A/D。在 A/D 之前配有多路开关（MUX）、放大器（AMP）以及采样保持器（S/H）等；通过多路开关的扫描切换，实现多通道的采样。

多通道的采样方式有三种：循环采样、同步采样和间隔采样。扫描速率（scan rate）是数据采集卡每秒进行扫描的次数。在一次扫描（scan）中，数据采集卡将对所有用到的通道进行一次采样。

循环采样的缺点在于：采样信号是随着时间变化的。因为多路开关要在通道间进行切换的缘故，会产生通道间的时间延迟，所以，每次扫描测量的数据并不是同一时刻的状态。如果通道间的时间延迟对信号分析不很重要，使用循环采样是可以的。当通道间的时间关系很重要时，就需要用到同步采样方式，但是这种方式的成本较高。

为了改善信号延迟而又不必付出像同步采样那样大的代价，就有了如下的间隔扫描（interval scanning）方式：在这种方式下，用通道时钟控制通道间的时间间隔，而用另一个扫描时钟控制两次扫描过程之间的间隔。通道间的间隔由采集卡的最高采样速率决定，可能是微秒甚至纳秒级的，效果接近于同步扫描。间隔扫描适合缓慢变化的信号，比如：温度和压力等。NI 公司的数据采集卡可以使用内部时钟来设置扫描速率和通道间的时间间隔。

当选择好扫描速率时，LabVIEW 自动选择尽可能快的通道时钟速率。

2.2 DAQ VI 的组织结构与硬件配置

2.2.1 DAQ VI 的组织结构

LabVIEW 7.0 版本将数据采集（DAQ）VI 组织为两个选项板，一个是 Traditional NI-DAQ，而另一个是 NI-DAQ_{mx}。单击 Functions→All Functions→NI Measurements，可以访问它们。

NI-DAQ_{mx} 是一种称为多态 VI 的特殊 VI，是能够适应不同 DAQ 功能的一组核心 VI，比如：模拟输入、模拟输出、数字 I/O 等。NI-DAQ_{mx} 优先于先前的 Traditional NI-DAQ 的显著特点是包含了 DAQ 助手（DAQ Assistant）。借助 DAQ Assistant 设置通道和完成测量任务，会使编写采集数据 VI 的工作简单明了。

在这里再介绍 NI-DAQ_{mx} 中常用的两个概念：

NI-DAQ_{mx} 通道：在开发 DAQ 应用时，需要配置一组虚拟通道；这一配置是一组设备属性的集合，包括物理通道、测量类型以及量度信息等。

NI-DAQ_{mx} 任务：是一个集合，包括一个或多个通道、定时、触发以及作用于任务自身的其他属性。

2.2.2 DAQ 硬件配置

LabVIEW 提供了多种工具，用于帮助用户定义数据采集卡上哪些信号与哪个通道相连，并且可以很容易地将它们划分为各种任务。用户可以为不同的设置或系统保存不同的配置文件。一旦成功地配置了软件，就正确地配置了硬件。随后，用户可以引用通道名称或任务（由用户指定）使用输入信号，并且可以对所定义通道上的物理量进行测量。

NI 公司还提供了一个数据采集卡的配置工具软件——Measurement & Automation Explorer（简称 MAX），它可以配置 NI 公司的软件和硬件，比如：执行系统测试和诊断、增加新的虚拟通道、设置测量系统的方式、查看所连接的设备等。

Windows 版的 MAX 会读取设备管理器在 Windows 注册表中的记录信息，并为每个 DAQ 卡配置逻辑设备号。用户可以通过该设备号访问计算机中的板卡。

用户可以通过访问计算机中的“我的电脑→属性→硬件→设备管理器”检查 Windows 配置。如图 4-29-6 所示，用户可以找到 Data Acquisition Devices，其中列出了安装在计算机中的所有 DAQ 卡。选中一个 DAQ 卡，选择“属性”或双击该 DAQ 卡，可以看到一个多页面的对话框，包括“常规”、“驱动程序”、“详细信息”和“资源”等。

如果使用的是即插即用（PnP）卡，Windows 配置管理器会自动检测并配置该卡。如果不是即插即用卡，则用户需要在控制面板中使用 Add New Hardware 对该卡进行手工配置。

2.3 数据采集功能的实现

在 LabVIEW 中，完成数据采集的工作有两种途径：一种是利用数据采集子 VI，通过一些简单的连接，实现各种功能；另一种是利用 DAQ Assistant 进行直接设定和配置。

2.3.1 利用数据采集子 VI 完成数据采集

各种数据采集子 VI 均可在 Functions→All Functions→NI Measurements→Data Acquisition 选项板中找到。

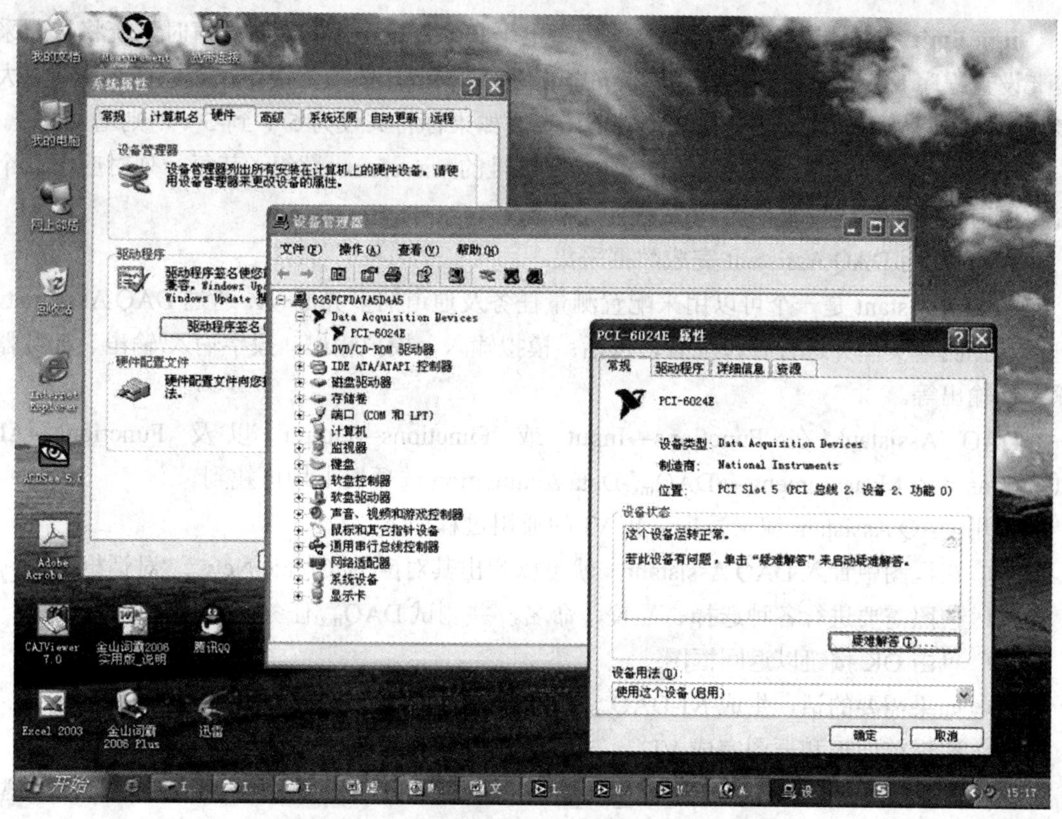

图 4-29-6 访问设备管理器以检查 Windows 配置

使用数据采集子 VI，需要了解其各个端口的定义。我们以图 4-29-7 的多通道模拟输入波形采集 AI Acquire Waveform.vi 为例加以说明：

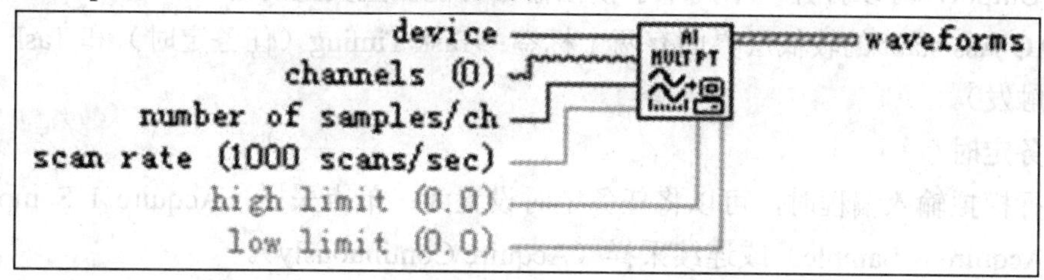

图 4-29-7 AI Acquire Waveform.vi 的端口含义

device: 设备号。该参数告诉 LabVIEW 你使用什么卡。

channels： 指定数据采集的物理通道。如一个卡有多个模拟输入通道，你也可以同时采集其中多个通道的数据。在 LabVIEW VI 中，通道都用一个字符串来指定。例如：

通道	通道串
通道 5	5
通道 0 到 4	0:4
通道 1，8，以及 10 到 13	1，8，10:13

number of samples/ch： 每通道要采集的样本数，缺省值是 1000。

scan rate： 是在多通道采样时，分配给一个通道的采样速率，缺省值是 1000 scans/sec。

high limit 和 **low limit**：被测信号的最高电平和最低电平。设为缺省值时系统将按照采集卡设置程序 MAX 中的设定处理。**high limit** 和 **low limit** 的值将决定采集系统的增益。大多数卡输入信号变化的缺省值是 10 V 到-10 V，如果你将其设为 5 V 到-5 V，则增益为 2。

waveforms：A/D 转换后的输出，是一个二维的 **waveform** 数组，其每一列对应于一个输入通道，同时包含有反映时间信息的 t_0 和 Δt。

2.3.2 利用 DAQ Assistant 完成数据采集

DAQ Assistant 是一个可以用来配置测量任务及通道的多界面 VI。通过 DAQ Assistant，可以选择测量类型并进行各种配置，包括：模拟输入、模拟输出、数字输入/输出、计数器输入和输出等。

DAQ Assistant 在 Functions→Input 或 Functions→Output 以及 Functions→All Functions→NI Measurements→DAQ_{mx}-Data Acquisition 选项板上均可找到。

使用 DAQ Assistant 编辑数据采集 VI 的通用过程如下：

- 在框图中置入 DAQ Assistant，就可以弹出其对应的“Create New…”对话框；
- 按照需要进行各种选择、配置、命名，并测试 DAQ_{mx} 任务；
- 单击 OK 按钮以返回框图；
- 如果需要的话，生成 NI-DAQ_{mx} Task Name 控件以便其他应用中使用该任务。
- 编辑前面板和框图完成 VI。

在 DAQ Assistant 中，单击 Analog Input，可以打开一个列举了模拟输入可能测量类型的窗口：电压、温度、压力、电流、阻抗、频率以及自定义的激励电压。每一种测量类型都有自己的特点，比如用于电流测量的电阻值或用于压力测量的应变片参数等。单击 Analog Output，可以打开一个列举了模拟输出可能测量类型的窗口：电压和电流。

DAQ Assistant 的较低层界面有两个标签：Task Timing（任务定时）和 Task Triggering（任务触发）。

任务定时

进行模拟输入编程时，可以将任务定时设置为：单点采样（Acquire 1 Sample）、多点采样（Acquire N Sample）或连续采样（Acquire Continuously）。

单点采样就是按需操作，每次从输入通道中采集一个值并立即返回该值。这一操作无需任何缓冲或硬件定时。

多点采样是使用计算机存储器中的缓存来有效地采集数据，可从单通道或多通道中采集多个数据。

如果想要在采集样点时观察、处理或记录其中一部分采样子集，则需要连续采样。

进行模拟输出编程时，可以将任务定时设置为：生成单值信号（Generate 1 Sample）、生成多值信号（Generate N Sample）或生成连续信号（Generate Continuously）。

如果信号电平对于采样生成速度来说更为重要，或用户需要生成常量信号时，就应该每次生成一个单值信号，选择 Generate 1 Sample。

如果想生成有限的时变信号，例如正弦波形，应该使用 Generate N Sample。

如果想连续生成信号，例如生成无限信号，就要将任务定时设置为：Generate

Continuously。

任务触发

当 NI-DAQ$_{mx}$ 运行设备时，需要给设备发出一个信号，告诉设备执行何种动作，这就是激励。启动采集行为的激励称为触发。

触发涉及初始化、同步采集或终止事件的任何方面。触发器通常是一个通过软件实现的数字信号或通过硬件搭建的模拟信号，其状态可确定动作的发生。软件触发最容易，你可以直接用软件实现。而硬件触发让板卡上的电路管理触发器，控制了采集事件的时间分配，有很高的精确度。

如果不想配置硬件触发器，运行时就会自动启动软件触发器，完成各项 DAQ 任务。

DAQ 设备中的数字 I/O 按 TTL 逻辑电平设计，其逻辑低电平在 0 到 0.7 V 之间，高电平在 3.4 到 5.0 V 之间，它的重要参数包括：路数（line）、接收(发送)率、驱动能力等。

通常，数字 I/O 连线可以按单端或分组形式进行连接。对于分组连接形式，每个端口由四条或八条连线构成。同一端口中的所有连线必须同时是输入连线或输出连线。

在设计线路时，控制对象的工作电流要小于采集卡所能提供的驱动电流。如要监控高电压、大电流的工业电气设备，往往需增加合适的驱动电流放大设备或电压转换设备。

2.4 PCI-6024E 多功能数据采集卡简介

多功能数据采集卡 PCI-6024E 以及扩展外接件 CB-68LP 的外形如图 4-29-8 所示，端子含义如图 4-29-9 所示。

PCI-6024E 的主要技术参数：

▲16 路 12 位分辨率的模拟输入；

▲2 路 12 位分辨率的模拟输出；

▲2 个 24 位、20 MHz 计数器/定时器；

▲8 条数据 I/O 线；

▲可提供数字触发；

▲简单易用、功能强大，适用于 LabVIEW 图形化开发环境。

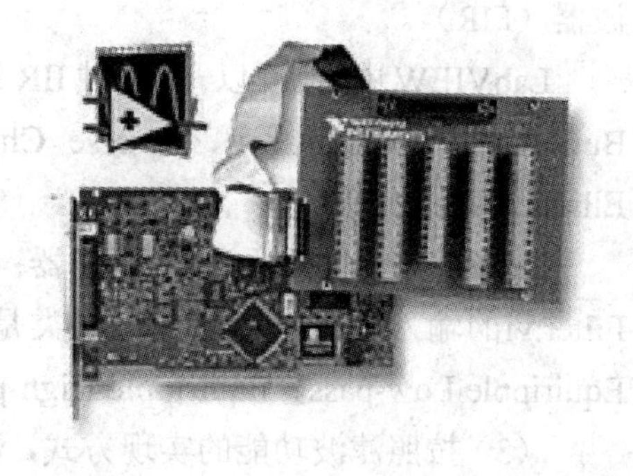

图 4-29-8 NI PCI-6024E/CB-68LP 外形图

3.数据信号的分析处理

在实际测量时，用于测量的虚拟仪器(VI)执行的典型任务有：

（1）计算信号中存在的总谐波失真。

（2）决定系统的脉冲响应或传递函数。

（3）估计系统的动态响应参数，例如上升时间、超调量等。

（4）计算信号的幅频特性和相频特性。

（5）估计信号中含有的交流成分和直流成分。

在过去，这些计算工作和信号处理工作都需要通过特定的实验工作台来进行，而现在可以使用 LabVIEW 中的测量 VI 很容易地得以实现。

在 Functions→All Functions→ Analyze→ Signal Processing 子模板中，包含有下列分析处理 VI 库：

①Time Domain（时域分析）。

②Frequency Domain（频域分析）。

③Filters（数字滤波器）：用于执行 IIR、FIR 和非线性滤波功能。

④Windows（平滑窗）：用于对数据加窗平滑处理。

从而，可以很容易地实现时域到频域的转换、傅里叶变换、信号滤波以及信号平滑等处理操作。

下面仅介绍信号滤波器的分类：

（1）根据所处理的频率范围、所通过或衰减信号的成分，滤波器可以分为：低通滤波器、高通滤波器、带通滤波器和带阻滤波器。

（2）依据滤波器冲激响应效果的不同分为无限冲激响应滤波器（IIR）和有限冲激响应滤波器（FIR）。

AI 8	34	68	AI 0
AI 1	33	67	AI GND
AI GND	32	66	AI 9
AI 10	31	65	AI 2
AI 3	30	64	AI GND
AI GND	29	63	AI 11
AI 4	28	62	AI SENSE
AI GND	27	61	AI 12
AI 13	26	60	AI 5
AI 6	25	59	AI GND
AI GND	24	58	AI 14
AI 15	23	57	AI 7
AO 0	22	56	AI GND
AO 1	21	55	AO GND
NC	20	54	AO GND
P0.4	19	53	D GND
D GND	18	52	P0.0
P0.1	17	51	P0.5
P0.6	16	50	D GND
D GND	15	49	P0.2
+5 V	14	48	P0.7
D GND	13	47	P0.3
D GND	12	46	AI HOLD COMP
PFI 0/AI START TRIG	11	45	EXT STROBE
PFI 1/AI REF TRIG	10	44	D GND
D GND	9	43	PFI 2/AI CONV CLK
+5 V	8	42	PFI 3/CTR 1 SRC
D GND	7	41	PFI 4/CTR 1 GATE
PFI 5/AO SAMP CLK	6	40	CTR 1 OUT
PFI 6/AO START TRIG	5	39	D GND
D GND	4	38	PFI 7/AI SAMP CLK
PFI 9/CTR 0 GATE	3	37	PFI 8/CTR 0 SRC
CTR 0 OUT	2	36	D GND
FREQ OUT	1	35	D GND

NC=No Connect

图 4-29-9 PCI-6024E 端子图

LabVIEW 中包括以下几种 IIR 滤波器：Butterworth、Chebyshev、Inverse Chebyshev、Elliptic和Bessel等。

LabVIEW中包括两类FIR滤波器：一类是乘窗Windowed滤波器，它通过FIR Windowed Filter.vi的输入选择来实现；另一类是基于Parks-McClellan算法的各种优化滤波器，如：Equiripple Low-pass、Equiripple High-pass、Equiripple Bandpass和Equiripple Bandstop等。

（3）按照滤波功能的实现方式，滤波器又可分为两类：由硬件搭建的模拟滤波器和用软件编程的数字滤波器。

现代数据采集和信号处理技术演变的数字滤波器已经可以取代模拟滤波器，尤其在一些需要灵活性和编程能力的领域中，例如：音频、通讯、地球物理和医疗监控领域等。

与模拟滤波器相比，数字滤波器具有下列优点：

- 可以用软件编程；
- 稳定性高，可预测；
- 不会因温度、湿度等环境因素变化而产生漂移，不需要各种组件；
- 与同类的模拟滤波器相比，具有很高的性价比。

LabVIEW 提供了许多不同类型的滤波器，它们位于 Functions→All Functions→Analyze→Signal Processing→Filters 中。

LabVIEW可以编程修改数字滤波器的参数，如：滤波器的阶数、截止频率、阻带和通带、脉动量以及阻带衰减等，完全符合虚拟仪器的设计要求，建立的数字滤波器基本可以处理所有的设计问题。

三、实验操作

1.练习部分

练习 SY3-1 把数据写入到文件中

创建一个将 0~100 之间的一些随机数添加到 ASCII 格式文件中的 VI。该文件使用 For 循环生成随机数并将其存入文件。在每次循环中，VI 将数字转换为字符串，添加逗号后存入文件中。

（1）打开一个新的前面板并如图 4-29-10 所示置入对象。

前面板中包含一个数字显示数组和一个波形图表（Waveform chart）。

图表用来显示随机数据图形，设置：添加数字显示窗、确保波形图表 x 轴和 y 轴自动调整刻度区间功能已激活、设置标签为“数据波形”、取消“曲线图例”等。

数字显示数组用来存放每个循环产生的数据，以便与文件中的数据相比较。通过快捷菜单选择 Properties→Format and Precision 后，把 Significant digits 选择修改为 Digits of Precision，将其前的数字改为 3，即数组显示的是 3 位小数的随机数；并编辑标签为“原始数据”。

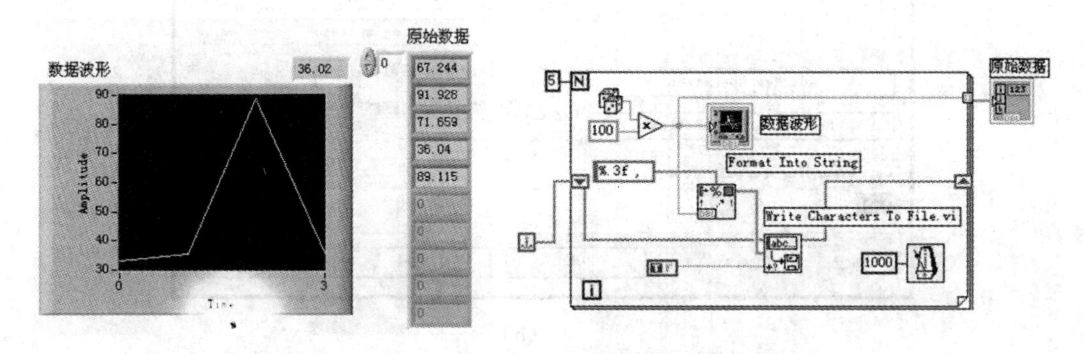

图 4-29-10 “练习 SY3-1.vi”的前面板和框图

（2）切换到框图并按图 4-29-10 所示连接图标。

在循环边界框上弹出快捷菜单，将一个移位寄存器添加到循环中，其初始状态设置为 Empty Path Constant（位于 All Functions→File I/O→File Constants 中）。

Write Characters To File.vi 函数遇到文件名称为空时，会自动显示一个对话框，以便用户从中选择文件名称。如文件名为刚设置的，则为“创建”；如文件名为原来已存在的，则为“添加”。设置其 append to file？端子为 True，以允许将数据添加到指定的文件中。如果 append to file？端子未设置或设置为 False，则仅保存最后一个数据。

Format Into String 函数将随机数转换为字符串格式，把精度变为小数点后 2 位数字并在每个数据后添加逗号。在 Format Into String 函数上弹出快捷菜单并选择 Edit Format String 或双击该节点可以访问对话框，如图 4-29-11（a）所示。在 Current Format Sequence 列表中包含了 Format fractional number，首先要做的是将精度设置为 3，即单击 Use Specified Precision 复选框并在对应的编辑框中键入 3，如图 4-29-11（b）所示。然后选择 Add New Operation

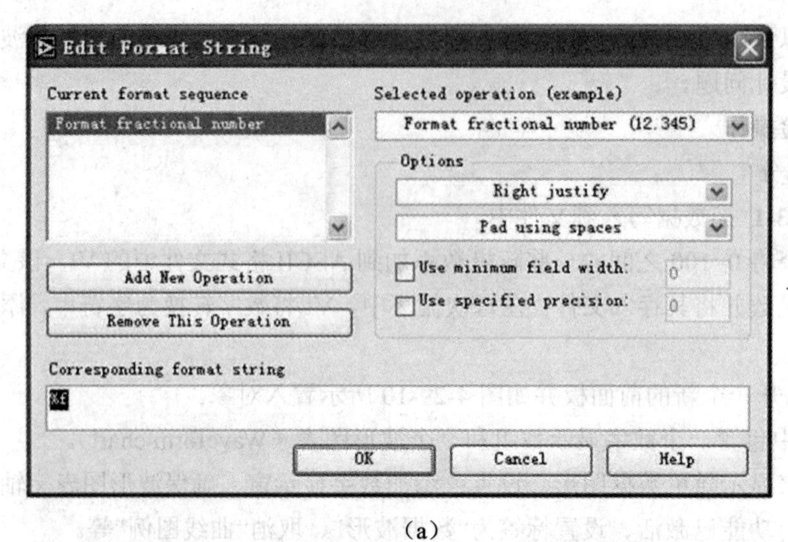

（a）

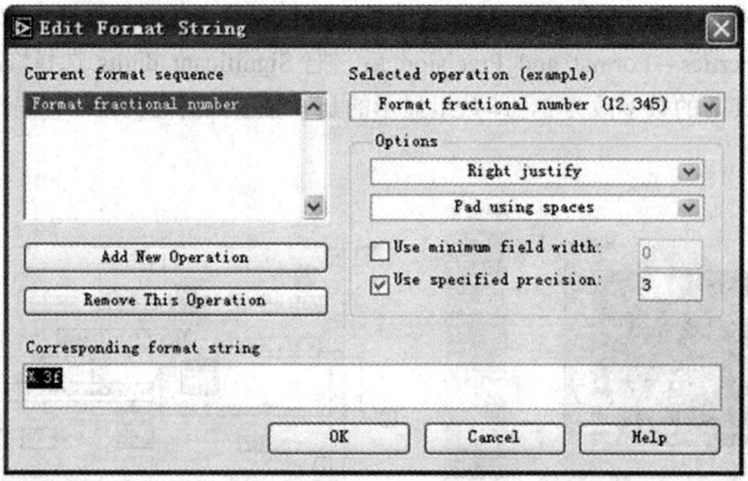

（b）

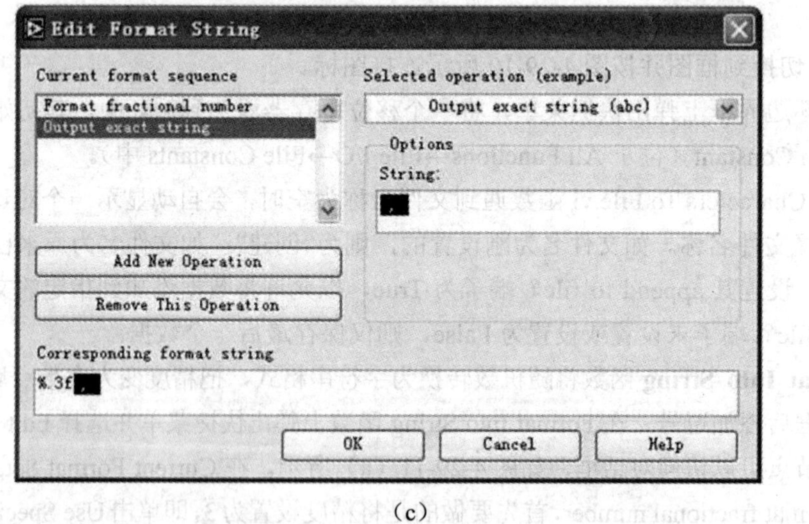

（c）

图 4-29-11　Format Into String 函数的格式化过程

后在 Selected Operation 下拉菜单中选择 Output exact string，确保用户正在输入的字符串是一个逗号，如图 4-29-11（c）所示。完成后，选择 OK 并验证字符串是所需要的"%.3f,"。

（3）连接完对象后，返回前面板；"运行"该 VI 两次（每次运行前，应右击波形图表，选择 Data Operations→Clear Chart 来清空图表缓冲区）。

第一次：在出现"Choose file to write"对话框时，输入文件名为"练习 SY3-1 数据"（确保为新文件名）。

运行结束后，用写字板打开"练习 SY3-1 数据"文件，与前面板的数组对照，可以看到它们一一对应。这次是"创建"。

第二次：在出现"Choose file to write"对话框时，同样输入文件名为"练习 SY3-1 数据"。

运行结束后，再次用写字板打开"练习 SY3-1 数据"文件，与前面板的数组对照，可以看到数组中的数字紧随在第一次产生的数据之后，也一一对应。说明这次是"添加"。

（4）将 Write Characters To File 函数的 append to file?端子不设置或设置为 False，重复步骤（3），观察结果的不同。

练习 SY3-2 从文件中读取数据

构建一个 VI 以读取运行"练习 SY3-1.vi"所形成的"练习 SY3-1 数据"文件中的数据，并将数据以字符串形式和数字形式显示在数组中，同时在波形图表中显示。

必须以与保存数据时相同的格式读取数据。由于最初是用字符串数据类型把数据保存为 ASCII 格式，所以必须把数据作为字符串读出。

（1）打开一个新的前面板，并按图 4-29-12 所示置入对象。前面板中包含一个字符串显示对象、一个波形图表、一个字符串显示数组和一个数字显示数组，并分别修改标签为"原数据文件内容"、"图形显示"、"字符串显示"和"数字显示"。

（2）切换到框图，并按图 4-29-12 所示增加函数并连线。

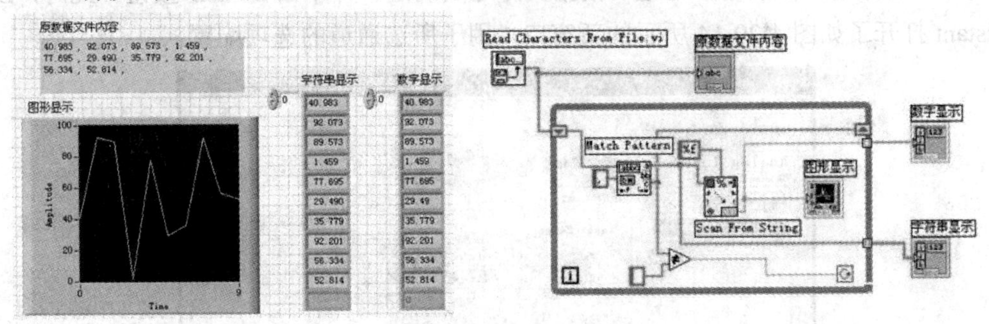

图 4-29-12 "练习 SY3-2.vi"的前面板和框图

Read Characters From File：从指定的字符偏移量开始，读取字节流文件中指定数目的字符。如果没有指定路径名称，一个文件选择对话框会提示用户输入文件名称。

在这里要注意：①用写字板打开数据文件，仔细观察数据文件的组成形式会发现，在添加分隔符逗号时，同时在其前、后各添加了一个空格字符。所以，在编程时我们利用了逗号作为提取一个数据的条件；利用空格字符作为提取数据结束的标志。②空格字符串和空字符串是不同的概念。③判断条件是区别大写、小写和半角、全角等状态的，所以，一定要注意逗号的书写。

（3）返回前面板，执行该 VI。将出现一个文件对话框，选择数据文件“练习 SY3-1 数据”。您可以在运行结束后从显示格式、空格存在与否以及小数末尾为 0 时的显示方式等看到字符串显示和数字显示的区别。

练习 SY3-3 使用 DAQ Assistant 进行数据采集

构建一个从与 PCI-6024E DAQ 卡相连的信号发生设备上采集电压的 NI-DAQ$_{mx}$ 任务。

（1）打开一个新的 VI，并在框图中置入 DAQ Assistant，并创建和配置 DAQ$_{mx}$ 任务。逐次对弹出的对话框依次选择 Analog Input、Voltage 后，对话框如图 4-29-13 所示，显示了安装在每一个 DAQ 设备上的通道列表。所列出的通道数依赖于 DAQ 设备上拥有的通道数。

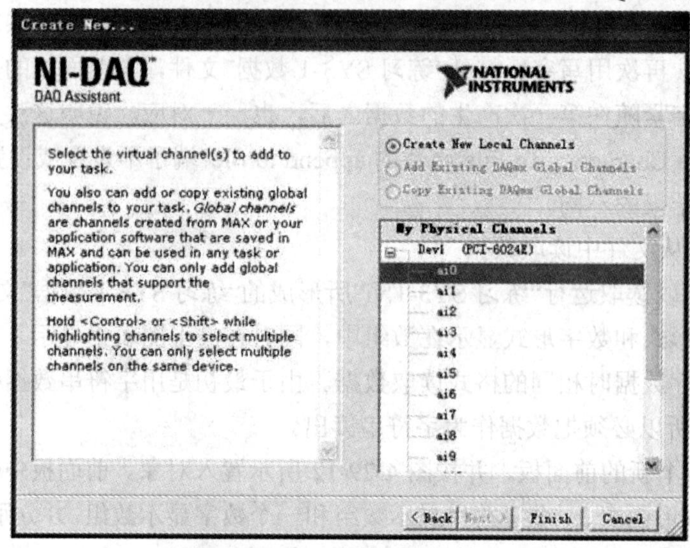

图 4-29-13　设备通道列表

（2）选择电压模拟输入通道（根据实际连线确定）并单击 Finish 按钮。此时，DAQ Assistant 打开了如图 4-29-14 所示的新窗口，用于所选通道的选项配置。

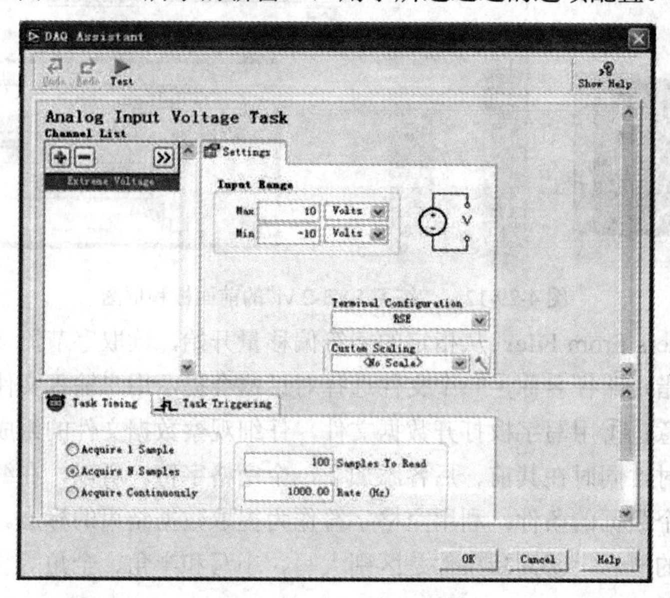

图 4-29-14　通道配置

在 Setting 标签的 Input Range 节点处键入最大值（10）和最小值（-10）；在接线方式 Terminal Configuration 标签中选择 RSE（参考地单端测量系统）；在 Task Timing 标签中选择 Acquire N Samples，并在 Samples To Read 输入框中键入数值 100，在 Rate 输入框中键入数值 1000。

（3）此时，NI-DAQ$_{mx}$ 任务已准备好测试。单击 Test 按钮可以自动打开 Analog Input Test Panel 对话框，如图 4-29-15 所示；单击 Start 按钮 1～2 次以证实正在采集数据，说明正确配置了通道。

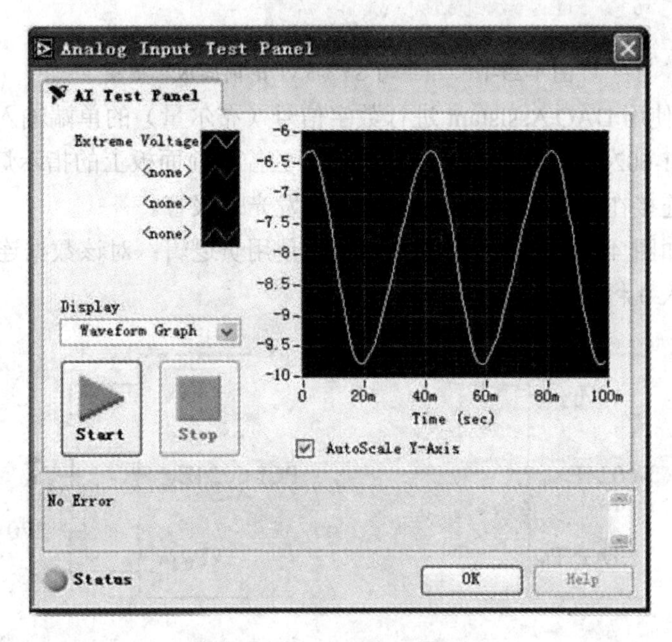

图 4-29-15 测试 DAQ$_{mx}$ 任务

一旦确认已正确配置通道，单击 OK 按钮返回 DAQ Assistant。此时，再单击 OK 按钮可以返回框图。DAQ Assistant 出现在框图中以备编辑 VI 使用。

（4）将图形添加到 VI 中以绘制从 DAQ 设备中采集的电压数据。

在框图中 DAQ Assistant 的数据输出上右击并选择 Create→Graph Indicator，将会添加波形图并自动进行连接。

（5）将外部模拟信号连接到你定义的电压模拟输入通道端子上，选择“连续运行”该 VI。改变模拟信号的波形（例如：正弦波、三角波和方波等）试运行，结果如图 4-29-16 所示。

（6）此时，波形图注显示的是通道名称 Voltage。可以使用 DAQ Assistant 为已配置的通道重新命名。

在框图中，右击 DAQ Assistant 并选择 Properties；在 Channel List 列表框中的 Voltage 上右击并选择 Rename 以显示 Rename a channel or channels 对话框。在 New Name 文本框中键入新名称，如：Extreme Voltage，并单击 OK 按钮即可。

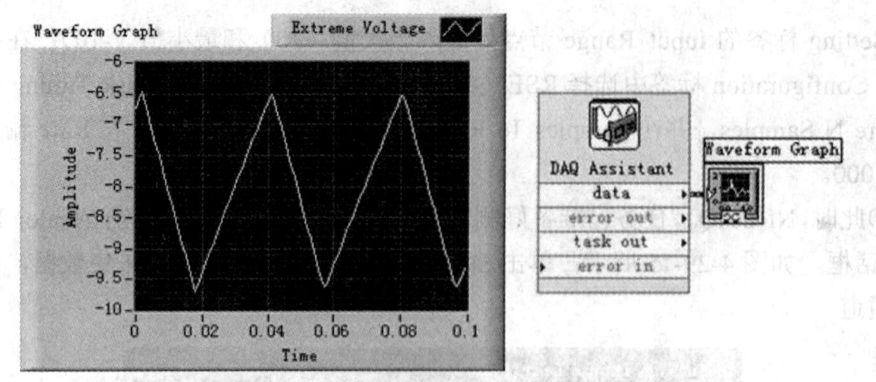

图 4-29-16 “练习 SY3-3.vi”的前面板和框图

练习 SY3-4 使用 DAQ Assistant 进行数字信号（布尔量）的单端输入与输出

用连接在 PCI-6024E 的端口 $P_{0.2}$ 上的拨动开关控制前面板上的指示灯；并用前面板中的布尔开关开启连接在 PCI-6024E 端口 $P_{0.1}$ 上的发光二极管。

外围连线图如图 4-29-17 所示。发光二极管使用负逻辑：对该数据连线写入 1 将关闭发光二极管；写入 0 将开启发光二极管。

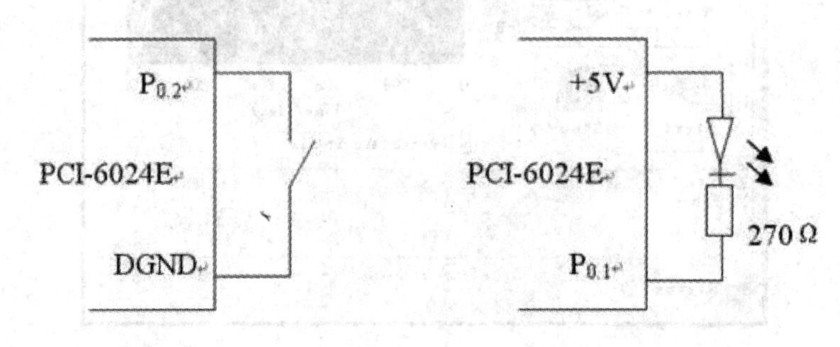

图 4-29-17 外围连线图

（1）打开一个新的 VI

（2）设置 $P_{0.2}$ 口为数字输入

将 DAQ Assistant 拖入框图中，按照下面的步骤配置 DAQ_{mx} 任务：

◆选择 Digital I/O→Line Input；

◆物理通道选择 Dev1→port0/line2 并单击 Finish 按钮；

◆在出现的 Digital Input Line Task Configuration 对话框中选择 Invert Line。

◆单击 OK 按钮关闭配置对话框。

将产生 DAQ Assistant 图标。

（3）设置 $P_{0.1}$ 口为数字输出

将 DAQ Assistant 再次拖入框图中，按照下面的步骤配置 DAQ_{mx} 任务：

△选择 Digital I/O→Line Output；

△物理通道选择 Dev1→port0/line1 并单击 Finish 按钮；

△在出现的 Digital Output Line Task Configuration 对话框中选择 Invert Line。

△单击 OK 按钮关闭配置对话框。

将产生 DAQ Assistant2 图标。

（4）给 DAQ Assistant 图标的 Data 端口创建（Create）一个指示器（Indicator）——“数字输入指示”。

（5）给 DAQ Assistant2 图标的 Data 端口创建（Create）一个控件（Control）——“数字输出控件”。

（6）因为是单端口，所以，8 元素数组“数字输入指示”和“数字输出控件”均应调整为一维单元素数组，如图 4-29-18 所示。

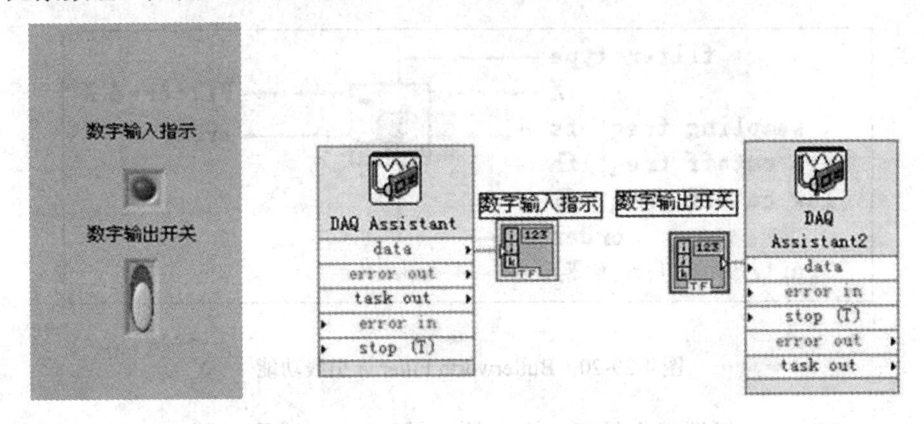

图 4-29-18 “练习 SY3-4.vi”的前面板和框图

（7）试运行，并观察外部指示灯和开关与内部开关和指示灯的状态变化情况。

练习 SY3-5 滤除正弦波中的噪声

打开一个新的 VI 并构造如图 4-29-19 所示的前面板和框图。需要置入一个数字控件、两个垂直滑块和两个波形图。

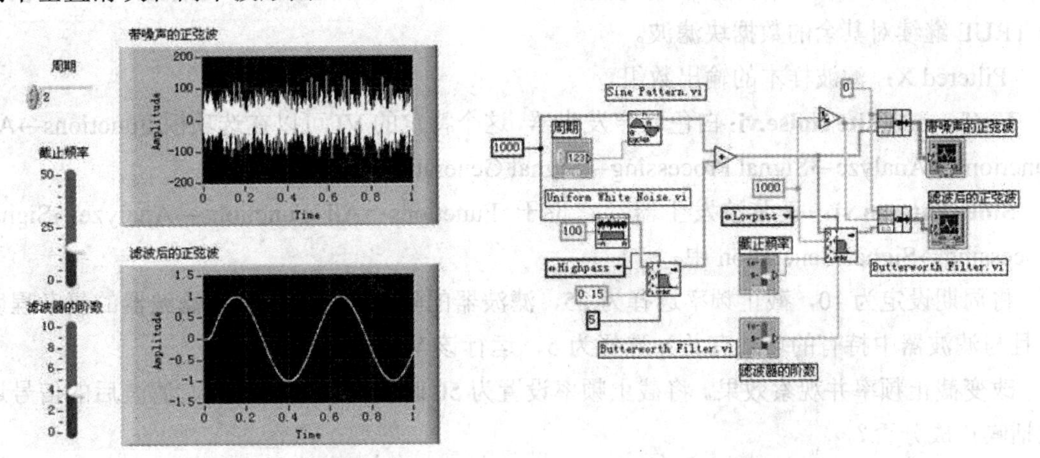

图 4-29-19 “练习 SY3-5.vi”的前面板和框图

在框图中使用了三个主要的子 VI：

Butterworth Filter.vi：滤波器，它位于 Functions→All Functions→Analyze→ Signal Processing→Filters 中，其引线功能如图 4-29-20 所示：

filter type：按下列值指定滤波器类型：

0:Lowpass（低通） 1:Highpass（高通）

2:Bandpass（带通） 3:Bandstop（带阻）

X：需要滤波的信号序列

sampling freq f_s：产生 X 序列时的采样频率，必须大于 0。如果该条件不满足则输出序列 Filtered X 为空并返回一个错误。缺省值是 1.0。

high cutoff freq f_h：高端截止频率。当滤波器类型为 0(lowpass)或 1(highpass)时忽略该参数。

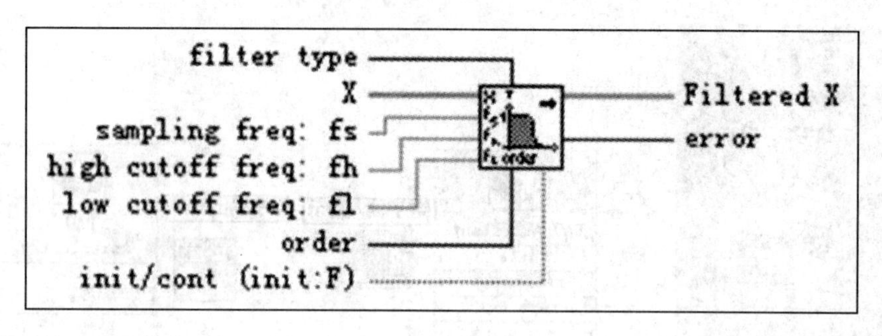

图 4-29-20 Butterworth Filter.vi 引线功能

low cutoff freq f_l：低端截止频率。它必须满足 Nyquist 准则，即：$0 \leqslant f_l < 0.5f_s$，如果该条件不满足则输出序列 Filtered X 为空并返回一个错误。f_l 的缺省值是 0.125。

order：大于 0，缺省值是 2。

init/cont：内部状态的初始化控制。当其为 FALSE（default）时，初态为 0，当 init/cont 为 TRUE 时，滤波器初态为上一次调用该 VI 的最后状态。为了对一个大数据量的序列进行滤波，可以将其分割为较小的块，设置这个状态为 FALSE 处理第一块数据，然后再设置为 TRUE 继续对其余的数据块滤波。

Filtered X：滤波样本的输出数组。

Uniform White Noise.vi: 白色噪声发生器，这个特定的 VI 可以在选项板 Functions→All Functions→Analyze→Signal Processing→Signal Generation 中找到。

Sine Pattern.vi：正弦波发生器，它位于 Functions→All Functions→Analyze→Signal Processing→Signal Generation 中。

将周期设定为 10，截止频率选择为 25，滤波器的阶数（它用于测量滤波器的复杂程度并且与滤波器中持有的项数有关）选择为 5，运行该 VI。

改变截止频率并观察效果。将截止频率设置为 50 时会发生什么情况？滤波后的信号还包括噪声成分否？

2.编程部分

编程 SY3-1 使用 DAQ Assistant 进行数据采集（模拟输出和模拟输入）

要求：（1）开发一个使用 DAQ 设备 PCI-6024E 输出模拟电压的 VI。该 VI 将以 0.5V 的增量输出 0 V 至 9 V 的电压。（2）通过 PCI-6024E 卡采集所产生的模拟电压。

提示：

（1）编程时，有可能要用到下面函数：

Time Delay 函数和 Select 函数。配置 Time Delay 函数以便使 For 循环每隔一定的时间执行一次；Select 函数用于检查是否进入最后一个循环，如果是的话，DAQ 设备就复位并输出为 0 V。

（2）DAQ Assistant 生成模拟信号并将其输出到 PCI-6024E 卡，这是一个数/模转换器；DAQ Assistant2 在 PCI-6024E 卡上采集信号并将数据显示在仪表上，这是一个模/数转换器。

参考文献

1.Max Born, Emil Wolf.Principles of Optics.5th ed. Pregamon Press,1975.

2.杨葭荪.光学原理.北京:科学出版社,1978.

3.赵凯华,罗蔚因.力学.北京:高等教育出版社,2004.

4.朱鹤年.新概念物理实验测量引论.北京:高等教育出版社,2007.

5.赵凯华,钟锡华.光学.北京:北京大学出版社,1984.

6.吕斯骅,段家忯.基础物理实验.北京:北京大学出版社,2002.

7.钟锡华.现代光学基础.北京:北京大学出版社,2003.

8.李富铭,刘一先.光学测量.上海:上海科学技术文献出版社,1986.

9.沈元华,陆申龙.基础物理实验.北京:高等教育出版社,2003.

10.丁慎训,张连芳.物理实验教程.北京:清华大学出版社,2002.

11.宋菲君,Jutamulia S.近代光学信息处理.北京:北京大学出版社,1998.

12.周敦忠.光学.兰州:兰州大学出版社,1988.

13.李耀清.实验的数据处理.合肥:中国科学技术大学出版社,2003.

14.母国光,战元龄.光学.北京:高等教育出版社,2009.

15.周殿清.大学物理实验.武汉:武汉大学出版社,2002.

16.吴伟明.大学物理实验.北京:科学出版社,2010.

17.陈发贵.普通物理光学实验.兰州:甘肃教育出版社,1993.

18.孙晶华.操纵物理仪器,获取物理方法——物理实验教程.北京:国防工业出版社,2009.

19.张志东,魏怀鹏,展永.大学物理实验.北京:科学出版社,2007.

20.朱基珍.大学物理实验.武汉:华中科技大学出版社,2010.

21.黎光武,马洪良,李茂生,等.^{159}TbII 超精细结构光谱测量[J].强激光与粒子束,2002,14(1):143-144.

22.杨乐平,李海涛,杨磊. LabVIEW 程序设计与应用.北京:电子工业出版社,2006.

23.[美]Robert H Bishop. LabVIEW 7 实用教程. 乔瑞萍,等,译.北京:电子工业出版社,2006.